物理学基礎コース＝S1

基礎演習
物理学

加藤正昭 著

サイエンス社

サイエンス社のホームページのご案内
http://www.saiensu.co.jp
ご意見・ご要望は　rikei@saiensu.co.jp　まで.

まえがき

　本書の第一の目的は，前に著した「物理学の基礎」(サイエンス社) の読者のために，てごろな演習書を提供することである．大学の理工系の学部に入学した人たちの中に，高校で物理をほとんど (あるいは全然) 学んでいない学生がかなりいるのが現状であり，「物理学の基礎」は，そのような学生が，高校段階での学習を前提とせずに物理を学ぶ際の，教科書あるいは参考書となることを目標にした．本書もその性格を受け継ぎ，目的はあくまでも，物理には初歩の読者が，物理の考え方，重要な概念，法則などに慣れるための手助けになることに置いた．物理のプロを目指す読者は想定していないので，演習によって技法に熟達することは，本書では重視していない．

　内容の水準は上記の目的に合わせたつもりだが，それでも例題や問題ごとに，かなりの高低がある．そこは読者の方で，自分の程度によって例題や問題を取捨選択してほしい．一般の演習書では，設問の答を読むのは自分で十分に考え抜いてからにするように，という趣旨の注意が書いてあることが多いが，本書の読者にはむしろ，解答を遠慮なしに読むことをすすめたい．具体的な例題や問題を通して物理の理解が深まれば，それで十分である．ただ，例題や問題が何を尋ねているのかということは，自分で図の一つも描いて，はじめに確かめてほしい．

　本書の第二の目的は，「物理学の基礎」ではページ数の関係で十分に扱うことができなかった，いくつかの重要な事項について説明を補うことにある．「波動」と「熱」の章に，そのような項目がある．学ぶ範囲を広げたくない読者は，これらの項目はとばして結構である．

　本書にはさらに第三の目的がある．物理を学ぶ動機は学生によっていろいろであろうが，理想を言えば，身のまわりの自然現象や技術についての興味が，主要な動機であってほしい．具体的なことがらについての興味があってこそ，物理という体系の系統的な学習が生きてくる．このような，学習のためのいわば下地は，高校ま

での教育でいつのまにか身につくことが多いものだが，すべての学生にそれを期待することはできないだろう．そこで本書では，身近なことがらに物理法則が顔を出す話題を，例題や問題の形を借りてかなりとり上げてある．物理をある程度知っている人には常識的な話題ばかりだから，この部分は，一般読者向けの物理の通俗解説書に近いとも言えるが，一般向けの本では中途半端な説明で止めざるを得ないところを，本書では，納得できるまでの説明を試みたつもりである．このような解説的な部分に興味をもつ読者は，そこだけ拾い読みをしても無駄ではないと思う．

このように，例題や問題ごとにいろいろな目的，性格をもっているので，全体として見るとやや雑な印象を受けるかもしれないが，趣旨を理解して読んで頂きたい．

なお，内容の誤りや誤植は，見つけ次第，サイエンス社のウェブサイト (http://www.saiensu.co.jp/) のサポートページに掲載する予定なので，誤りにお気づきの際は，下記アドレスにお報せ頂ければ幸いである．

最後に，出版に際しお世話になったサイエンス社編集部の田島伸彦氏，伊崎修通氏に，お礼を申し上げる．

2000 年 4 月 　　　　　　　　　　　　　　　　　　加藤　正昭*

---

*e-mail: katom@wa2.so-net.ne.jp

目 次

第1章 力と運動　　1
1.1 ベクトル 1
1.2 力の性質 7
1.3 物体の平衡 10
1.4 摩擦力 16
1.5 仕事，位置エネルギー 20
1.6 速度と加速度，等加速度運動 23
1.7 運動法則 26
1.8 力学的エネルギーの保存則 36
1.9 慣性力 42
1.10 剛体の運動 49

第2章 弾性体　　59
2.1 固体の弾性的変形 59
2.2 静止流体中の圧力 71

第3章 振動　　76
3.1 調和振動 76
3.2 強制振動 91

第4章　波　動　　　95

- 4.1　波の性質 95
- 4.2　定在波 103
- 4.3　光 109
- 4.4　波の重ね合せ，干渉と回折 118
- 4.5　ドップラー効果 128

第5章　電気と磁気　　　130

- 5.1　静電場 130
- 5.2　電位 136
- 5.3　導体 142
- 5.4　電流 149
- 5.5　ローレンツの力，磁場が電流に及ぼす力 159
- 5.6　電流がつくる磁場 163
- 5.7　電磁誘導 165

第6章　熱　　　175

- 6.1　熱平衡状態 175
- 6.2　熱力学第一法則 178
- 6.3　熱力学第二法則，エントロピー 181
- 6.4　熱機関 184
- 6.5　相転移 186
- 6.6　エントロピーの微視的な意味 190

| 問題解答 | 201 |
| 索　引 | 243 |

よく用いるギリシャ文字

文　字	読み方	文　字	読み方
α	アルファ	μ	ミュー
β	ベータ	ν	ニュー
γ	ガンマ	ξ	グザイ
δ, Δ	デルタ	π, Π	パイ
ϵ, ε	イプシロン	ρ	ロー
ζ	ジータ	σ, Σ	シグマ
η	イータ	τ	タウ
θ, Θ	シータ	ϕ, φ, Φ	ファイ
κ	カッパ	ψ, Ψ	プサイ
λ, Λ	ラムダ	ω, Ω	オメガ

数を表す接頭辞

記　号	接頭辞	量	記　号	接頭辞	量
P	ペタ	10^{15}	d	デシ	10^{-1}
T	テラ	10^{12}	c	センチ	10^{-2}
G	ギガ	10^{9}	m	ミリ	10^{-3}
M	メガ	10^{6}	μ	マイクロ	10^{-6}
k	キロ	10^{3}	n	ナノ	10^{-9}
h	ヘクト	10^{2}	p	ピコ	10^{-12}
da	デカ	10^{1}	f	フェムト	10^{-15}

1　力と運動

1.1　ベクトル

●**スカラーとベクトル**●　物理に現れる量は，スカラーとベクトルに大別される．スカラーは物体の質量 m や温度 T などの，ただ一つの数値で表される量である．それに対しベクトルは，物体の速度 $\boldsymbol{v}$ のように，大きさと共に方向と向きを持つ量，すなわち空間中の矢印で表される量である．ベクトルは $\boldsymbol{a}$ のように太字で表す．（$\vec{a}$ という記法もある．）ベクトル $\boldsymbol{a}$ の大きさ（長さ）は a または $|\boldsymbol{a}|$ で表す．ベクトルは一般には三次元空間中の量であるが，ベクトルの方向が常に一定平面内にあるときは，これを平面内のベクトル（二次元ベクトル）とみなせる．

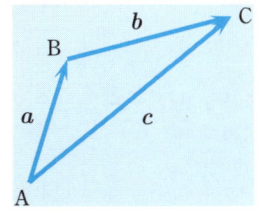 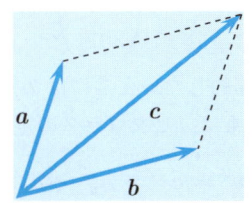 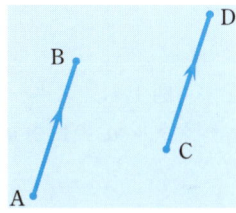

図 1.1　ベクトルの和　　図 1.2　平行四辺形の規則　　図 1.3　変位ベクトル

●**ベクトルの和**●　物体が点 A から点 B に変位（移動）するとき，始点 A を基準にした終点 B の相対的な位置は，一つのベクトル $\boldsymbol{a}$ で表される．これを**変位ベクトル**という．物体がさらに点 B から点 C にベクトル $\boldsymbol{b}$ で表される変位をするとき，点 A からみた点 C の相対的な位置は，図 1.1 に示す一つのベクトル $\boldsymbol{c}$ で表される．これを

$$\boldsymbol{c} = \boldsymbol{a} + \boldsymbol{b} \tag{1.1}$$

と書き，ベクトル $\boldsymbol{c}$ を二つのベクトル $\boldsymbol{a}$ と $\boldsymbol{b}$ の和と呼ぶ．上の関係は図 1.2 のように表すこともできるので，和の定義を平行四辺形の対角線の規則と呼び，一般のベクトルに対しても，ベクトルの和を常にこの規則によって定義する．

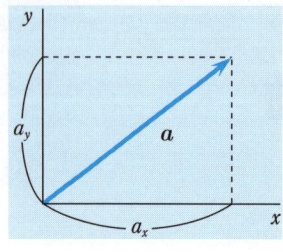 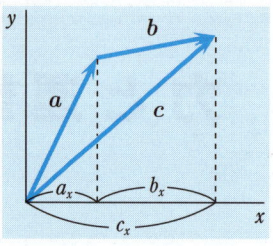 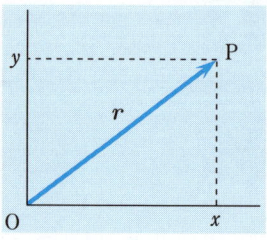

図 1.4 ベクトルの成分　　図 1.5 ベクトルの和　　図 1.6 位置ベクトル

注意　ベクトルは空間中の矢印だが，それが空間のどこにあっても，長さと方向と向きが同じなら，同じベクトルとみなす．言い換えれば，ベクトルを表す矢印は，空間中で自由に平行移動できる．たとえば図 1.3 の点 A から点 B への変位と，点 C から点 D への変位は，変位ベクトルとしては同一である．

●**ベクトルの成分**●　空間（あるいは平面）内に適当に直交座標系を定め，ベクトル a の始点を座標系の原点に置くとき，a の終点から各座標軸へ下ろした垂線の足の座標 a_x, a_y, a_z を a の成分と呼び，

$$a = \begin{pmatrix} a_x \\ a_y \\ a_z \end{pmatrix} \tag{1.2}$$

と記す（図 1.4）．スペースを節約したいときには $a = (a_x, a_y, a_z)$ と書くこともある．ベクトル a の長さ a の二乗は，ピタゴラスの定理により

$$a^2 = a_x{}^2 + a_y{}^2 + a_z{}^2 \tag{1.3}$$

ベクトルの和は，成分で書けばふつうの数の和になる（図 1.5）．すなわち $c = a + b$ ならば

$$c_x = a_x + b_x, \quad c_y = a_y + b_y, \quad c_z = a_z + b_z \tag{1.4}$$

●**位置ベクトル**●　点 O を原点とする座標軸を定める．空間中の任意の点 P の，O に対する相対的な位置は，一つのベクトル r で表される（図 1.6）．ベクトル r の成分 (x, y, z) は，点 P の座標にほかならない．ベクトル r を，点 P を表す**位置ベクトル**という．

●**スカラー積（内積）**●　二つのベクトル a と b の間の角を θ とするとき（図 1.7），スカラー量

$$a \cdot b \equiv ab \cos \theta \tag{1.5}$$

を，a と b の**スカラー積**あるいは**内積**という．（物理では記号 $\equiv$ は定義式または恒

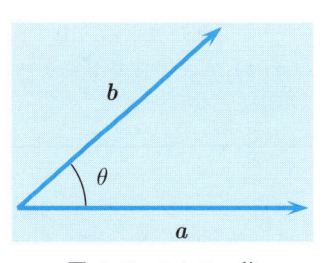
図 1.7 スカラー積
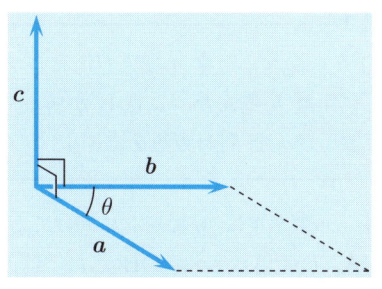
図 1.8 ベクトル積

等式を表す．）とくに $\boldsymbol{a}\cdot\boldsymbol{a}=a^2$，また $\boldsymbol{a}$ と $\boldsymbol{b}$ が直交するときは $\boldsymbol{a}\cdot\boldsymbol{b}=0$．

スカラー積を成分で表すと，(1.3) を一般化した次の表式になる：

$$\boldsymbol{a}\cdot\boldsymbol{b}=a_xb_x+a_yb_y+a_zb_z \tag{1.6}$$

ベクトルの成分自体は座標軸のとり方によって変わるが，(1.6) の右辺の組合せは，座標軸に依存しないスカラーである．

● **ベクトル積** ● ベクトル $\boldsymbol{a}$ と $\boldsymbol{b}$ から，次のようにベクトル $\boldsymbol{c}$ を定義する（図 1.8）：

- $\boldsymbol{a}$ と $\boldsymbol{b}$ の間の角を θ とするとき，$\boldsymbol{c}$ の長さは

$$c=ab\sin\theta \tag{1.7}$$

すなわち c は $\boldsymbol{a}$ と $\boldsymbol{b}$ が張る平行四辺形の面積に等しい．
- ベクトル $\boldsymbol{c}$ の方向は，上の平行四辺形の法線ベクトルの方向．すなわち $\boldsymbol{c}$ は $\boldsymbol{a}$ および $\boldsymbol{b}$ と直交する．
- $\boldsymbol{c}$ の向きは，$\boldsymbol{a}$ から $\boldsymbol{b}$ へまわる右ネジが進む向き．

このベクトル $\boldsymbol{c}$ をベクトル $\boldsymbol{a}$ と $\boldsymbol{b}$ のベクトル積と呼び，

$$\boldsymbol{c}=\boldsymbol{a}\times\boldsymbol{b} \tag{1.8}$$

と表す．上の向きの定義から，積の順序を入れ替えると，ベクトル積の向きは反転する：

$$\boldsymbol{b}\times\boldsymbol{a}=-\boldsymbol{a}\times\boldsymbol{b} \tag{1.9}$$

$\boldsymbol{a}$ と $\boldsymbol{b}$ が平行なときは $\boldsymbol{a}\times\boldsymbol{b}=\boldsymbol{0}$．

ベクトル積 $\boldsymbol{c}=\boldsymbol{a}\times\boldsymbol{b}$ の成分を $\boldsymbol{a}$ と $\boldsymbol{b}$ の成分で表す式は

$$\begin{cases} c_x=a_yb_z-a_zb_y \\ c_y=a_zb_x-a_xb_z \\ c_z=a_xb_y-a_yb_x \end{cases} \tag{1.10}$$

例題 1 ────────────── スカラー積 ─

点 O から真北に距離 a 進んだ所に点 A があり,そこで進路を東に角 α 曲げて,さらに距離 b 進んだ所に点 B がある.はじめの点 O から点 B を見るときの方角,および OB 間の距離を求めよ.

[解答] x 軸を東に,y 軸を北に向けてとる.$\boldsymbol{a} \equiv \overrightarrow{\mathrm{OA}}$, $\boldsymbol{b} \equiv \overrightarrow{\mathrm{AB}}$, $\boldsymbol{c} \equiv \overrightarrow{\mathrm{OB}}$ とおけば,ベクトル和 $\boldsymbol{c} = \boldsymbol{a} + \boldsymbol{b}$ が成り立つ.$\boldsymbol{a}$ と $\boldsymbol{b}$ を成分で表せば

$$\boldsymbol{a} = \begin{pmatrix} 0 \\ a \end{pmatrix}, \quad \boldsymbol{b} = \begin{pmatrix} b\sin\alpha \\ b\cos\alpha \end{pmatrix}$$

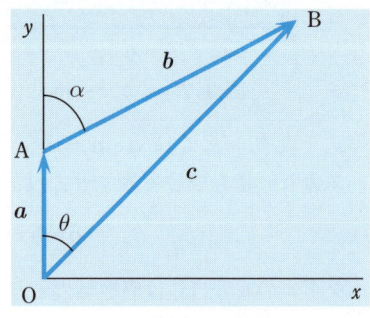

したがって

$$\boldsymbol{c} = \begin{pmatrix} b\sin\alpha \\ a + b\cos\alpha \end{pmatrix}$$

図 **1.9** 変位の和

これより

$$\overline{\mathrm{OB}} = c = \sqrt{c_x^2 + c_y^2} = \sqrt{a^2 + b^2 + 2ab\cos\alpha}$$

$\boldsymbol{c}$ と $\boldsymbol{a}$ の内積 $\boldsymbol{a} \cdot \boldsymbol{c} = ac\cos\theta$ は (θ は $\boldsymbol{c}$ と $\boldsymbol{a}$ の間の角)

$$\boldsymbol{a} \cdot \boldsymbol{c} = a_x c_x + a_y c_y = a(a + b\cos\alpha)$$

と計算できるので

$$\cos\theta = \frac{a + b\cos\alpha}{c}$$

[注意] この例題の結果は,三角関数の余弦の定理を用いて導くこともできる.

問 題

1.1 飛行機が O 点上空から真北に 100 km 飛んで A 点上空に達し,そこで進路を北東に転じてさらに 100 km 飛んで B 点上空に達した.OB 間の距離と ∠AOB を求めよ.

1.2 流速が毎秒 1 m の川を,秒速 2 m の舟で渡る.川と直角に横断するには,舟のへさきをどの方向に向けて漕ぐべきか.

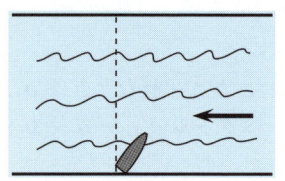

図 **1.10** 川を横断する舟

---例題 2---------------------------------平面の方程式---

方程式 $Ax + By + Cz = 1$ は一つの平面を表すことを説明し，この平面の法線ベクトルと，原点から平面への距離を求めよ．

[解答] $r = (x, y, z)$, $N = (A, B, C)$ とおけば，上の方程式は

$$N \cdot r = 1$$

のように，ベクトル r と N のスカラー積の形に表される．ベクトル N の長さは $N = \sqrt{A^2 + B^2 + C^2}$ なので，

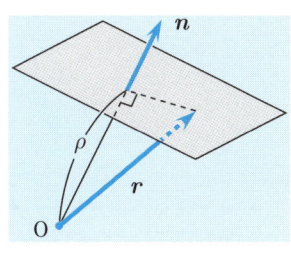

図 1.11 平面

$$n = \frac{N}{N} = \frac{1}{\sqrt{A^2 + B^2 + C^2}}(A, B, C)$$

でベクトル n を定義すると，n は N の方向を向く長さ 1 のベクトルである．ここで

$$\rho = \frac{1}{\sqrt{A^2 + B^2 + C^2}}$$

とおけば，上の方程式は

$$n \cdot r = \rho$$

と書ける．n は長さ 1 のベクトルだから，スカラー積 $n \cdot r$ は n 方向への r の射影で，この式の幾何学的意味は，n 方向への射影が一定値 ρ を持つような点 r の軌跡ということで（図 1.11），これは法線ベクトル n を持ち，原点からの距離が ρ の平面にほかならない．

問題

2.1 図 1.12 に示す辺の長さが 1 の立方体について，次の面の法線ベクトルを答えよ．法線ベクトルの規格化（長さを 1 にすること）はしなくてよい．
（イ）面 ABCD　　（ロ）面 AFGD
（ハ）面 AFC

2.2 前問で，原点から面 EDG および面 AFC への距離を求めよ．

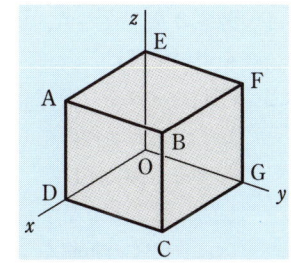

図 1.12 面の法線

---例題 3--ベクトル積---

三点 A$(1,0,0)$, B$(0,3,0)$, C$(0,0,2)$ を頂点とする三角形の面積と法線ベクトルを，ベクトル積を用いて求めよ．

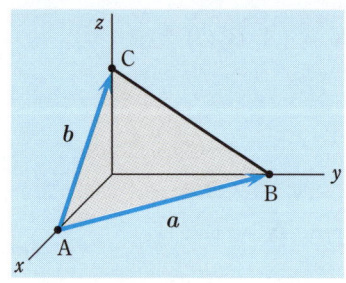

図 1.13　面積とベクトル積

[解答] ベクトル $\bm{a} \equiv \overrightarrow{AB}$ と $\bm{b} \equiv \overrightarrow{AC}$ の成分は

$$\bm{a} = \begin{pmatrix} 0 \\ 3 \\ 0 \end{pmatrix} - \begin{pmatrix} 1 \\ 0 \\ 0 \end{pmatrix} = \begin{pmatrix} -1 \\ 3 \\ 0 \end{pmatrix}, \quad \bm{b} = \begin{pmatrix} 0 \\ 0 \\ 2 \end{pmatrix} - \begin{pmatrix} 1 \\ 0 \\ 0 \end{pmatrix} = \begin{pmatrix} -1 \\ 0 \\ 2 \end{pmatrix}$$

これよりベクトル積 $\bm{c} = \bm{a} \times \bm{b}$ の成分は

$$\bm{c} = \begin{pmatrix} c_x \\ c_y \\ c_z \end{pmatrix} = \begin{pmatrix} a_y b_z - a_z b_y \\ a_z b_x - a_x b_z \\ a_x b_y - a_y b_x \end{pmatrix} = \begin{pmatrix} 6 \\ 2 \\ 3 \end{pmatrix}$$

$\bm{c}$ の長さは $c = \sqrt{c_x{}^2 + c_y{}^2 + c_z{}^2} = 7$. 長さ c は $\bm{a}$ と $\bm{b}$ が張る平行四辺形の面積に等しいので，三角形の面積は $\frac{1}{2}c = 3.5$. 三角形の法線ベクトルは $\bm{c}$ にほかならない．

問 題

3.1 例題 3 を，三点 A, B, C を通る平面の方程式を用いて解け．

3.2 CH$_4$（メタン）分子は正四面体の形を持ち，C 原子が正四面体の中心に，H 原子が各頂点に位置する（図 1.14）．
（イ）HCH のなす角 θ を求めよ．
（ロ）CH の距離を r とするとき，HH の距離（正四面体の一辺）a はどれだけか．

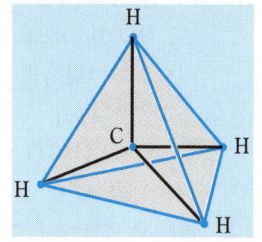

図 1.14　メタン分子

1.2 力の性質

力は大きさと方向を持つ量，すなわちベクトルであり，f のようにベクトル記号で記される．しかし力の和がベクトル和の規則に従うことは，変位ベクトルや速度ベクトルの場合とは異なり，自明なことではなく，むしろ経験的な事実と考えるべきであろう．

●**力のベクトル和**● 物体の一点に働く複数の力は，それらのベクトル和に等しい一つの力と等価である（図 1.15）．さらに，物体の変形を無視すれば（すなわち物体を剛体とみれば），物体に働く力の作用点を同一作用線上で動かしても，その力が物体を動かそうとする働きは変わらない．それゆえ，異なる作用点に働く二つの力も，もし両方の作用線が交わるならば，その交点に働く一つの力で置き換えることができる（図 1.16）．

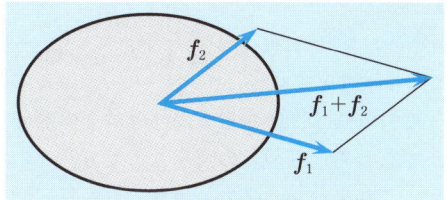
図 1.15 同じ作用点に働く力の和

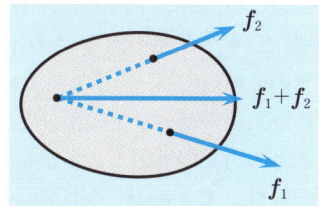
図 1.16 異なる作用点に働く力の和

●**作用反作用の法則**● 物体 A が物体 B に力 f を及ぼせば，物体 B は物体 A に力 $-f$ を及ぼす．力は常に二つの物体が及ぼしあうものであり，作用と反作用は，どちらが原因でどちらが結果というようなものではない．

●**単位**● 力の大きさの単位は N（ニュートン）：$N = kg \cdot m \cdot s^{-2}$．実用上は kgw (kg 重；kgf（重力キログラム）ともいう) も便利である．1 kgw は質量 1 kg の物体に働く重力の大きさ（1 kg の物体の重さ）で，N との関係は

$$1\,\mathrm{kgw} = 9.80665\,\mathrm{N}$$

●**重力**● 地表付近で物体に働く重力 f は，物体の質量 m と一定のベクトル g により $f = mg$ と表せる．g は重力加速度と呼ばれる鉛直下向きのベクトルで，その大きさ g は地球上の地点にわずかに依存するが，ほぼ $g = 9.8\,\mathrm{N \cdot kg^{-1}}$（$\mathrm{N \cdot kg^{-1} = m \cdot s^{-2}}$）の値を持つ．物体の変形を無視する近似では，重力は物体の重心にまとめて働くとみなしてよい．（それで平衡や運動についての正しい結果が得られる．）

―例題 4――――――――――――――――――――――ひもの張力―

重さ W のおもりにひもをつけて，天井からつるす．おもりが静止しているとき，天井はひもからどれだけの力を受けるか．力がおもりから天井まで伝わる機構についても考察せよ．

[解答] 答えは自明だが，物理の論理に慣れるために，この例題を考えよう．まず，おもりとひも（すなわち図の左側の破線の内部）を系とみる．この系が静止し続けるためには，この系に働く外力の合力がゼロでなければならない．今の場合の外力は，おもりに働く下向きの重力 W と天井がひもを引っ張る上向きの力だから，系のつり合いから，天井はひもに，重力を打ち消す大きさ W の上向きの力を及ぼすことがわかる．その反作用として，ひもは天井を下向きの力 W で引っ張る．

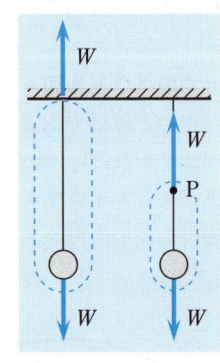

図 1.17 系に働く外力

次に，ひもの任意の点 P から下の部分とおもり（図の右側の破線の内部）を系とみる．上と同じ議論をすれば，P から上の部分は下の部分を力 W で引っ張り，P から下の部分は上の部分を同じ大きさの力で引っ張ることがわかる．すなわちひものどの点をとっても，その上と下の部分は，大きさ W の力で引きあう．これをひもの**張力**という．おもりに働く重力 W がひもを引き伸ばそうとし，それに対抗するために，ひもに大きさ W の張力が生じ，それによって力が天井まで伝わるのである．

━━━ 問 題 ━━━━━━━━━━━━━━━━━━━━━━━━━━━━━━━━━

4.1 質量 m の二つのおもりをひもで結び，図 1.18 のように天井からつるす．ひもの張力 T_1，T_2 はそれぞれどれだけか．

4.2 次の各場合の推進力を，反作用の力によって説明せよ．
   （イ）ボート　（ロ）スクリューで進む船
   （ハ）プロペラ飛行機　（ニ）ロケット

4.3 月面で物体に働く重力は，地球表面における重力の約 1/6 である．質量 1kg の物体に月面で働く重力（物体の月面での重さ）は，何 kgw か．

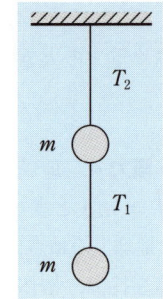

図 1.18 張力

1.2 力の性質

例題 5 ─────────────────────────── 滑車 ──

図に示す定滑車と動滑車の組合せで,重さ W のおもりを引き上げるには,ロープをどれだけの力で引けばよいか.天井はどれだけの力を受けるか.滑車とロープの重さは無視して考えよ.

ヒント 滑車に摩擦がなければ,ロープを引っ張る力 f が,ロープ全体で共通な張力となる.

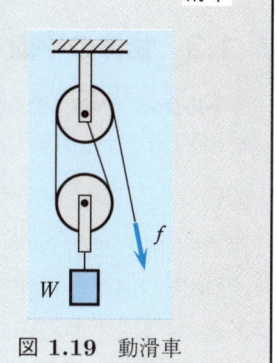

図 1.19 動滑車

[解答] ロープのどの部分も近似的に鉛直方向を向くとみなす.動滑車は両側のロープから合計 $2f$ の上向きの力を受け,それがおもりの重さ W とつり合うので,$2f = W$.したがってロープを引っ張るのに要する力は $f = \frac{1}{2}W$.

定滑車は三本のロープから合計 $3f$ の下向きの力を受け,それを天井が支えるので,反作用により,天井が受ける力は $3f = \frac{3}{2}W$.これはおもりの重さとロープを引っ張る力の合力 $W + f$ にほかならない.

[別解] おもりの高さを h 引き上げるには,ロープを長さ $2h$ 引っ張る必要があり,それによるおもりの位置エネルギーの増加は $Mgh = Wh$(M はおもりの質量)で,ロープを引っ張る力がする仕事は $2hf$ だから,この両者を等しいとおいて(エネルギー保存則)f を求めてもよい.

問題

5.1 図 1.20 の場合には,重さ W のおもりを引き上げるのに,ロープをどれだけの力で引けばよいか.天井はどれだけの力を受けるか.

5.2 重さ W の人が,図 1.21 のような滑車を用いた装置で自分を引き上げるには,ロープをどれだけの力で引けばよいか.

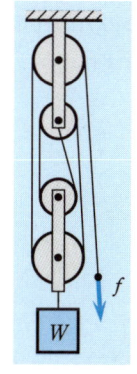

図 1.20 動滑車

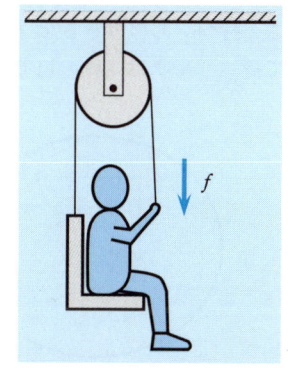

図 1.21 自分を引き上げる

1.3 物体の平衡

● **トルク** ● 物体に働く力 F が，力の作用線と直交する任意の軸 O のまわりに物体を回転させようとする働きは，作用線と軸 O の間の距離 (**腕の長さ**) b と力の大きさ F との積

$$N \equiv bF \tag{1.11}$$

で決まる (図1.22)．N を力 F の，軸 O に関する**トルク**（または**力のモーメント**）という．回転軸の向きを任意に定め，トルクの符号を，軸のまわりに物体を右ネジ向きに回転させようとするトルクを正，左ネジ向きに回転させようとするトルクを負と定義する．

物体上の作用点 $r = (x, y, z)$ に力 $F = (F_x, F_y, F_z)$ が働くとき，この力の z 軸に関するトルクは，F を座標軸方向の三つの力に分解してみればわかるように

$$N = xF_y - yF_x \tag{1.12}$$

● **平衡の条件** ● ある瞬間に静止している物体は，物体に働く外力が次の二つの条件を満たすならば，静止の状態を続ける．

(イ) 物体に働くすべての外力のベクトル和がゼロなら，物体の重心は動かない．

(ロ) ある軸に関するトルクの代数和（符号まで考慮に入れた和）がゼロなら，その軸のまわりの回転は起こらない．

上の二つの条件が満たされるときには，上の軸と平行な任意の軸に関しても，トルクの代数和はやはりゼロである．したがって物体の平衡の条件を調べるときには，任意の一点を通る軸に関する，トルクのつり合いを考えれば十分である．

● **偶力** ● 方向が反対で大きさが等しい二つの力の対を**偶力**という (図1.23)．物体に働く偶力は，二つの力が決める平面と垂直な軸のまわりに，物体を回転させる働きを持つ．力の大きさを F，二つの力の作用線の距離を b とすれば，偶力が軸に関して持つトルクは，軸の位置によらずに $N = bF$ である．

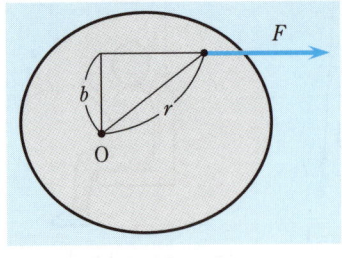

図 1.22 トルク

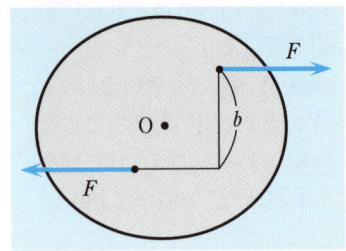

図 1.23 偶力

1.3 物体の平衡

─── 例題 6 ─────────────────────────── 支柱にかかる力 ───

水泳の飛び込み台の板が，図のように二本の支柱 A, B で床に固定されている．A, B の間隔を a, B と板の端 C の間隔を b とする．

(イ) 端 C に体重 W の人が立つとき，支柱 A と B は，それぞれどのような力を板から受けるか．板の重さは無視して考えよ．

(ロ) $a = 0.5\,\mathrm{m}$, $b = 4\,\mathrm{m}$, $W = 60\,\mathrm{kgw}$ のとき，A, B に働く力の大きさを kgw 単位で求めよ．

ヒント 板が支柱に及ぼす力は，支柱が板に及ぼす力の反作用である．

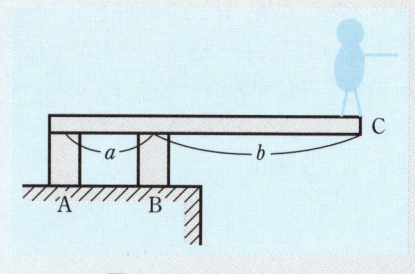

図 1.24 飛び込み台

解答 (イ) 板を系とみれば，系に働く力は，人の重さ W と，支柱 A, B が板に及ぼす力である．この三つの力は，板のつり合いの条件を満たしているはずである．（板は固定されていて動かないのに，つり合いを考えるのは奇妙にみえるかもしれないが，そもそも板が動かないのは，支柱が板に力を及ぼすからである．）まず，支柱 B のまわりの，トルクのつり合いを調べる．C に働く重力 W は B に関して右まわりのトルクを持つので，支柱 A が板に及ぼす力は左まわりのトルクを持たねばならず，それゆえ，力は下向きである．その大きさ F_A は，トルクのつり合い（すなわちてこの原理）$F_\mathrm{A} a = Wb$ から

$$F_\mathrm{A} = \frac{b}{a} W$$

と決まる．次に，板に働くすべての力の合力がゼロという条件から，支柱 B は板に上向きの力

$$F_\mathrm{B} = F_\mathrm{A} + W = \frac{a+b}{a} W$$

を及ぼすことがわかる．したがって反作用として，支柱 A には上向きの引っ張り力 F_A が働き，支柱 B には下向きの圧縮力 F_B が働く．

注意 上の結果は，支柱 B に関するトルクの代わりに，支柱 A に関するトルクを考えても導ける．

(ロ) 上の式から，$F_\mathrm{A} = 480\,\mathrm{kgw}$, $F_\mathrm{B} = 540\,\mathrm{kgw}$. $a \ll b$ ならば，F_A と F_B はどちらも重さ W よりずっと大きくなることに注意しよう．それに耐える強度が支柱 A, B に要求される．

―例題 7――――――――――――――――――――――手にかかる力―

身長の異なる A, B 二人で重さ W の荷物を図のように持つとき，二人がそれぞれ荷物に及ぼす力の大きさ F_A, F_B を求めよ．二人の腕が鉛直となす角をそれぞれ α, β とする．

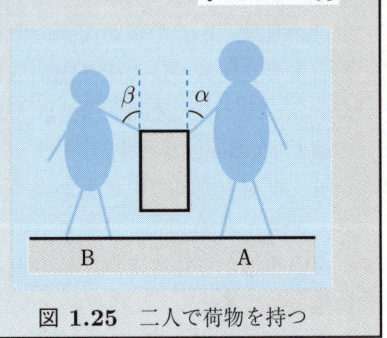

図 1.25 二人で荷物を持つ

[解答] 二人が及ぼす力は，腕の軸方向を向くと仮定する．この力は荷物に働く重力とつり合わねばならず，したがって合力は鉛直上向きで大きさ W の力である（図 1.26）．三角形の正弦定理により

$$\frac{F_A}{\sin\beta} = \frac{F_B}{\sin\alpha} = \frac{W}{\sin(\alpha+\beta)}$$

が成り立つので，

$$F_A = \frac{\sin\beta}{\sin(\alpha+\beta)}W, \quad F_B = \frac{\sin\alpha}{\sin(\alpha+\beta)}W$$

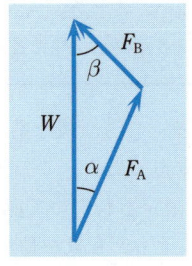

図 1.26 合力

検算のため $\alpha=\beta$ の場合をみると，$F_A = F_B = W/(2\cos\alpha)$ となる．$\alpha\to 0$ で $F_A = F_B \to W/2$ は当然だし，$\alpha\to\pi/2$ で $F_A = F_B$ が際限なく大きくなるのも，水平に近い力で鉛直方向の重力を支えようというのだから，これも当然である．

一般の場合に戻って，$\alpha<\beta$ なら $F_A>F_B$ であるが，これは背が高い方の人に大きな力がかかることを示す．

問題

7.1 右図のように旗を片手で持つとき，手はどのような力を旗竿に及ぼしているか．

図 1.27 旗を支える

―― 例題 8 ――――――――――――――――――――――――――――― 綱の張力 ――

同じ高さの点 A, B の間に綱が張ってある. 綱の重さを W, 綱の両端が水平となす角を θ とする.
(イ) 両端 A, B における綱の張力 T はどれだけか.
(ロ) 綱の中央 C における張力 T' はどれだけか.
(ハ) A, B 間に綱を厳密に水平に張ることは可能か.

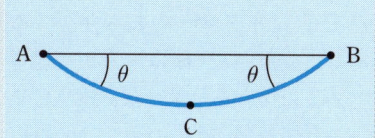

図 1.28 二点間に張った綱

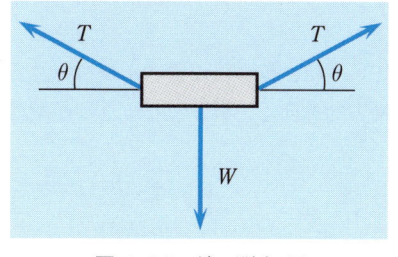

図 1.29 端の張力 T

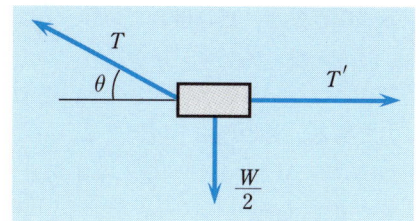

図 1.30 中央の張力 T'

[解答] (イ) 両端の張力は, 支点 A あるいは B が綱を引っ張る力に等しい. 綱全体を系とみると, それに働く外力は, 重力 W および支点 A, B が両端を引っ張る力であるから (図 1.29), その鉛直方向のつり合いから $2T\sin\theta = W$, すなわち

$$T = \frac{W}{2\sin\theta}$$

角 θ が 90° に近ければ張力 T はほぼ $\frac{1}{2}W$ であるが, θ が小さいと T は $\frac{1}{2}W$ よりはるかに大きくなることに注意しよう.

(ロ) 今度は綱の左半分を系とみると, それに働く外力は重力 $\frac{1}{2}W$, 支点 A が引っ張る力 T および綱の右半分が及ぼす張力 T' である (図 1.30). その水平方向のつり合いから

$$T' = T\cos\theta = \frac{W}{2\tan\theta}$$

(ハ) 大きな力 T で綱の両端を引っ張り, 綱を水平に張ろうとしても, (イ) の関係が実現されるまで綱が伸びてたるむ. 綱が耐えることのできる張力には限界があるから, 綱に重さがある限り, θ をいくらでも小さくすることはできない.

例題 9 ━━━━━━━━━━━━━━━━━━ ピン接合 ━━

図で AC と BC は同じ長さの棒で, 節点 C には重さ W のおもりがつるしてある. 支点 A と B は滑らかな蝶つがいで, C の接合をはずせば, 棒 AC と BC はそれぞれ A と B のまわりで自由に回転できる. また接合 C も滑らかで, 棒が支点にとりつけてなければ, どちらの棒も C のまわりで自由に回転できる. すなわち支点 A, B および節点 C は, どれも回転に対する抵抗(トルク)を棒に及ぼさない接合である. このような, そのまわりで棒(部材)が自由に回転できるつなぎ方を, **ピン接合**という.

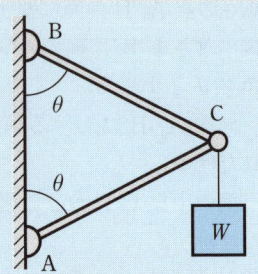

図 **1.31** 滑らかな接合

(イ) 一般に棒がピン接合だけでつながれていれば, 棒自体の重さを無視できるときには, どの棒が受ける力も, その棒の軸方向を向く, 引っ張りまたは圧縮の力である. その理由を説明せよ.

(ロ) 棒 AC と BC が壁となす角を θ として, 支点 A と B が棒に及ぼす力を求めよ.

[解答] (イ) 棒 AC を系とみれば, AC に働く力は, 棒の重さが無視できれば, 支点 A が及ぼす力と, 接合 C が及ぼす力だけである.

もし C が及ぼす力が軸方向(AC の方向)を向かなければ(図 1.32), この力は A のまわりにトルクを持つ. 一方, 滑らかな支点 A は棒に A のまわりのトルクを及ぼさないので, A のまわりの全トルクはゼロにならず, AC のつり合い条件に反する. したがって C

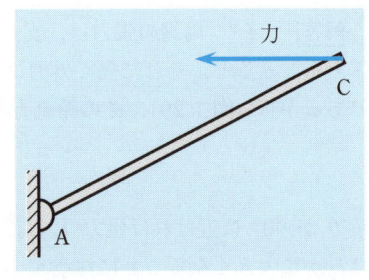

図 **1.32** 軸方向からずれた力

が AC に及ぼす力は軸方向を向く. 同様な議論により, 棒に働く力はすべて軸方向を向くことがわかる.

(ロ) 上の議論から, 支点 A と B が棒に及ぼす力はどちらも棒の軸方向を向く. そこで図 1.33 のように, A は棒に圧縮の力 F を及ぼし, B は棒に引っ張りの力 F' を及ぼすと仮定する.

1.3 物体の平衡

二本の棒からなる系に働く外力は，上の二つの力とおもりの重力 W だから，力のつり合いの条件は，水平方向と鉛直方向について，それぞれ

$$F\sin\theta = F'\sin\theta, \quad F\cos\theta + F'\cos\theta = W$$

これより

$$F = F' = \frac{W}{2\cos\theta}$$

どちらの力に対しても結果の符号が正なので，図 1.33 で仮定した力の向きが正しいことがわかる．

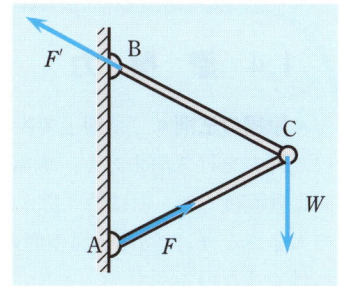

図 **1.33** 支点が棒に及ぼす力

問 題

9.1 重さ W の棒 AB の両端に長さの異なるひもをつけ，両方のひもの端を同じ点 C に固定して棒をつるす（図 1.34）．
（イ）棒が静止しているとき，棒の重心 G はどの位置にあるか．
（ロ）棒が静止しているときの，二本のひもの張力を求めよ．$\angle ACG = \alpha$, $\angle BCG = \beta$ とする．

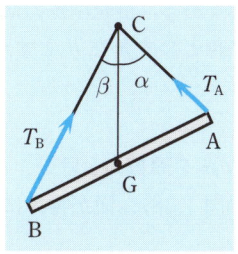

図 **1.34** 二本のひもでつるした棒

9.2 図 1.35 のように，水平面上に置いた重さ W の密度が一様な立方体の一つの辺 A に，水平方向の力 F を加える．立方体が辺 B を軸として転がるための条件を求めよ．ただし立方体と水平面の間の摩擦は十分に大きく，立方体が滑ることはないとする．

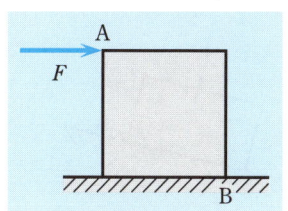

図 **1.35** 立方体

9.3 一端を壁に固定した水平な棒の先におもりをつるす．壁は棒にどのような力を及ぼしているか．棒の長さを l，おもりの重さを W とする（図 1.36）．

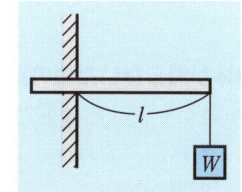

図 **1.36** 壁に固定した棒

1.4 摩 擦 力

●**摩擦の法則**● 平面上で物体が静止しているときには,物体に働く(重力その他の)外力を打ち消す力を,平面が物体に及ぼしている(図1.37).この力は,面に垂直な垂直抗力と,面に沿う静止摩擦力から成る.垂直抗力の大きさを R,静止摩擦力の大きさを F_f,物体と面の間の静止摩擦係数を μ とすれば,F_f は μR を越えることはできない:

$$F_\mathrm{f} \leq \mu R \tag{1.13}$$

この範囲の摩擦力で外力を打ち消すことができない場合には,物体は平衡を保てずに滑り出す.

●**摩擦角と摩擦円錐**● 面が物体に及ぼす力 $\boldsymbol{F}$ は,垂直抗力 R と静止摩擦力 F_f の合力である.静止摩擦力が最大の大きさ $F_\mathrm{f,max} = \mu R$ に達したときに,合力 $\boldsymbol{F}$ が面の法線となす角を θ とすれば,

$$\tan\theta = \frac{F_\mathrm{f,max}}{R} = \mu \tag{1.14}$$

この角 θ を**摩擦角**と呼び,面の法線を中心軸とし半頂角 θ を持つ円錐を**摩擦円錐**という(図1.38).面が物体に及ぼす力 $\boldsymbol{F}$ の方向は,摩擦円錐の外には出ない.

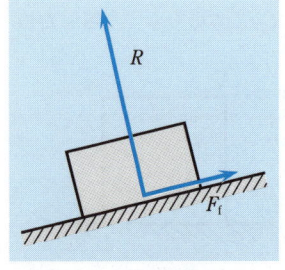

図 1.37 垂直抗力 R と摩擦力 F_f

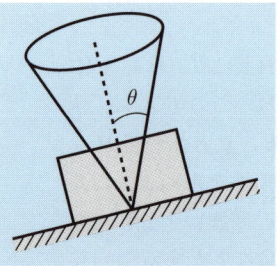

図 1.38 摩擦円錐

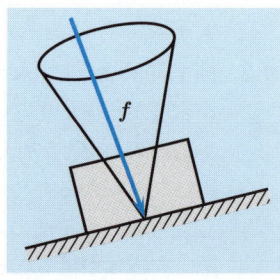

図 1.39 滑らない条件

●**物体が滑らないための条件**● 上のことを言い換えれば,平面上にある物体に外力 $\boldsymbol{f}$ が働くとき($\boldsymbol{f}$ は重力も含めた外力の合力),$\boldsymbol{f}$ の方向が図1.39のように摩擦円錐内にあれば,$\boldsymbol{f}$ は面からの力で打ち消されるので,物体が面上を滑ることは決してない(例題10参照).

1.4 摩擦力

―例題 10――――――――――――――――――滑らない条件―
平面上にある物体に外力 f が働くときに，物体が滑りださないための条件を考える．ここで f は，物体に働く重力も含めた，外力の合力である．力 f の方向と平面の法線との間の角を α とし，摩擦角を θ とすれば，$\alpha < \theta$ のときは，f の大きさ f によらずに物体は動かないことを示せ．

[解答] 外力 f を打ち消す力 $-f$ を平面が物体に及ぼすことができれば，物体は動かない．まず面の法線方向を考えると，物体はその方向には動けないので，外力の法線方向成分 $f\cos\alpha$ は，面が物体に及ぼす垂直抗力

$$R = f\cos\alpha$$

で打ち消されている．次に面に沿う方向をみると，面は物体に最大で μR までの摩擦力を及ぼす．したがって外力の面に沿う成分 $f\sin\alpha$ が μR より小さければ，それは摩擦力で打ち消され，物体は動かない．この条件

$$f\sin\alpha < \mu R$$

に上の R の式を代入すれば

$$\tan\alpha < \mu = \tan\theta$$

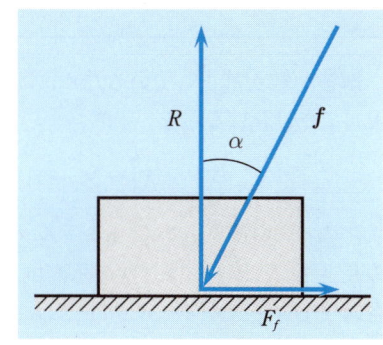

図 1.40 外力 f，垂直抗力 R，摩擦力 F_f．力の作用点は状況により異なる．

すなわち $\alpha < \theta$．こうして，物体が動かないための条件が，f の方向だけで決まることがわかる．外力の方向が摩擦円錐の内部にあれば，物体は滑らないのである．

問 題

10.1 斜面に置かれている物体は，斜面の傾斜角 α を増していくと，ある角度で滑りだす．この角度を摩擦円錐を用いて導け．

10.2 雪面や氷の上を歩くときには，歩幅は自然に狭くなる．歩幅を狭くすると，なぜ滑りにくいのだろうか．

図 1.41 歩行

例題 11 ──────────────────────── 壁に立てかけた棒 ──

滑らかな壁に，密度が一様な棒を立てかける．棒と壁の間の角 α をあまり大きくすると，棒は滑ってしまう．棒と床の間の静止摩擦係数を $\mu = 0.5$ とすれば，棒が滑らないためには，α をどの範囲にとどめるべきか．

[ヒント] 床が棒に及ぼす垂直抗力を Y，摩擦力を X，壁が及ぼす垂直抗力を X'，重心に働く重力を W として，これらの力の間の平衡条件を考えるのが標準的な方法であるが，点 A における摩擦円錐を用いる，直観的な考え方もできる．

[解答] 棒が静止しているためには，外力の合力はゼロでなければならないから，

$$X' = X, \quad Y = W$$

次に棒と床の接点 A に関するトルクを考えると，棒の長さを L とすれば，壁の垂直抗力 X' の腕の長さは $L\cos\alpha$ だからトルクは $X'L\cos\alpha$，重心に働く重力 W の腕の長さは $\frac{1}{2}L\sin\alpha$ だからトルクは $-\frac{1}{2}WL\sin\alpha$ で，そのつり合いから

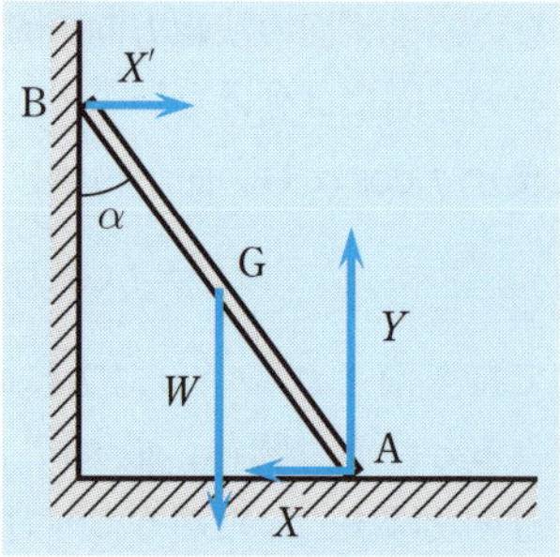

$$X'L\cos\alpha - \tfrac{1}{2}WL\sin\alpha = 0$$

これから X' が決まるので，結局

図 1.42　滑らかな壁に立てかけた棒

$$X = X' = \tfrac{1}{2}W\tan\alpha, \quad Y = W$$

ここで静止摩擦力 X は $X < \mu Y$ の範囲に限られることに注意すれば，角 α に許される範囲が $\tan\alpha < 2\mu$ と得られる．$\mu = 0.5$ を入れれば，$\alpha < 45°$．

[別解] 問題 9.1 の解でも説明してあるが，重力を A と B に働く二つの力に分解するとわかりやすい．ただし壁が B に及ぼすのは垂直抗力だから，重力の B に働く成分も壁に垂直とする．力の分解は，力の作用点を同じ作用線上の別の点に移しても，力の働きは変わらないことを用いる．重力の作用線（G を通る鉛直線）と壁の抗力の作用線（B を通る水平線）の交点を P として，まず重力の作用点を G から P に移し（図 1.43），これを PA 方向の力 F_A と PB 方向の力 F_B に分解する．F_A が鉛直となす角を β とすれば，直線 PG の延長と床との交点を Q として，

$$\tan\beta = \frac{QA}{PQ} = \frac{1}{2}\frac{OA}{PQ} = \frac{1}{2}\tan\alpha$$

である．最後に力 F_A の作用点を A に，力 F_B の作用点を B に移せば目的の分解は完成する（図 1.44）．

力 F_B は壁からの抗力とつり合う．力 F_A の方は，その方向が A における摩擦円錐の内部にあれば，床からの力とつり合う．したがって平衡の条件は，摩擦角を θ とすれば $\beta < \theta$, すなわち $\tan\beta < \tan\theta$ で，これを上の $\tan\beta$ の表式を用いて角 α で表せば

$$\tan\alpha < 2\tan\theta = 2\mu$$

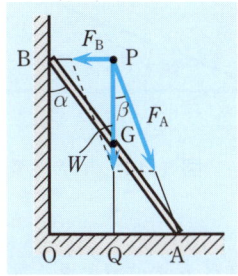

図 1.43　重力の作用点

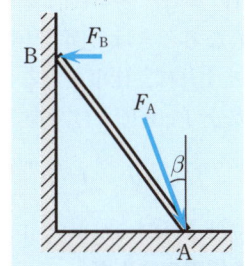

図 1.44　重力の分解

参考　壁と棒の間にも摩擦が働くとすると，変数の数が条件の数より多くなり，一般の平衡の位置では，床と壁が棒に及ぼす力は一意的には決まらない．しかし角 α の上限は決まり，床と棒の摩擦係数を μ, 壁と棒の摩擦係数を μ' とすると，結果は

$$\tan\alpha < 2\mu/(1-\mu\mu')$$

問 題

11.1 滑らかな壁にはしごを立てかけ，それに人がのぼる（図 1.45）．はしごと壁のなす角を α, はしごと床の間の静止摩擦係数を μ とするとき，人はどの点までのぼることができるか．はしごの全長を L として，人の位置をはしごの最下点からの距離 xL $(0 \leq x \leq 1)$ で表せ．人の体重にくらべて，はしごの重さは無視できるとする．

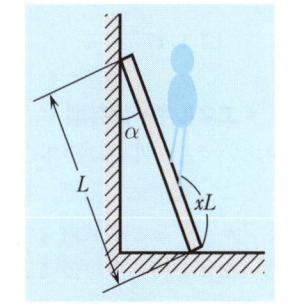

図 1.45　はしご

11.2 地面の上にある重さ W_1 の箱を，体重 W_2 の人が押して動かすことができるのは，箱と地面の間の静止摩擦係数 μ_1 と，靴底と地面の間の静止摩擦係数 μ_2 の間に，どのような関係があるときか．

1.5 仕事，位置エネルギー

●**仕事**● 大きさ f の力が物体に働き，物体を力の方向に距離 l だけ変位させるとき，力は仕事 $W = fl$ をする．変位の方向が力の方向と異なるときは（図 1.46），両者の間の角を θ とすれば，仕事をするのは，変位方向の力の成分 $f\cos\theta$ だけである．すなわち

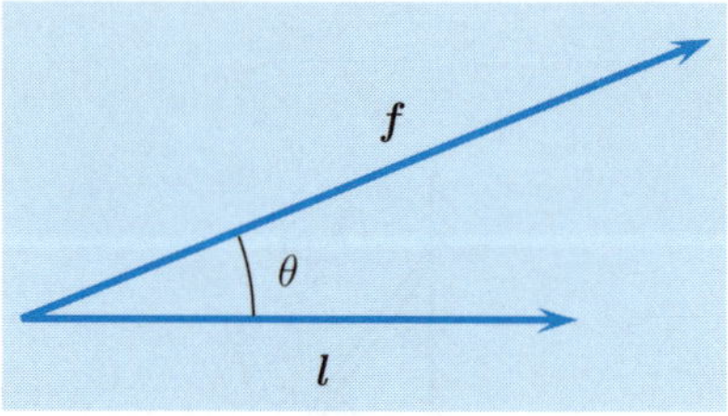

$$W = fl\cos\theta = \boldsymbol{f}\cdot\boldsymbol{l} \qquad (1.15)$$

図 1.46 力 $\boldsymbol{f}$ と変位 $\boldsymbol{l}$

仕事の単位は J（ジュール）：J = N·m．

●**重力の位置エネルギー**● 一様な重力場の中で高さ h の位置にある質量 m の物体は，$h = 0$ の位置（たとえば地面）にあるときにくらべ，位置エネルギー mgh を持つ（g は重力加速度）．大きさのある物体の場合には，h として重心の高さをとればよい．

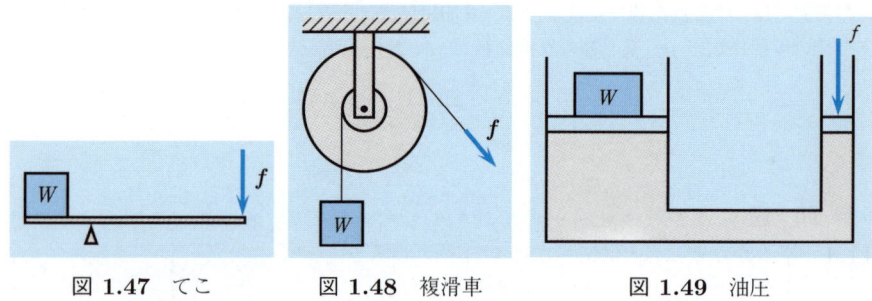

図 1.47 てこ　　図 1.48 複滑車　　図 1.49 油圧

●**エネルギー保存則**● 重力場の中で外力が物体の高さを変えるためには，どんな装置を用いても，外力は物体の位置エネルギーの増加分だけの仕事をしなくてはならない．

てこ，複滑車，斜面，複滑車，油圧を用いるジャッキなどの装置を使えば，小さな力で重い物体を持ち上げることはできるが，必要な仕事の量を減らすことはできない．

●**平衡の位置**● 物体がとることのできる位置の中で，重力の位置エネルギーが極小になる位置が，物体が静止する位置である．

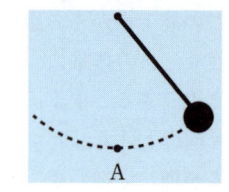

図 1.50 振り子．A が位置エネルギーの極小点．

例題 12 ———————————————————— 仕事と位置エネルギー ——

質量 M の丸太が地面に横たわっている.
(イ) その一方の端を手で持ち上げるには，どれだけの力が必要か.
(ロ) 一方の端を高さ h まで持ち上げるとき，手がする仕事は，丸太の位置エネルギーの増加に等しいことを確かめよ.

[解答] (イ) 丸太の長さを $2l$，持ち上げる方の端を A，もう一方の端を B，丸太の中央を O とする．丸太の密度は一様とすれば，重心は O にあり，そこに重力 Mg が働く．端 A を持ち上げるのに必要な力を F とすれば，B に関するトルクのつり合いは $lMg = 2lF$．したがって $F = \frac{1}{2}Mg$.

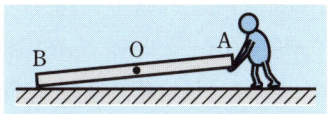

図 1.51　丸太の端を持ち上げる

(ロ) A を h だけ持ち上げるときに力 F がする仕事は $Fh = \frac{1}{2}Mgh$. 丸太の重力の位置エネルギーは，重心 O にある質量 M の質点の位置エネルギーに等しい．A が h 上がるときに O は $\frac{1}{2}h$ 上がるので，位置エネルギーの増加は $\frac{1}{2}Mgh$ で，F がする仕事と一致する．

問　題

12.1 質量 M の物体の重力の位置エネルギーは，物体の重心にある質量 M の質点の位置エネルギーに等しいことを示せ.

12.2 高さ $20\,\mathrm{m}$ のビルの屋上のタンクに，1 トン ($1000\,\mathrm{kg}$) の水をたくわえる.
(イ) この水は，地上にあるときとくらべて，どれだけの位置エネルギーを持つか.
(ロ) この水を屋上に汲み上げるには，何 $\mathrm{W \cdot h}$ (ワット時) の電力を要するか.

12.3 重い物体を持ち上げるために，板を斜面として用いて，その上で物体を押し上げる（図 1.52）．高さ h まで押し上げるにはどれだけの仕事を要するか．物体の質量を m，板が水平となす角を α，物体と板の間の動摩擦係数を μ' とする.

図 1.52　斜面

例題 13 — そりを引く力

雪面上にある質量 $m = 100\,\text{kg}$ のそりを，水平と角 $\alpha = 30°$ をなすひもで引っ張って，一定速度で動かす．そりと雪面の間には，動摩擦係数 $\mu' = 0.1$ の摩擦力が働くとする．
(イ) ひもを引っ張る力の大きさ F はどれだけ必要か．
(ロ) そりを $l = 100\,m$ 動かす間に，この力はどれだけの仕事をするか．

[解答] (イ) 雪面にかかる鉛直下向きの力は，おおざっぱに言えばそりの重さだが，厳密に言うと，それからひもの力の上向き成分を引いたものだから $mg - F\sin\alpha$ となり，したがって雪面がそりに及ぼす垂直抗力 R は $R = mg - F\sin\alpha$，動摩擦力は $\mu' R$ である．摩擦力を打ち消す水平方向の力を，ひもがそりに及ぼさねばならないので，

$$F\cos\alpha = \mu'(mg - F\sin\alpha)$$

これより，必要な力の大きさが

$$F = \frac{\mu' mg}{\cos\alpha + \mu'\sin\alpha}$$

と決まる．数値を入れれば

$$F = 10.9\,\text{kgw} = 107\,\text{N}$$

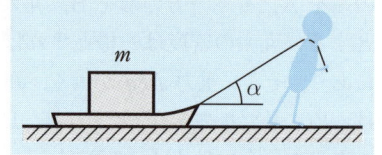

図 1.53 そりを引っ張る

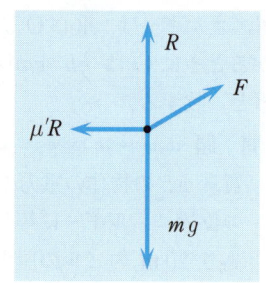

図 1.54 力のつり合い

単に $F = \mu' mg / \cos\alpha$ とすると約 6% の誤差を生じる．
(ロ) $W = F\cos\alpha \cdot l = 9.27\,\text{kJ}$

問題

13.1 質量 m，長さ l の鎖が机の端からたれ下がっている．鎖の上端を水平に机の面に沿って引っ張り，鎖を机の上に引き上げるには，どれだけの仕事を要するか．

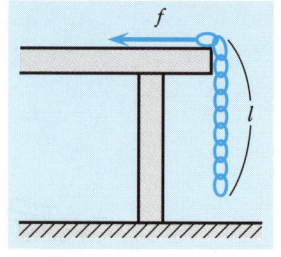

図 1.55 鎖を引き上げる

1.6 速度と加速度，等加速度運動

●**直線運動の速度**● 物体が直線上を一定速度 v で動くとき，この直線を x 軸にとれば，時刻 t における位置 $x(t)$ のグラフは，図 1.56 のような勾配 v の直線になる．一般の運動の場合には $x(t)$ のグラフは図 1.57 のような曲線であるが，その微小部分はやはり直線とみなせるので，時刻 t における瞬間的な**速度**は，t における接線の勾配に等しい：

$$v(t) = \frac{dx}{dt} \tag{1.16}$$

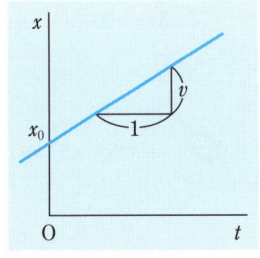

図 1.56　等速運動

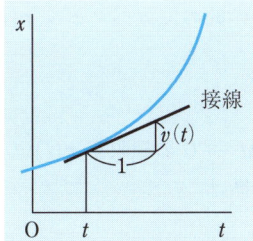

図 1.57　一般の運動

●**直線運動の加速度**● 時間的に一定の割合で速度 $v(t)$ が増加する運動（**等加速度運動**）では，$v(t)$ のグラフは図 1.58 のような直線である．その勾配 a は単位時間あたりの速度の増加分を表し，これを**加速度**という．速度の増加の割合が一定でない場合には，$v(t)$ のグラフは図 1.59 のような曲線であるが，速度の場合と同様に，時刻 t における瞬間的な加速度 $a(t)$ は，この曲線の接線の勾配で表される：

$$a(t) = \frac{dv}{dt} = \frac{d^2x}{dt^2} \tag{1.17}$$

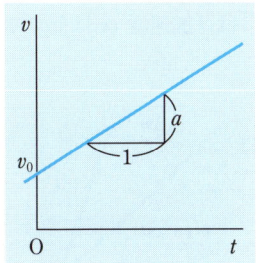

図 1.58　等加速度運動

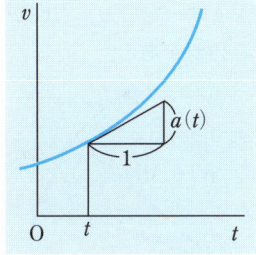

図 1.59　一般の運動

● **等加速度運動** ●　自動車の運転では，アクセルの踏み方で各瞬間の加速度 $a(t)$ が決まる．加速度 $a(t)$ が与えられれば，それを t で積分すれば速度 $v(t)$ が得られ，もう一度 t で積分すれば位置 $x(t)$ が得られる．その際，一回積分するごとに積分定数（任意定数）が一つずつ出るが，それは初期条件（たとえば $t=0$ の速度 v_0 と位置 x_0）を与えれば定まる．とくに加速度が時間的に一定の値 a を持つ等加速度運動では，積分の結果は

$$v(t) = v_0 + at, \quad x(t) = x_0 + v_0 t + \tfrac{1}{2}at^2 \tag{1.18}$$

● **二次元，三次元運動の速度と加速度** ●　平面内や空間中の運動では，速度を表すには，大きさと共に方向をいう必要がある．すなわち速度 $\boldsymbol{v}$ はベクトルである．微小時間 Δt の間の位置ベクトル $\boldsymbol{r}(t)$ の増分を $\Delta \boldsymbol{r}$ とすれば $\Delta \boldsymbol{r} \approx \boldsymbol{v} \Delta t$ だから，

$$\boldsymbol{v} \approx \frac{\Delta \boldsymbol{r}}{\Delta t}$$

右辺の $\Delta t \to 0$ の極限を $\boldsymbol{r}(t)$ の微係数と呼び，$\dfrac{d\boldsymbol{r}}{dt}$ と表す．したがって $\boldsymbol{v}(t)$ と $\boldsymbol{r}(t)$ の間の関係は

$$\boldsymbol{v}(t) = \frac{d\boldsymbol{r}(t)}{dt} \tag{1.19}$$

成分で表せばふつうの関数の微分に帰着する：

$$v_x(t) = \frac{dx(t)}{dt}, \quad v_y(t) = \frac{dy(t)}{dt}, \quad v_z(t) = \frac{dz(t)}{dt} \tag{1.20}$$

同様に加速度 $\boldsymbol{a}(t)$ もベクトルで，Δt の間の $\boldsymbol{v}(t)$ の増分 $\Delta \boldsymbol{v}$ は $\Delta \boldsymbol{v} \approx \boldsymbol{a} \Delta t$ だから，

$$\boldsymbol{a}(t) = \frac{d\boldsymbol{v}(t)}{dt} \tag{1.21}$$

すなわち

$$a_x(t) = \frac{dv_x(t)}{dt}, \quad a_y(t) = \frac{dv_y(t)}{dt}, \quad a_z(t) = \frac{dv_z(t)}{dt} \tag{1.22}$$

速度の大きさは一定でも，方向が時間変化するときには，加速度 $\boldsymbol{a}$ はゼロでないことに注意する必要がある．

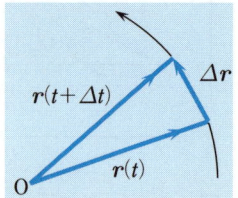

図 **1.60**　位置の微小変化

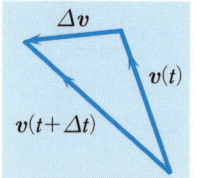

図 **1.61**　速度の微小変化

1.6 速度と加速度，等加速度運動

例題 14 ───────────────────────── 電車の速度 ───

図は，電車の速度 $v(t)$ を時刻 t の関数として表したものである．
(イ) これをもとにして，時刻 t における電車の位置 $x(t)$ を表すグラフを描け．ただし $x(0) = 0$ とする．
(ロ) 図の時刻 t_1, t_2 について，$x_1 = x(t_1)$, $x_2 = x(t_2)$ を求めよ．

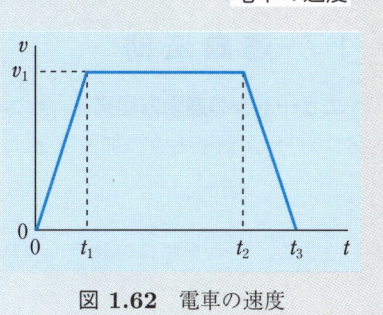

図 **1.62** 電車の速度

[解答] (イ) 運動は $0 \leq t \leq t_1$ と $t_2 \leq t \leq t_3$ では等加速度運動，$t_1 \leq t \leq t_2$ では等速運動で，$x(t)$ のグラフは右図のようになる．
(ロ) 時刻 t までに進む距離は $v(t)$ のグラフの下の t までの面積に等しいので，

$$x_1 = \tfrac{1}{2} v_1 t_1$$
$$x_2 = x_1 + v_1(t_2 - t_1) = v_1(t_2 - \tfrac{1}{2} t_1)$$

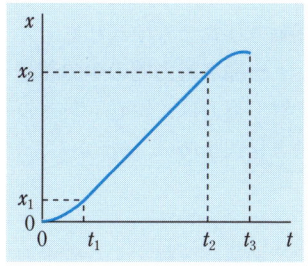

図 **1.63** 電車の位置

問題

14.1 都市を走る電車の速度は，発車後約 30 秒の間に，ほぼ時速 80 km に達する．この間の運動を等加速度運動と仮定すれば，加速度はどれだけか．

14.2 ピサの斜塔の高さは約 55 m である．頂上から落とした物体が地上に達するには何秒かかるか．空気の抵抗は無視して考えよ．

14.3 時速 60 km で走っている自動車が，毎秒時速 2 km ずつ減速して停車するには，停車位置のどれだけ手前からブレーキをかけ始める必要があるか．

14.4 ある高層ビルの 1 階と最上階の間隔は 100 m である．この間を，途中の階には止まらずに上下する高速エレベーターを設計する．加速度は $0.2g$ 以下（g は重力加速度），速度を $10 \, \text{m} \cdot \text{s}^{-1}$ 以下に制限すると，エレベーターがこの間を行くのに要する最短時間はどれだけか．

14.5 あるジェット旅客機は，着陸の際，速度 $220 \, \text{km} \cdot \text{h}^{-1}$ で接地した後，滑走路を 800 m 滑走して停止する．減速の加速度が一定とすれば，停止までにかかる時間はどれだけか．減速の加速度はどれだけか．

1.7 運動法則

●**ニュートンの運動方程式**● 物体に力が働くと，物体は加速度を持つ．質量 m の物体に力 f が働くときの加速度 a は，ニュートンの第二法則

$$ma = f \tag{1.23}$$

から決まる．これを物体の速度 $v(t)$ あるいは位置 $r(t)$ で表せば

$$m\frac{dv}{dt} = f, \quad m\frac{d^2r}{dt^2} = f \tag{1.24}$$

このように第二法則は，数学的には $v(t)$ あるいは $r(t)$ を定める微分方程式であり，**運動方程式**とも呼ばれる．

●**一様な重力場の中の運動**● 地表付近の一様な重力場の中では，質量 m の物体に働く重力は，鉛直下向きの一定のベクトル g により $f = mg$ の形をとるので，運動方程式 $ma = mg$ から，物体は一定加速度（**重力加速度**）

$$a = g \tag{1.25}$$

の等加速度運動をする．重力加速度 g の大きさはほぼ $g = 9.8\,\mathrm{m\cdot s^{-2}}$．

●**等速円運動**● 半径 r の円上を角速度 ω で物体が等速円運動をするとき，その速度 v は円の接線方向を向き，加速度 a は円の中心を向く．速度と加速度の大きさは

$$v = \omega r, \quad a = \omega v = \omega^2 r = \frac{v^2}{r} \tag{1.26}$$

したがって，物体の質量を m とすれば，等速円運動の原因となる力は，大きさ

$$f = m\omega^2 r = \frac{mv^2}{r} \tag{1.27}$$

の，中心を向く力（**向心力**）である．

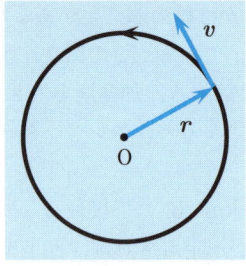

図 **1.64** 等速円運動の速度 v

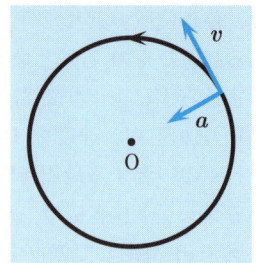

図 **1.65** 等速円運動の加速度 a

例題 15 ──────────────────────────────── 放物運動(1) ──

身長 $h = 180\,\text{cm}$ の人が,水平と角 $\alpha = 30°$ をなす方向に,ボールを速さ $v_0 = 20\,\text{m}\cdot\text{s}^{-1}$ で投げる.
(イ) ボールが最高点に達するのは,投げてから何秒後か.空気の抵抗は無視して考えよ.
(ロ) ボールが地上に落ちる点は,投げた点からどれだけ離れているか.

[解答] (イ) ボールは一平面内で運動するのでそれを xy 平面とし,水平方向に x 軸,鉛直上向きに y 軸をとり,人が立っている点を原点とする.ボールの質量を m とすれば,ボールに働く力は下向きの重力 $\boldsymbol{f} = (0, -mg)$ で,運動方程式 $m\boldsymbol{a} = \boldsymbol{f}$ を成分で書けば $ma_x = 0$ と $ma_y = -mg$ に分かれるので,運動は x 方向の等速運動と,y 方向の加速度 $-g$ の等加速度運動に分解できる.時刻 $t=0$ の速度は $\boldsymbol{v}_0 = (v_0\cos\alpha, v_0\sin\alpha)$ だから,y 方向の運動の速度は

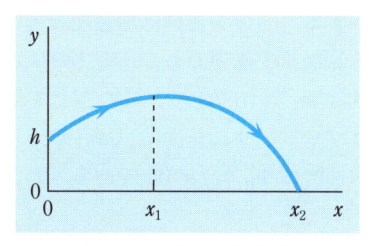

図 **1.66** ボールを投げる

$$v_y(t) = v_0\sin\alpha - gt$$

最高点に達する時刻を t_1 とすれば,$v_y(t_1) = 0$ より

$$t_1 = \frac{v_0\sin\alpha}{g} = 1.02\,\text{s}$$

(ロ) 地面に落下する時刻を t_2,落下位置を x_2 とすれば

$$x_2 = v_0\cos\alpha\, t_2 = 10\sqrt{3}\,t_2$$

身長を無視して考えれば,落下時刻 t_2 は $t_2 = 2t_1 = 2.04\,\text{s}$ だから,$x_2 = 35.3\,\text{m}$.
身長の影響を入れるには,はじめのボールの高さをほぼ h とすれば,y 方向の運動

$$y(t) = h + v_0\sin\alpha\, t - \tfrac{1}{2}gt^2$$

から,$y(t_2) = 0$ と置いて t_2 を求めると

$$t_2 = \frac{1}{g}\left(v_0\sin\alpha + \sqrt{v_0^2\sin^2\alpha + 2gh}\right) = 2.22\,\text{s}$$

を得るので,$x_2 = 38.4\,\text{m}$.

―例題 16― ――――――――――――――――――――――――運動の慣性―

一定速度 u で進む船の，高さ h のマストの上から物体を落とすと，物体はどのような運動をするか．

[解答] 船が進む方向に x 軸，鉛直上向きに y 軸をとる．時刻 $t=0$ に物体を落としたとして，そのときのマストの位置を $x=0$ とする．物体の運動は加速度 $\boldsymbol{a}=(0,-g)$ の等加速度運動である．物体のはじめの位置は $\boldsymbol{r}_0=(0,h)$ で，また落とす前は物体はマストと共に速度 u で動いていたので，初速度は $\boldsymbol{v}_0=(u,0)$ である．したがって物体の位置は

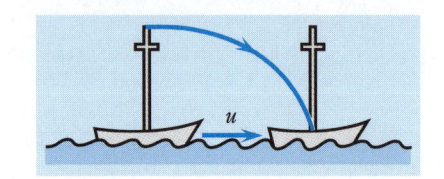

図 1.67　マストの上から落とした物体

$$x(t)=ut,\quad y(t)=h-\tfrac{1}{2}gt^2$$

と時間変化し，その軌道は放物線を描く．以上は地上から見た運動の記述であるが，マストの位置も $x(t)=ut$ と変化するので，物体はマストに沿って動くことになり，船の上にいる人には，物体は単に真下に落下するように見える．（これはガリレオが『新天文学対話』の中で，地動説を擁護するためにとりあげた有名な例である．）

≫≫ 問 題 ≪≪

16.1 時速 $v=150\,\mathrm{km}$，高度 $h=100\,\mathrm{m}$ で水平飛行をしている飛行機から，進路の下方にある地上の点 A に通信筒を落とす．空気の抵抗を無視する近似で，以下の問を考えよ．

（イ）通信筒が A に達するまでにかかる時間はどれだけか．

（ロ）飛行機から A を見る方向と鉛直下向きの方向のなす角を θ とすると，θ が何度のときに落とせばよいか．

（ハ）飛行機から見ると，通信筒が落ちて行く様子はどのように見えるか．

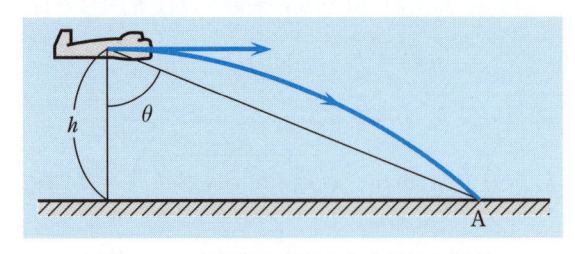

図 1.68　飛行機から落とした物体の運動

―例題 17――――――――――――――――――――アトウッドの器械―

滑らかな滑車にひもをかけ, 両側にそれぞれ質量 m_1, m_2 のおもりをつるした装置をアトウッドの器械という.
(イ) ひもの張力を T として, それぞれのおもりの運動方程式を書け.
(ロ) 上の二つの式から T を消去して, おもりが動く加速度を求めよ.
(ハ) 張力 T を求めよ.

[解答] (イ) 時刻 $t = 0$ のおもりの位置を基準として, 時刻 t におもり 1 が $x(t)$ だけ上がっていれば, おもり 2 は $x(t)$ 下がっている. したがって, おもり 1 の加速度が上向きに a であれば, おもり 2 の加速度は下向きに a である. おもり 1 に働く上向きの力は $T - m_1 g$ で, おもり 2 に働く下向きの力は $m_2 g - T$ だから, 二つのおもりの運動方程式は, それぞれ

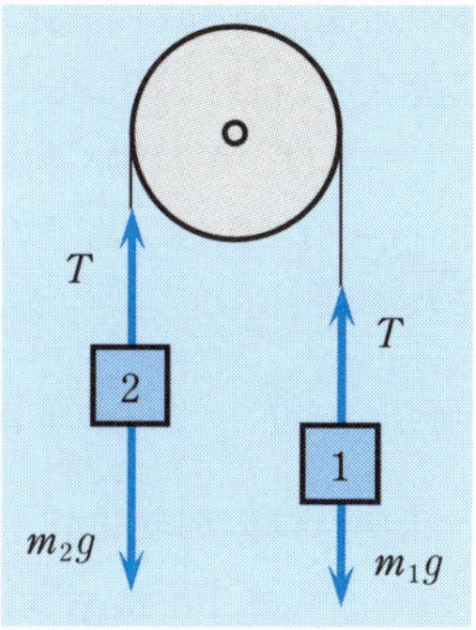

$$m_1 a = T - m_1 g, \quad m_2 a = m_2 g - T$$

図 1.69 アトウッドの器械

(ロ) 上の二式を加えれば $(m_1 + m_2)a = (m_2 - m_1)g$ となるので, 加速度 a は

$$a = \frac{m_2 - m_1}{m_1 + m_2} g$$

$m_2 > m_1$ ならば, この加速度でおもり 1 は上がり, おもり 2 は下がる. 二つの質量の差が小さければ $a \ll g$ で, 物体の自由落下にくらべて測定が容易になる. それがこの装置が工夫された目的である.

(ハ) 上の a の式を (イ) の運動方程式に代入すれば, 張力 T は

$$T = \frac{2 m_1 m_2}{m_1 + m_2} g$$

■■ 問 題 ■■■

17.1 アトウッドの器械の二つのおもりの質量を $m_1 = 500\,\mathrm{g}$, $m_2 = 400\,\mathrm{g}$ とし, ひもの質量は無視できるとする. おもりの加速度 a およびひもの張力 T の値はどれだけか. はじめ静止していたおもりは, 5 秒間でどれだけ上下するか.

17.2 例題 17 で $m_2 \gg m_1$ の場合には, 加速度と張力はどうなるか. その直観的な意味を説明せよ.

例題 18 ― ひもで結んだ二つの物体の運動

質量 m_A の物体 A と質量 m_B の物体 B をひもで結び，A を滑らかな机の上に置き，机の端にある滑らかな滑車にひもをかけて，B をつるす．
(イ) 両物体の加速度 a はどれだけか．
(ロ) ひもの張力 T はどれだけか．

[解答] (イ) ひもがたるまなければ，二つの物体の速度と加速度は共通である．図で A が右に動くとき B は下に動くので，それを正の向きとすれば，A に働く力は T，B に働く力は $m_B g - T$ で，二つの物体の運動方程式は，それぞれ

$$m_A a = T, \quad m_B a = m_B g - T$$

T を消去すれば，加速度が

$$a = \frac{m_B}{m_A + m_B} g$$

と得られる．$m_A \gg m_B$ のときは $a \ll g$ であるが，それは直観的に明らかであろう．

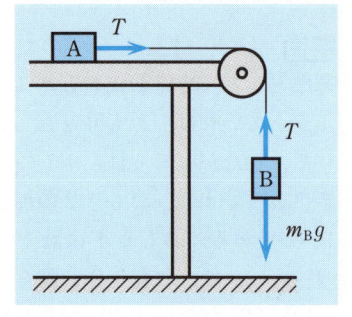

(ロ) ひもの張力は $T = \dfrac{m_A m_B}{m_A + m_B} g$．

図 1.70 ひもで結んだ二つの物体

問題

18.1 機関車が n 両の貨車を引く列車が，加速度 a で加速している．貨車 1 両の質量を m とすれば，各連結器にはどれだけの力がかかっているか（図 1.71）．

18.2 時速 80 km で走っている自動車で急ブレーキをかけたところ，タイヤがロックされた状態で地上を滑走した．タイヤと地面の動摩擦係数を $\mu' = 0.5$ とすれば，停止するまでにどれだけの時間がかかるか．その間に車はどれだけ進むか．

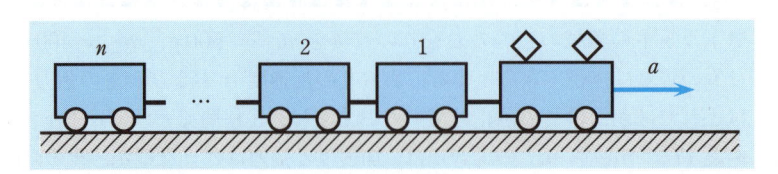

図 1.71 連結器にかかる力

例題 19 ───────────────── 列車がのぼれる最大傾斜

電気機関車と貨車からなる列車の全質量を $M = 1000$ トン,機関車の質量を $m_0 = 40$ トン とする.この列車がのぼれる傾斜の最大勾配はどれだけか.機関車の車輪とレールの間の摩擦係数を $\mu = 0.2$ とする.

図 1.72 坂をのぼる列車

[解答] 斜面の傾斜角を α とする.列車に働く重力 Mg の斜面に沿う成分 $Mg\sin\alpha$ を,レールが機関車の車輪に及ぼす摩擦力で支えることができれば,車輪は滑らずに回転し,列車は等速度で斜面をのぼる.(車輪の回転については例題 35 も参照.)レールが機関車の車輪に及ぼす垂直抗力は $m_0 g\cos\alpha$ だから,摩擦力の最大値は $\mu m_0 g\cos\alpha$.したがって傾斜角には

$$Mg\sin\alpha < \mu m_0 g\cos\alpha$$

すなわち

$$\tan\alpha < \frac{\mu m_0}{M} = \frac{8}{1000}$$

の制限がつく.これは 1 km 進むごとに 8 m のぼる勾配で,これを 8 パーミルの勾配という.(cent は 100, mill は 1000 を意味する.)実際には,列車が坂の途中でいったん停車し,再発進しなければならない可能性もあるし,雨天の際の摩擦係数は 0.1 以下になるかもしれないので,勾配に対する制限はもっときついものになる.

───── 問 題 ─────

19.1 貨車を引く機関車は,重量が大きいほど牽引力が大きく有利だという.その理由を説明せよ.各車両にモーターがついている電車の場合にも同じことが言えるか.

― 例題 20 ――――――――――――――――――――放物運動(2)――

地上の点 O から高さ h の崖の上の点 A にボールを投げる．点 O と崖の真下の点の距離を d とする．
（イ）できるだけ小さな初速度で投げて，ボールを A にとどかせるには，どの方向にどれだけの速度で投げればよいか．
（ロ）$h = 10\,\mathrm{m}$, $d = 5\,\mathrm{m}$ の場合について，この速度を計算せよ．

[解答] （イ）点 O を原点とし，水平に x 軸，鉛直に y 軸をとる．初速度を (u_x, u_y) とすれば，ボールの等加速度運動は

$$x(t) = u_x t, \quad y(t) = u_y t - \tfrac{1}{2} g t^2$$

と表される．時刻 t_1 にボールが A に達するとすれば，

$$d = u_x t_1, \quad h = u_y t_1 - \tfrac{1}{2} g t_1^2$$

が成り立つ．

ここで u_x を与えれば上式から t_1 と u_y が決まり，運動が定まるが，逆に t_1 を与えても u_x と u_y が

$$u_x = \frac{1}{t_1} d, \quad u_y = \frac{1}{t_1}(h + \tfrac{1}{2} g t_1^2)$$

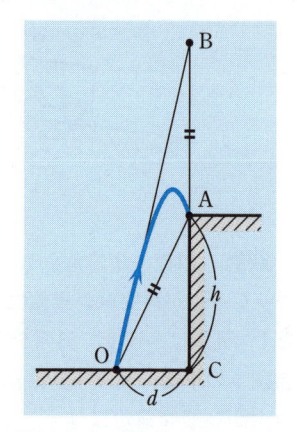

図 **1.73** 崖の上にボールを投げ上げる

と決まるので，t_1 を運動のパラメータに用いることができる．そこで t_1 をいくつにとれば $u^2 = u_x^2 + u_y^2$ が最小になるかを調べよう．上式から u^2 を t_1 で表せば

$$u^2 = \frac{1}{t_1^2}\left(d^2 + (h + \tfrac{1}{2} g t_1^2)^2\right)$$

u^2 の最小を求めるには，これを t_1 で微分して微係数をゼロと置けばよいが，t_1^2 で微分する方が計算が楽なので，$s \equiv t_1^2$ と置いて u^2 を

$$u^2 = \frac{d^2 + h^2}{s} + \frac{g^2 s}{4} + gh$$

と表し，s で微分してゼロと置く：

$$\frac{du^2}{ds} = -\frac{d^2 + h^2}{s^2} + \frac{g^2}{4} = 0$$

これから，u^2 は

$$s = \frac{2}{g}\sqrt{d^2 + h^2}$$

のとき，最小値

$$u_{\min}^2 = g\left(h + \sqrt{d^2 + h^2}\right)$$

をとることがわかる．

このときの初速度の勾配は

$$\frac{u_y}{u_x} = \frac{u_y t_1}{u_x t_1} = \frac{1}{d}\left(h + \tfrac{1}{2}gs\right) = \frac{h + \sqrt{d^2 + h^2}}{d}$$

すなわち，最小の初速度でボールを A までとどかせるには，点 A から距離 $\sqrt{d^2 + h^2} = \overline{\mathrm{OA}}$ だけ上の点 B をねらって，速度 $\sqrt{g\left(h + \sqrt{d^2 + h^2}\right)}$ で投げればよい．

(ロ) $u_{\min} = \sqrt{9.8 \times (10 + \sqrt{125})} = 14.4\,\mathrm{m\cdot s^{-1}}$．これはほぼ時速 52 km である．

問題

20.1 上の例題の(イ)の結果は，$d = 0$ あるいは $h = 0$ の二つの場合には，簡単な事実に帰着することを確かめよ．

20.2 高さ h の崖の上から速度 u でボールを投げ，地上のできるだけ遠方の点に到達させるには，どの方向に投げればよいか．

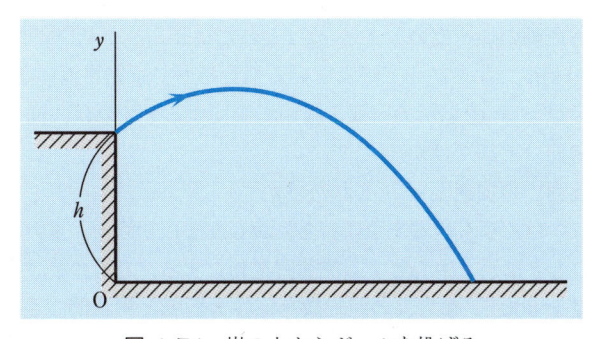

図 **1.74** 崖の上からボールを投げる

例題 21 ―――――――――――――――― 放物軌道と楕円軌道 ――

ニュートンが示したように，地表付近における落体や放物体の運動と，地球のまわりの月や人工衛星の運動は，どちらも地球の重力（地球と物体の間の万有引力）を原因として起こる．では，この二種類の運動の軌道の間には，どのような関係があるか．

解答 地球内部の密度分布が球対称であれば，地球の重力の下で物体が行う運動の軌道は，一般に，地球の中心を一つの焦点とする楕円である．右図に示すように，地表付近で物体が行う運動の軌道も，離心率の非常に大きな楕円の一部とみることができる．それを放物線で近似したのが，放物体の軌道である．（任意の曲線の一部分は放物線で近似できる．）

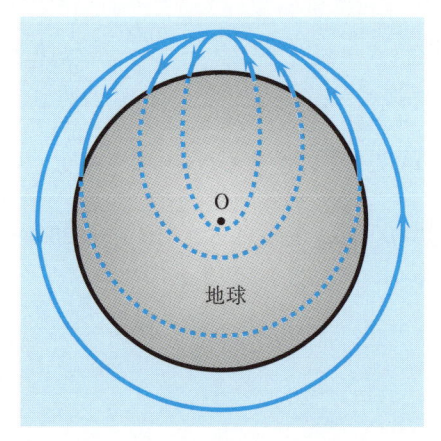

図 1.75 放物軌道と楕円軌道

問題

21.1 太陽のまわりの地球の公転は，近似的に等速円運動とみなせる．
　　（イ）　円運動の角速度 ω はどれだけか．
　　（ロ）　地球の速度 v はどれだけか．太陽と地球の間の距離 R は約 1.5×10^8 km．（この距離は，光が太陽から地球に達するのに約 8 分を要することを知っていれば概算できる．）
　　（ハ）　円運動の加速度の大きさ a はどれだけか．

21.2 時速 600 km で北を向いて飛んでいる飛行機が，進路を西向きに変える．
　　（イ）　半径 $r = 10$ km の円弧を描いて旋回するとすれば，向きを変えるのに要する時間はどれだけか．
　　（ロ）　旋回中の加速度 a はどれだけか．

21.3 おもりにつけたひもの端を手に持ち，おもりを振り回す．重力を無視する近似では，おもりは手を中心とする等速円運動をする．ひもの長さを 50 cm，おもりの質量を 500 g，おもりの回転数を毎秒 3 回転とすれば，手はどれだけの力を受けるか．

例題 22 ── 円錐振子

おもりに長さ l の糸をつけ，その端を支点に固定し，支点を通る鉛直軸のまわりでおもりに等速回転をさせる．
(イ) 糸が鉛直軸と角 θ をなすときの，回転の角速度 ω を表す式を求めよ．
(ロ) 角 θ を ω の関数として表すグラフを描け．

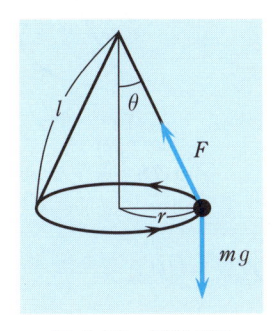

図 1.76 円錐振子

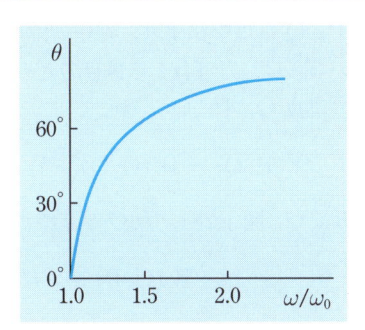

図 1.77 角速度 ω と角 θ

[解答] (イ) 糸の傾き角 θ を一定に保ちながらおもりがする運動は，半径 $r = l\sin\theta$ の等速円運動である．（この系を**円錐振子**という．）これは水平面内での運動だから，円運動の向心力は水平方向を向く．おもりに働く力は重力と糸の張力で，その合力が水平方向を向くためには，重力 mg と張力 F の鉛直方向成分 $F\cos\theta$ がつり合い，張力の水平方向成分が向心力 f となっていなければならない．したがって向心力は

$$f = F\sin\theta = mg\tan\theta$$

一方，角速度 ω の等速円運動の向心力は

$$f = mr\omega^2 = ml\sin\theta\,\omega^2$$

この二つの式から

$$\omega = \sqrt{\frac{g}{l\cos\theta}} = \frac{\omega_0}{\sqrt{\cos\theta}}$$

ここで $\omega_0 \equiv \sqrt{g/l}$ は長さ l の単振子の角振動数で，$\theta \to 0$ の極限で ω は ω_0 と一致する．θ の増加と共に ω は速くなる．言い換えれば，ω が増すに従い，重力の効果は小さくなり，θ は $90°$ に近づく．
(ロ) $\cos\theta = (\omega_0/\omega)^2$ から描いた θ と ω/ω_0 のグラフを図 1.77 に示す．

問題

22.1 $l = 25\,\mathrm{cm}$，$\theta = 30°$ の円錐振子の毎秒回転数 ν はどれだけか．

1.8 力学的エネルギーの保存則

●ポテンシャルエネルギー（位置エネルギー）●

物体が力 $f(r)$ を受けながら任意の二点 P, Q 間を動くとき，$f(r)$ が物体にする仕事 $W(P,Q)$ が両端の点 P, Q だけで決まり，途中の道筋のとり方によらないならば，力 $f(r)$ を**保存力**という．そのとき，任意の三点 O, P, Q に対して

$$W(P,Q) = W(O,Q) - W(O,P)$$

が成り立つ（図 1.78）．点 O を基準点として固定し，

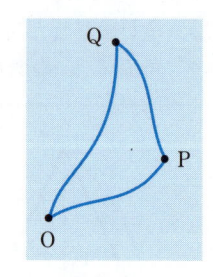

図 **1.78** 保存力がする仕事は道筋によらない

$$W(O,P) \equiv -U(P), \quad W(O,Q) \equiv -U(Q)$$

とおけば，上の関係は

$$W(P,Q) = U(P) - U(Q) \tag{1.28}$$

と書ける．言葉で言えば，物体が力 $f(r)$ の場の中で P から Q まで動く間に力がする仕事 $W(P,Q)$ は，スカラー量 $U(r)$ の減少分に等しい．この $U(r)$ を，力 $f(r)$ の**ポテンシャル（エネルギー）**，あるいは物体が点 r で持つ**位置エネルギー**という．これは，物体が重力場の中で高さ h 落下するときに，重力が物体にする仕事 mgh を，位置エネルギーの減少分とみることの一般化である．

点 r から $r+\Delta r$ への微小変位で $f(r)$ がする仕事 $f \cdot \Delta r$ に対しては，上の関係は

$$f \cdot \Delta r = -[U(r+\Delta r) - U(r)]$$

と書ける．とくに Δr が x 方向を向くとき，すなわち $\Delta r = (\Delta x, 0, 0)$ のときには，上の式は

図 **1.79** 微小変位

$$f_x \Delta x = -[U(x+\Delta x, y, z) - U(x, y, z)]$$

となるので，これから

$$f_x = -\lim_{\Delta x \to 0} \frac{U(x+\Delta x, y, z) - U(x, y, z)}{\Delta x} = -\frac{\partial U}{\partial x}$$

という関係が得られる．f_y, f_z についても同じように考えれば，力 f の成分が，ポテンシャル $U(x,y,z)$ の座標についての偏微分によって

1.8 力学的エネルギーの保存則

$$f_x = -\frac{\partial U}{\partial x}, \quad f_y = -\frac{\partial U}{\partial y}, \quad f_z = -\frac{\partial U}{\partial z} \qquad (1.29)$$

と表されることがわかる．

● **ポテンシャルの例** ●
- 質量 m の物体に働く一様な重力 mg のポテンシャル（z は物体の高さ）：

$$U(x,y,z) = mgz \qquad (1.30)$$

- バネ定数 k のバネにつけたおもりが，バネが自然の長さから x 伸びているときに受ける復元力 $-kx$ のポテンシャル：

$$U(x) = \tfrac{1}{2}kx^2 \qquad (1.31)$$

- 質量 m の物体が質量 M の物体から受ける重力（万有引力）のポテンシャル：

$$U(r) = -\frac{GMm}{r} \qquad (1.32)$$

（r は物体間の距離，G は重力定数）
重力や，バネの復元力は保存力だが，摩擦力は保存力ではない．

● **力学的エネルギーの保存則** ●　質量 m の物体が速度 v で動いているとき，

$$K = \tfrac{1}{2}mv^2 \qquad (1.33)$$

を（並進の）**運動エネルギー**という．物体がポテンシャル $U(\boldsymbol{r})$ の保存力を受けて，運動方程式に従って運動するとき，物体と力の場を合わせて系とみて，

$$E = K + U(\boldsymbol{r}) = \tfrac{1}{2}mv^2 + U(\boldsymbol{r}) \qquad (1.34)$$

を系の全エネルギー，あるいは**力学的エネルギー**という．それ以外の外力が働いていなければ，運動の間，系のエネルギーは位置エネルギーと運動エネルギーの間で行き来するだけで，E は一定値に保たれる．これを力学的エネルギーの保存則という．

● **仕事率** ●　単位時間あたりになされる仕事を**仕事率**（power）という．仕事率の単位は W（ワット）：$W = J \cdot s^{-1}$．エンジンやモーターの仕事率には，馬力という実用単位もよく用いられる：

$$1\,\text{馬力} = 75\,\text{kgw} \cdot \text{m} \cdot \text{s}^{-1} = 735.5\,\text{W}$$

例題 23 ────────────────── 斜面を滑り落ちる物体

水平と角 θ をなす滑らかな斜面の上を，質量 m の物体が滑り落ちる．滑り始めの速度はゼロとする．
(イ) 物体に働く重力の，斜面に沿う方向の成分 f はどれだけか．
(ロ) 斜面の上と下の高度差を h とすれば，物体が斜面の上から下まで滑る間に，重力がする仕事はどれだけか．
(ハ) 最下点に達したときの速度 v はどれだけか．
(ニ) 最下点に達するまでにかかる時間 t はどれだけか．

[解答] (イ) $f = mg \sin \theta$
(ロ) 物体が進む距離は $l = h/\sin\theta$ だから，重力がする仕事は

$$fl = mgh$$

これはもちろん，位置エネルギーの減少分として導くこともできる．
(ハ) 減少した位置エネルギーは運動エネルギーに転化するから，$\frac{1}{2}mv^2 = mgh$．これより

$$v = \sqrt{2gh}$$

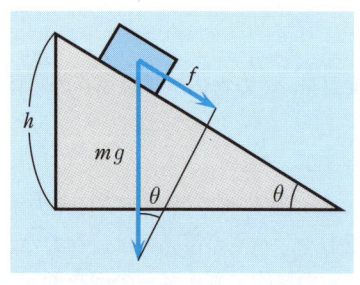

図 1.80 斜面を滑り落ちる物体

(ニ) 斜面を滑る運動は加速度 $a = g\sin\theta$ の等加速度運動だから，$l = \frac{1}{2}at^2$．これより

$$t = \sqrt{\frac{2l}{a}} = \frac{1}{\sin\theta}\sqrt{\frac{2h}{g}}$$

この間に速度は $v = at$ に達するが，これは (ハ) の結果にほかならない．

問題

23.1 重量 1t（トン，1t = 1000 kg）の自動車が時速 72 km で走っている．自動車の運動エネルギーは何 J か．

23.2 棒高跳びの世界記録は約 5 m である．ポールの改良などにより，この記録が将来大幅に上がることが期待できるか．エネルギーの保存則を用いて考えよ．

1.8 力学的エネルギーの保存則

例題 24 ──────────────────── 隕石のエネルギー

（イ）質量 $m = 100\,\mathrm{kg}$ の物体を地表から無限遠方まで引き離すには，どれだけの仕事を要するか．地球半径を $R = 6400\,\mathrm{km}$ とする．

（ロ）質量 $m = 100\,\mathrm{kg}$ の隕石が地球表面に衝突する．十分遠方における隕石の速度をゼロとすれば，衝突に際し発生するエネルギーはどれだけか．このエネルギーには，隕石と空気の摩擦によって生じる熱も含めて考えよ．

[解答]（イ）物体が地球の中心から距離 r の点にいるときに，物体に働く重力の大きさを $f(r)$ とする．$f(r)$ は r^2 に反比例するので，地球表面での重力 $f(R) = mg$ を用いれば，

$$f(r) = \left(\frac{R}{r}\right)^2 mg$$

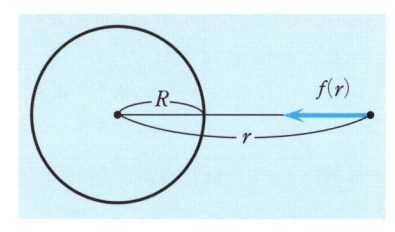

図 1.81　地球が物体に及ぼす重力

と表せる．物体を地球から引き離すには，重力と同じ大きさの外向きの外力を物体に加える必要があるから，その外力がする仕事 W は

$$W = \int_R^\infty f(r)\,dr = mgR^2 \int_R^\infty \frac{1}{r^2}\,dr = mgR$$

数値を入れれば

$$W = mgR = 100 \times 9.8 \times 6.4 \times 10^6 = 6.3 \times 10^9\,\mathrm{J}$$

（ロ）上で計算した仕事 W は，物体が地球からの重力を受けながら，無限遠から地球表面まで達する間に，重力がする仕事に等しい．隕石の場合には，この仕事のうちの一部は，空気との摩擦熱として失われ，残りが隕石の運動エネルギーとなり，それが衝突によって各種のエネルギーに変わる．したがって摩擦熱まで含めれば，発生するエネルギーは（イ）で計算した $mgR = 6.3 \times 10^9\,\mathrm{J}$ である．

問題
24.1 （イ）おもりの質量 m，糸の長さ l の円錐振子の力学的エネルギー E を，糸の傾き角 θ の関数として表せ．ただしおもりが（糸の固定点の真下で）静止しているときのエネルギーを $E = 0$ とする．

（ロ）実験をすればすぐわかるように，糸の端を手で持ち，手をわずかに動かすことで，回転している円錐振子の糸の傾き角 θ を増やすことができる．手をどのように動かせばよいか．

例題 25 ━━━━━━━━━━━━━━━━━━ シュート ━━

旅客機には，着陸失敗などの緊急時に乗客が地上に脱出するための，シュート（あるいはスライド）という滑り台のような装置が備えてある．地上から高さ h の所にある非常脱出口からシュートを滑って地上に達したときの，乗客の速さを v とする．
(イ) 仮に摩擦がないとすれば，v はどれだけか．
(ロ) シュートの傾斜角を θ とし，乗客とシュートの間の動摩擦係数を μ' とすれば，滑っている間に摩擦で失われるエネルギーはどれだけか．摩擦を考慮に入れたときの v はどれだけか．
(ハ) $h = 5\,\text{m}$，$\theta = 35°$，$\mu' = 0.5$ として v を計算せよ．

[解答] (イ) 乗客の質量を m とすれば，シュートの上端で乗客が持つ位置エネルギー mgh が下端では運動エネルギー $\frac{1}{2}mv^2$ に変わるから，$mgh = \frac{1}{2}mv^2$ より

$$v = \sqrt{2gh}$$

(ロ) シュートが乗客に及ぼす垂直抗力は $N = mg\cos\theta$ だから，乗客に及ぼす摩擦力の大きさは $f = \mu'N = \mu'mg\cos\theta$ で，乗客が距離 $l = h/\sin\theta$ 滑る間に摩擦力がする仕事は，力と変位が逆向きだから

$$-fl = -\frac{\mu'mgh}{\tan\theta}$$

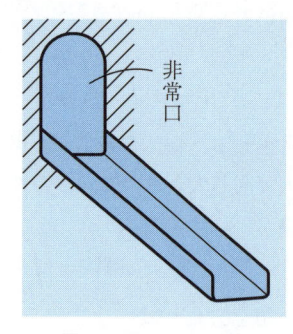

図 1.82 シュート

これが摩擦熱として失われるエネルギーである．エネルギーの保存則は

$$mgh - \frac{\mu'mgh}{\tan\theta} = \tfrac{1}{2}mv^2$$

となるので，

$$v = \sqrt{2gh\left(1 - \frac{\mu'}{\tan\theta}\right)}$$

(ハ) $\tan 35° = 0.70$ だから $v = 5.3\,\text{m}\cdot\text{s}^{-1}$．摩擦がないときの $\sqrt{2gh} = 9.9\,\text{m}\cdot\text{s}^{-1}$ よりは大分ましだが，それでもこれは約 $1.4\,\text{m}$ の高さから飛び降りたときの速度に等しいので，注意しないと怪我をする．

1.8 力学的エネルギーの保存則

―― 例題 26 ――――――――――――――――――――― 物体とバネの衝突 ――

滑らかな水平面上に，一端を固定されたバネがある．バネの定数を k とし，その質量は無視できるものとする．水平面上で，バネに向かって速さ v で走ってきた質量 m の物体がバネにぶつかると，バネは物体に押されて縮む．
（イ）バネが縮む長さはどれだけか．
（ロ）ふたたびバネが伸び，物体がバネから離れるときの，物体の速さはどれだけか．

[解答]（イ）物体の運動エネルギー K とバネのポテンシャルエネルギー $U(x)$ の和 $E = K + U(x)$ は運動の間一定に保たれる．ぶつかる前は

$$K = \tfrac{1}{2}mv^2, \quad U = 0$$

だから $E = \tfrac{1}{2}mv^2$，バネが x_1 縮んで物体が静止したときには

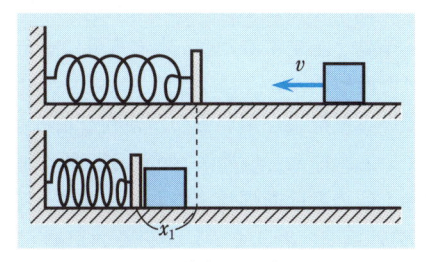

図 **1.83** 物体とバネの衝突

$$K = 0, \quad U = \tfrac{1}{2}kx_1{}^2$$

だから $E = \tfrac{1}{2}kx_1{}^2$．これより $kx_1{}^2 = mv^2$，したがってバネの縮みは

$$x_1 = \sqrt{\frac{m}{k}}\, v$$

（ロ）物体がバネから離れるときには，バネは元の長さに戻っているので，$U = 0$．したがって物体ははじめと同じ運動エネルギーを持ち，速さもはじめと同じ v である．

問 題

26.1 図のようなバネを用いるおもちゃの鉄砲がある．このバネを $1\,\text{cm}$ 縮めるには $10\,\text{gw}$ の力がいる．
（イ）バネ定数 k を求めよ．
（ロ）バネの先に質量 $m = 10\,\text{g}$ のたまを置き，$x_1 = 10\,\text{cm}$ 押し込んでから手を離す．たまが飛び出す速度 v を求めよ．

図 **1.84** 玩具の鉄砲

1.9 慣性力

● **慣性系と非慣性系** ● ある座標系でみて，ニュートンの第一法則（慣性の法則）が成り立つならば，その座標系を**慣性系**という．地表付近での物体の運動を考えるときには，ほとんどの場合，地表に固定された座標系を慣性系とみなせる．

運動を記述するとき，走る電車に固定された座標系のように，慣性系に対して動い

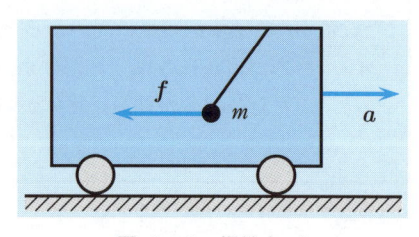

図 1.85 慣性力 f

ている座標系を用いるのが便利なことがある．その動き方が等速度運動ならば，動いている座標系も慣性系であるが，動く座標系が慣性系に対して加速度を持つ場合には，動く座標系は**非慣性系**である．非慣性系でも運動方程式を成り立たせるには，物体に（慣性系では考えない）余分な力が働くとみなす必要がある．この力を**慣性力**という．

● **非慣性系の例** ●
- 一定加速度 a で動く座標系（図 1.85）．質量 m の物体に働く慣性力は

$$f = -ma \tag{1.35}$$

- 座標軸が角速度 ω で回転する座標系．回転軸から距離 r の位置にある質量 m の物体には，回転軸から遠ざかる方向に慣性力（**遠心力**）f が働く：

$$f = mr\omega^2 \tag{1.36}$$

無重量状態

人工衛星の内部の物体は，地球から受ける重力（万有引力）の下で，衛星といっしょに地球のまわりの軌道上を運動する．これを衛星の内部では，地球から受ける重力と遠心力が打ち消し合う結果，重さがなくなり浮いているとみる．ふつう，重力と重さは同義語として使われるが，それは地球上で静止している物体に対してだけ正しい．物体が重力の下で運動しようとする（たとえば落下しようとする）のを妨げると，物体は妨げたものに力を及ぼす．それが重さである．衛星内部の物体のように，重力に従って運動している物体の場合には，バネばかりで重さを測っても，結果はゼロである．この重さがなくなった状態を**無重量状態**という．

1.9 慣性力

例題 27 — 慣性力

加速度 a で上昇中のエレベーターの中にいる人が，質量 m の物体を手に持っている．手にはどれだけの力がかかるか．

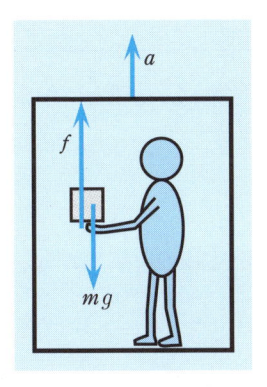

図 1.86 慣性系

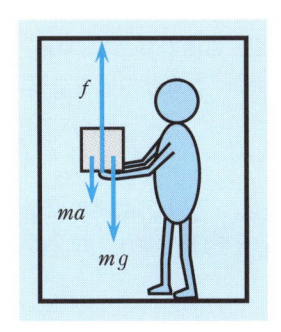

図 1.87 非慣性系

[解答] 慣性系からの見方（図 1.86） 手で支えている物体も加速度 a で上昇する．物体に働く力は下向きの重力 mg と，手が及ぼす上向きの力 f で，その合力 $f - mg$ が物体に加速度 a を与えるので $f - mg = ma$. ゆえに

$$f = m(g + a)$$

手にはその反作用の力 f が下向きにかかる．

エレベーターに固定された座標系での見方（図 1.87） 慣性系に対して加速度 a を持つエレベーターの中にいる人は，物体には重力 mg のほかに慣性力 ma が下向きに働くと考える．それゆえ物体を支えるには力 $f = m(g + a)$ がいる．すなわち，重さが ma だけ増したと感じる．

問題

27.1 自動車が半径 r の円弧に沿って速さ v で走っているとき，質量 m の物体を手に持っている車内の人は，物体に，大きさ $f = mv^2/r$ の遠心力が外向き（円弧の中心から遠ざかる向き）に働くように感じる．その理由を説明せよ．

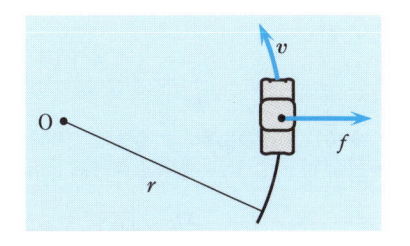

図 1.88 遠心力

例題 28 ──────────────── 太陽の重力 ──

(イ) 地球上の物体に太陽が及ぼす重力は、地球がその物体に及ぼす重力の何倍か。太陽と地球の距離は、約 1.5×10^8 km である。
(ロ) 地球上で物体の運動を議論するときに、太陽からの重力は考えに入れなくてよいのだろうか。

[解答] (イ) 地球の質量を M_E、半径を r_E とすれば、地球上にある質量 m の物体が地球から受ける重力の大きさは

$$f_E = \frac{GM_E m}{r_E{}^2}$$

(G は重力定数)。一方、太陽の質量を M_S、地球と太陽の距離を r_S とすれば、この物体が太陽から受ける重力(万有引力)の大きさは

$$f_S = \frac{GM_S m}{r_S{}^2}$$

したがって比 M_S/M_E および r_S/r_E が与えられれば、f_S/f_E がわかる。しかしこのデータがなくても、r_S さえわかっていれば、二つの重力の比 f_S/f_E は、次のようにして概算できる。

地球上の物体は、太陽からの重力の下で、地球といっしょに、周期約 $T = 365.24$ 日で太陽のまわりをまわる。その運動を近似的に等速円運動とみなし、その角速度を ω とすれば、円運動の向心力 $mr_S\omega^2$ が、物体が太陽から受ける重力 f_S にほかならない。一方、物体が地球から受ける重力は mg だから、

$$\frac{f_S}{f_E} = \frac{r_S \omega^2}{g}$$

角速度 ω は

$$\omega = \frac{2\pi}{T} = \frac{2\pi}{365 \times 24 \times 3600} = 1.99 \times 10^{-7} \text{ rad} \cdot \text{s}^{-1}$$

したがって

$$\frac{f_S}{f_E} = \frac{1.5 \times 10^{11} \times (1.99 \times 10^{-7})^2}{9.8} = 6.2 \times 10^{-4}$$

[参考] 検算のため、太陽と地球の質量の比 $M_S/M_E = 3.3 \times 10^5$ を用いて、重力の比を直接計算しておこう。地球半径は約 6400 km だから

$$\frac{f_S}{f_E} = \frac{M_S}{M_E}\left(\frac{r_E}{r_S}\right)^2 = 3.3 \times 10^5 \times \left(\frac{6.4 \times 10^3}{1.5 \times 10^8}\right)^2 = 6.0 \times 10^{-4}$$

(ロ) 地球上の物体は，太陽からの重力の下で，太陽のまわりで回転運動をしているので，太陽の重力に関しては無重量状態にある．言い換えれば，地球に固定された座標系では，太陽からの重力と，太陽のまわりの回転運動による遠心力が打ち消し合う．したがってこの座標系で物体の運動を見る限り，太陽の重力の影響はない．

潮汐力

厳密に言うと，上で述べた重力と遠心力の相殺が完全に成り立つのは，地球中心 O においてだけで，地球表面では小さな補正が残る．その理由は，地球上の一般の点の太陽からの距離は，O と太陽の距離 r_S とわずかに異なるからである．

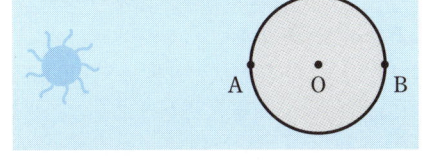

図 1.89 太陽に近い点と遠い点

たとえば地球上で太陽にもっとも近い点 A では，太陽からの距離が r_S よりわずかに小さいため，太陽からの重力は O における値より大きく，また遠心力は O における値より小さいので，重力が遠心力を上まわり，A にある物体は太陽からわずかな引力を受ける．逆に太陽からもっとも遠い点 B では，遠心力が重力を上まわるので，物体は太陽から遠ざかる向きの力を受ける．この力によって海洋がふくらむのが潮汐なので，この補正を**潮汐力**という．

潮汐の原因としては，実は太陽よりも月の影響の方が大きい．ふつうは月が地球のまわりをまわると考えるが，正確に言えば，地球も月からの重力によって，月と地球の重心 G のまわりを回転している．したがって月が地上の物体に及ぼす重力は，この回転運動の遠心力によってほぼ相殺されるが，太陽の場合と同じように，わずかな潮汐力が残る．月の質量 M_M が小さいため ($M_M/M_E = 0.0123$)，月が地上の物体に及ぼす重力 f_M 自体は太陽が及ぼす重力よりも小さいが ($f_M/f_E = 3.4 \times 10^{-6}$，例題 28 の f_S/f_E と比較せよ)，月までの距離が近いので ($r_M/r_E \approx 60$)，地球半径が有限であることの影響を大きく受けて，月による潮汐力は太陽による潮汐力を上まわる．

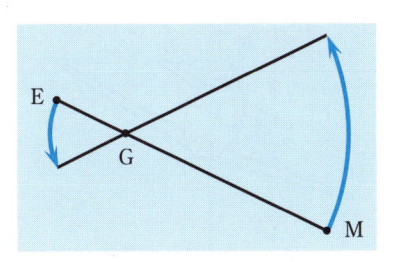

図 1.90 地球の中心 E，月 M，重心 G

―例題 29― 　　　　　　　　　　　　　　　　　　　　　　　　　　　飛行機の旋回―

飛行機は旋回するときに，旋回の内側に向けて機体を傾ける．翼面を傾けると，翼面に垂直に働く揚力は斜め上方を向くので，揚力と重力の合力は水平方向（旋回中心の方向）を向き，これが円運動の向心力になる．翼の傾きの角度 θ をバンク角という．

(イ)　速度 v，バンク角 θ のときの旋回半径 r を求めよ．
(ロ)　このとき機内の物体には，重力のほかに遠心力もかかるが，その合力は床面に垂直な方向を向くことを示せ．
(ハ)　したがって乗客は，見かけの重力加速度 g' の重力が働いているように感じる．g' を θ で表せ．
(ニ)　ジェット旅客機が速度 $v = 400\,\mathrm{knot}$ で飛びながら半径 $r = 15\,\mathrm{km}$ で旋回するには，バンク角をどれだけにとる必要があるか．そのときの g' はどれだけか．

参考　knot（ノット）は船や飛行機の速度を表すのに用いられる単位．1 knot は時速 1 海里の速度で，1 海里 $= 1852\,\mathrm{m}$ だから，

$$1\,\mathrm{knot} = 1.852\,\mathrm{km}\cdot\mathrm{h}^{-1} = 0.514\,\mathrm{m}\cdot\mathrm{s}^{-1}$$

1 海里は，赤道上で経度が $1'$（$1° = 60'$）異なる二点間の距離にほぼ等しいので，ノットという単位が便利なのである．

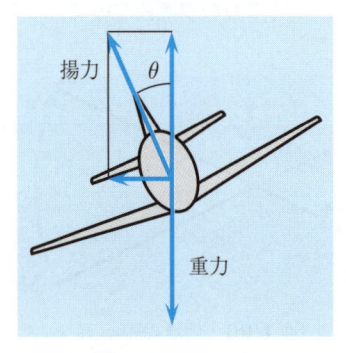

図 1.91　バンク

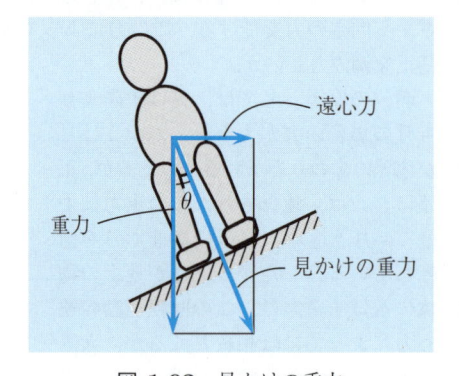

図 1.92　見かけの重力

[解答]　(イ)　旋回している状態では，揚力 F の鉛直上向きの成分 $F\cos\theta$ が重力 Mg とつり合う（M は飛行機の質量）：$F\cos\theta = Mg$．したがって揚力の水平成分は $F\sin\theta = Mg\tan\theta$ で，これが向心力となる：

$$Mg\tan\theta = M\frac{v^2}{r}$$

これより，旋回半径は
$$r = \frac{v^2}{g\tan\theta}$$
(ロ) 機内の質量 m の物体にかかる遠心力は
$$m\frac{v^2}{r} = mg\tan\theta$$
で，これと鉛直下向きの重力 mg との合力は鉛直から角 θ 傾くので，床面と直交する．
(ハ) 遠心力と重力の合力の大きさは $mg/\cos\theta$ だから，$g' = g/\cos\theta$．見かけの重力は床に垂直に働くので，乗客は，窓の外を見なければ，機体が傾いていることに気づかない．
(ニ) $v = 400\,\text{knot} = 206\,\text{m}\cdot\text{s}^{-1}$ だから，バンク角は
$$\tan\theta = \frac{v^2}{gr} = \frac{206^2}{9.8 \times 15 \times 10^3} = 0.289$$
より $\theta = 16.1°$．見かけの重力加速度は $g' = 1.04g$．

問 題

29.1 ジェット戦闘機は，旋回半径を小さくするために，大きなバンク角で旋回することがあり，そのときパイロットには，非常に大きな見かけの重力が働き，体内の血液が下半身に押しつけられる．（パイロットはこれを G がかかると言う．）速度 $v = 600\,\text{knot}$ で飛ぶ戦闘機がバンク角 $\theta = 75°$ で旋回するときの，旋回半径 r と見かけの重力加速度 g' を計算せよ．

飛行機の揚力

地上を走る乗り物は地面から受ける抗力で支えられ，水上を行く船は水から受ける浮力で支えられる．それにくらべ，飛行機が空中で浮いていられるのは一見不思議だが，実は飛行機が空中を進むときには，まわりの空気が飛行機の翼に，進行方向に垂直な**揚力**という力を及ぼし，それが飛行機の重さを支えるのである．揚力は翼面の面積に比例し，また飛行機の速度を v とするとき，v^2 に比例する．さらに，飛行機の進行方向と翼面のなす角（迎え角 α）が大きいほど揚力が増すという性質がある．そこでパイロットは，速度が小さい間は機首を引き起こし，速度が増すにつれて飛行機の姿勢を水平に近づけることにより，揚力の鉛直方向成分と飛行機の重さをたえずつり合わせている．

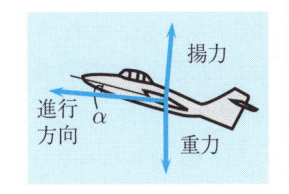

図 **1.93** 揚力

例題 30 ──── 車内の遠心力 ────

電車がポイント（レールの分岐点）を通って別の線路に移るとき，乗客に働く遠心力の大きさを概算してみよう．

（イ）図の A, B 間では線路は円弧を描くと仮定し，円弧の長さを $l = 6\,\mathrm{m}$ とする．円弧の曲率半径 r を求めよ．線路の間隔は（狭軌の場合）$d = 1067\,\mathrm{mm}$ である．

（ロ）ここを電車が時速 25 km で通過するとき，車内の乗客が受ける遠心力は，重力の何倍か．

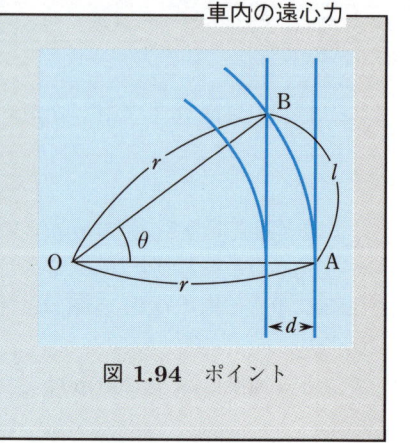

図 1.94 ポイント

[解答]（イ）円弧 AB が曲率中心を見る中心角を θ とすると，図からわかるように
$$l = r\theta, \quad d = r - r\cos\theta \approx \tfrac{1}{2}r\theta^2$$
の関係がある．ただし θ は小さいので，近似式 $\cos\theta \approx 1 - \tfrac{1}{2}\theta^2$ を用いた．上の二式から θ を消去すると，曲率半径が $r = l^2/(2d)$ と得られる．ゆえに
$$r = \frac{36}{2 \times 1.07} = 16.8\,\mathrm{m}$$

（ロ）時速 25 km は $v = 6.94\,\mathrm{m\cdot s^{-1}}$ だから，円運動の向心加速度 a は
$$a = \frac{v^2}{r} = \frac{6.94^2}{16.8} = 2.87\,\mathrm{m\cdot s^{-2}} = 0.29g$$
（g は重力加速度）．したがって車内の質量 m の人に働く遠心力は $f = ma = 0.29mg$．これだけ大きな力が突然横向きにかかれば，立っている人が足を取られそうになるのも無理はない．

問題

30.1 自動車が急カーブを曲がるとき，車内の人の体はカーブの外側に向けてゆれるが，これを人は，外側向きの遠心力が働いた結果だとみる．曲率半径 $r = 20\,\mathrm{m}$ のカーブを，自動車が時速 30 km で曲がるとすれば，人に働く遠心力は重力の何倍か．

30.2 列車がカーブに沿って走る際，遠心力を考えると，乗客の体はカーブの外側方向に傾くはずだが，実際には内側に傾くこともある．なぜこのような場合があるのだろうか．

1.10 剛体の運動

●**回転の運動エネルギーと慣性モーメント**● 質量 m の粒子が，ある回転軸のまわりで半径 r，角速度 ω の円運動をするとき，その速度の大きさは $v = r\omega$ だから，運動エネルギーは $\frac{1}{2}mv^2 = \frac{1}{2}mr^2\omega^2$．同様に，質量 $m_i \ (i=1,\cdots,n)$ の n 個の粒子が，各粒子の間の相対的な位置は変えずに，ある回転軸のまわりで共通の角速度 ω の回転をするとき，各粒子の回転軸からの距離を r_i とすれば，粒子系の**回転の運動エネルギー**は

$$K = \tfrac{1}{2}\sum_{i=1}^{n} m_i r_i^2 \omega^2 \equiv \tfrac{1}{2} I \omega^2 \tag{1.37}$$

ここで

$$I = \sum_{i=1}^{n} m_i r_i^2 \tag{1.38}$$

を，この質点系の，回転軸に関する**慣性モーメント**という．剛体は多数の質点の集まりとみることができるので，ある回転軸のまわりで剛体が角速度 ω で回転するとき，その軸に関する剛体の慣性モーメントを上の I で定義すれば，回転の運動エネルギーは上の K で表される．剛体では質量はふつう連続的に分布しているので，I の表式中の和は実際には積分である．

剛体の重心を通る，ある軸のまわりの慣性モーメントを I_0 とすれば，その軸と平行で距離 d 離れた軸のまわりの慣性モーメント I は

$$I = I_0 + Md^2 \tag{1.39}$$

（M は剛体の質量）．

●**回転の運動方程式**● 剛体が，ある軸のまわりで回転するとき，その角速度 ω の時間変化は，**回転の運動方程式**

$$I \frac{d\omega}{dt} = N \tag{1.40}$$

で決まる．ここで N は，剛体に働くすべての外力の，その軸に関するトルクの総和である．

●**剛体の平面運動**● 剛体の運動が，一つの平面（それを xy 平面とする）に平行な平行移動（並進）と，この平面と直交する軸のまわりの回転からなるとき，これを**剛体の平面運動**という．回転軸としては，重心を通る軸をとるのが簡明である．平面運動を記述する速度は，重心の速度 (V_x, V_y) と，軸のまわりの回転の角速度 ω である．

---例題 31--- ---転がる円柱(1)---

水平な平面上を滑らずに転がる円柱を考える．円柱の半径を a，質量を M とし，密度分布は軸対称で，中心軸のまわりの慣性モーメントを I_0 とする．

(イ) 円柱の運動が，中心軸のまわりの回転と，平面上の並進（平行移動）の重ね合せであることを説明し，回転の角速度 ω と並進の速度 V の間に $V = a\omega$ の関係があることを示せ．

(ロ) 円柱の運動エネルギーの式を導け．

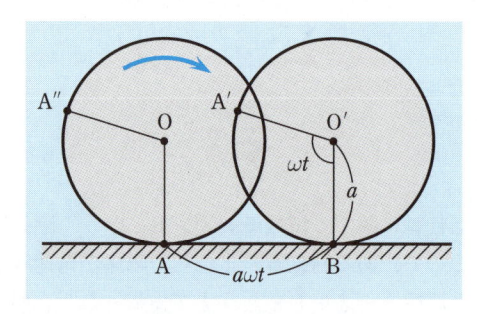

図 1.95 転がる円柱

[解答] (イ) 上図は時間 t の間の円柱の移動を示す．はじめ平面と接していた点 A は，時間 t 後には A′ に移る．円柱の回転角は ωt だから，弧 A′B の長さは $a\omega t$ であるが，滑らずに転がったのだから，AB の長さも $a\omega t$ で，これから中心は速度 $V = a\omega$ で移動したことがわかる．この移動は，まず円柱を中心軸のまわりで角 ωt 回転し（それによって A は A″ に移る），次に距離 $a\omega t$ の平行移動をしても（その結果 A″ は A′ に移る）実現できる．時間 t は任意だから無限小時間 δt にとってみれば，その間の円柱の運動は，角 $\omega \delta t$ の回転と距離 $a\omega \delta t$ の並進からなる．有限時間の運動はそのくり返しだから，滑らずに転がる運動は，実際に，角速度 ω の回転と速度 $V = a\omega$ の並進の重ね合せである．

(ロ) 一般に系の運動が，系全体としての並進と，重心のまわりの運動の重ね合せのときは，系の運動エネルギーは，並進のエネルギーと，重心のまわりの運動のエネルギーの和に等しい（次ページ 参考 参照）．したがって円柱の運動エネルギーは

$$K = \tfrac{1}{2}MV^2 + \tfrac{1}{2}I_0\omega^2 \tag{1.41}$$

と表される．（第一項が並進のエネルギー，第二項が回転のエネルギー．）中心軸のまわりの慣性モーメントを $I_0 \equiv M\kappa^2$ とおけば，

$$K = \frac{1}{2}\left(1 + \frac{\kappa^2}{a^2}\right) MV^2$$

と表すこともできる．

参考 念のため，上で言ったことを詳しく説明しておこう．ある時刻における，円柱内の任意の点 P の速度 v を考える．座標軸を右図のようにとり，点 P の中心軸 O からの距離を r，x 軸と OP のなす角を ϕ とすれば，O のまわりの回転による P の速度の成分は $(-\omega r \sin\phi, \omega r \cos\phi)$ である．並進の速度は y 方向に $V = a\omega$ であるから，回転と並進の組合せにより，P は速度

$$\boldsymbol{v} = (v_x, v_y) = \omega(-r\sin\phi, r\cos\phi + a)$$

を持つ．点 P にある質量を m とすれば，その運動エネルギーは

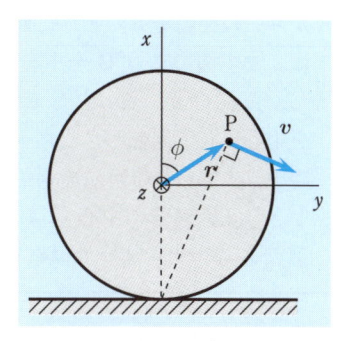

図 1.96 円柱の各点の速度

$$\tfrac{1}{2}mv^2 = \tfrac{1}{2}m(v_x^2 + v_y^2) = \tfrac{1}{2}m\omega^2\left(a^2 + r^2 + 2ar\cos\phi\right)$$

これを円柱全体について加え合わせれば，円柱の運動エネルギーが

$$K = \tfrac{1}{2}(a\omega)^2 \sum m + \tfrac{1}{2}\omega^2 \sum mr^2 + a\omega^2 \sum mr\cos\phi$$

と表される（和は実際には積分）．$\sum m = M$，$\sum mr^2 = I_0$ に注意すれば，上式のはじめの二つの項は，それぞれ (1.41) の第一項と第二項にほかならないことがわかる．一方上式の第三項の和は重心の x 座標に比例するが，それは 0 であるから，第三項は消える．こうして (1.41) が確かめられた．

上の計算には副産物がある．円柱と平面の接点 A から P に引いたベクトルを $\boldsymbol{R}$ とすれば（図 1.97），その成分は

$$\boldsymbol{R} = (a + r\cos\phi, r\sin\phi)$$

だから，$\boldsymbol{v}$ と $\boldsymbol{R}$ の内積はゼロで，$\boldsymbol{v}$ は $\boldsymbol{R}$ と直交する．さらに

$$R^2 = a^2 + r^2 + 2ar\cos\phi$$

だから $v^2 = R^2\omega^2$，すなわち $\boldsymbol{v}$ は，大きさが $R\omega$ で $\boldsymbol{R}$ と直交するベクトルである．これは，点 P の速度 $\boldsymbol{v}$ が，A を通る軸を中心とする角速度 ω の回転の速度に等しいことを意味する．円柱の運動は，瞬間的には，接点 A を通る軸のまわりの，角速度 ω の回転である．

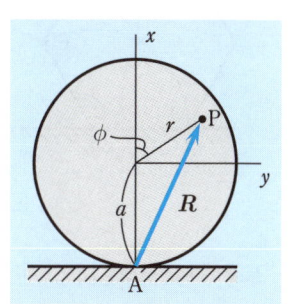

図 1.97 接点 A のまわりの回転

---例題 32--- 　　　　　　　　　　　　　　　　　　　　　　　　　　　　　　　---転がる六角柱---

鉛筆のような正六角柱を水平面上に置き，滑らないように転がしていく．底面の方からこの運動を見ると，底面の正六角形は，まず図の頂点 B を中心にして回転し，頂点 C が平面に達すると，次は C を中心にして回転し，というように，一時中心のまわりの回転をくり返す．このとき，正六角形の中心 O および一つの頂点 A は，どのような軌跡を描くか．

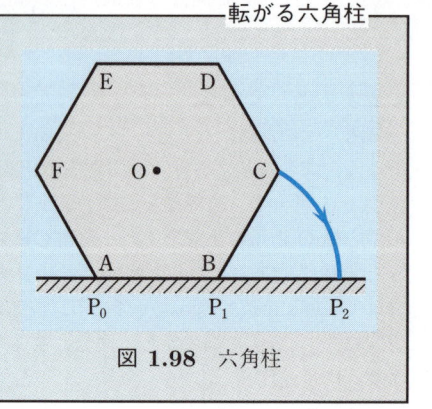

図 1.98　六角柱

[解答]　六角柱を転がすときに，頂点 A, B, C, ⋯ が次々に達する平面上の点を，$P_0, P_1, P_2, \cdots$ とし，はじめは頂点 A が P_0 に，B が P_1 にあるとする．P_1 を軸として六角柱を $60°$ 回転させると，C が P_2 に達する．次に P_2 を軸として $60°$ の回転をさせると，D が P_3 に達する．このような $60°$ ずつの回転をくり返すとき，六角形の中心が，図に示す波形の軌跡 $Q_0 Q_1 Q_2 \cdots$ をたどることは明らかだろう．頂点 A は，$60°$ ずつの円弧をつなげていけばわかるように，$P_0 Q_0 R_2 R_4 Q_5 P_6$ という軌跡を描く．

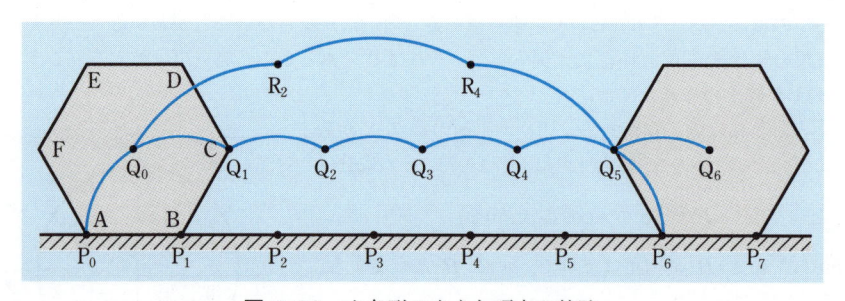

図 1.99　六角形の中心と頂点の軌跡

[参考]　上の例題と同じことを正 n 角柱について行うと，n が大きくなるにつれて，中心 O の軌跡は直線に近づく．n を無限大にした極限は，水平面上を滑らずに転がる円柱にほかならない．このように考えれば，円柱が転がる運動は，円柱と平面の接点を回転の一時中心とする，各瞬間ごとの無限小回転の連続であることが納得できる（例題 33 参照）．円周上の一点 A の軌跡は，次ページの図 1.102 に示すサイクロイドという曲線になる．

例題 33 ─────────────────────────────── 転がる円柱(2) ──

水平面上を円柱が滑らずに転がる運動を，円柱と平面の接点 A を回転の一時中心とする，各瞬間ごとの無限小回転の連続とみて，次の問に答えよ．

(イ) 中心 O の速度 V を，A のまわりの回転の角速度 ω で表せ．円柱の半径を a とする．

(ロ) 円柱の運動エネルギー K を求めよ．円柱の質量を M とし，密度分布は一様とする．

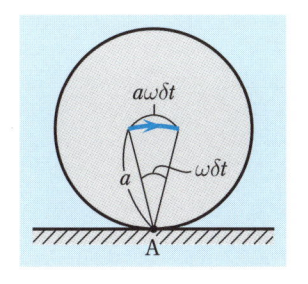

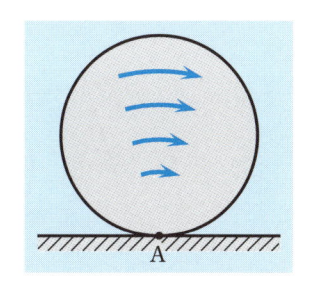

図 1.100 中心 O の運動   図 1.101 A のまわりの回転

[解答] (イ) 微小時間 δt の間の A のまわりの回転角は $\omega \delta t$ だから，その間に O が描く微小な弧の長さは $a\omega \delta t$ である．微小な弧は直線だから，これは，O が速度 $V = a\omega$ で平面と平行に動いたことにほかならない．

(ロ) 考えている瞬間には，円柱のどの点も，A を通る紙面と垂直な軸のまわりで角速度 ω で回転しているので，この軸のまわりの慣性モーメントを I とすれば，運動エネルギーは $K = \frac{1}{2}I\omega^2$ である．円柱の中心軸のまわりの慣性モーメントは $I_0 = \frac{1}{2}Ma^2$ だから（例題 36 参照），

$$K = \tfrac{1}{2}I\omega^2 = \tfrac{1}{2}(I_0 + Ma^2)\omega^2 = \tfrac{3}{4}Ma^2\omega^2 = \tfrac{3}{4}MV^2$$

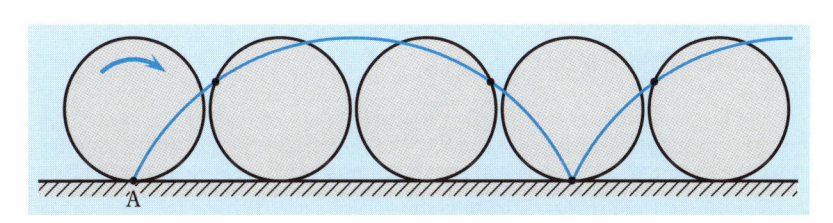

図 1.102 サイクロイド（説明は前ページ）

---例題 34--- ---斜面を転がる球---

半径 a, 質量 M の球が, 水平と角 α をなす斜面の上を, 滑らずに転がり落ちる. 球内の密度分布は球対称とし, 直径のまわりの慣性モーメントを I_0 とする.
(イ) この運動を, 重心（球の中心） G の斜面に沿う並進と, G のまわりの球の回転の重ね合せとみて, G の並進運動の加速度を求めよ.
(ロ) 上の結果を, 滑らかな斜面を物体が滑り落ちるときの加速度と比較せよ.
(ハ) 斜面の傾斜がきつすぎると, 球は滑り落ちる. 滑らずに転がり落ちることのできる最大傾斜角はどれだけか. 球と斜面の間の静止摩擦係数を μ とする.

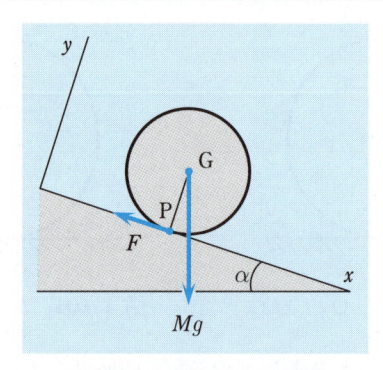

図 1.103 斜面を転がる球

[解答] (イ) 斜面に沿う下向き方向に x 軸をとる. 球に働く力は, 重心 G に働く重力 Mg と, 斜面が球に及ぼす垂直抗力および静止摩擦力である. 斜面と接する点 P が滑ろうとするのを止めるのが静止摩擦力だから, 静止摩擦力は $-x$ 方向を向く. その大きさを F とする. 球に働く力の x 方向の成分は重力の成分 $Mg\sin\alpha$ と摩擦力 $-F$ だから, 並進運動の運動方程式は, 重心の速度を V として,

$$M\frac{dV}{dt} = Mg\sin\alpha - F$$

また, 重心を通る（紙面と垂直な）軸に関して摩擦力が持つトルクは aF だから（重力は重心を通る軸のまわりのトルクを持たない）, この軸のまわりの回転角速度を ω とすれば, 回転の運動方程式は

$$I_0\frac{d\omega}{dt} = aF$$

滑らないことを表す式 $V = a\omega$ を用いて上の二つの式から F を消去すれば

$$\left(M + \frac{I_0}{a^2}\right)\frac{dV}{dt} = Mg\sin\alpha$$

加速度は
$$\frac{dV}{dt} = \frac{1}{1 + I_0/Ma^2}\, g\sin\alpha$$
とくに密度が一様な場合には $I_0 = 2Ma^2/5$ だから（問題 36.1），加速度は
$$\frac{dV}{dt} = \frac{5}{7}\, g\sin\alpha$$
（ロ） 単に滑り落ちる場合の運動方程式は
$$M\frac{dV}{dt} = Mg\sin\alpha$$
で，加速度は
$$\frac{dV}{dt} = g\sin\alpha$$
いまの加速度がこれより小さいのは，重力の一部が回転を加速するのに使われるからだと言える．

（ハ） 摩擦力 F は（イ）の運動方程式から
$$F = Mg\sin\alpha - M\frac{dV}{dt} = \frac{1}{1 + Ma^2/I_0}\, Mg\sin\alpha$$
と得られる．一方，最大静止摩擦力は垂直抗力の μ 倍，すなわち $\mu Mg\cos\alpha$ だから，滑らない最大傾斜角 $\alpha_{\max}$ は
$$\frac{1}{1 + Ma^2/I_0}\, Mg\sin\alpha_{\max} = \mu Mg\cos\alpha_{\max}$$
から
$$\tan\alpha_{\max} = \left(1 + \frac{Ma^2}{I_0}\right)\mu$$
と決まる．結果を摩擦角の表式 $\tan\theta = \mu$ と比較せよ．

問題

34.1 密度一様な球が，斜面を滑らずに転がることのできる，最大傾斜角 $\alpha_{\max}$ を求めよ．静止摩擦係数は $\mu = 0.5$ とする．

34.2 例題 34 の球の運動は，回転の一時中心（球と斜面の接点 A）のまわりの無限小回転の連続とみることもできる．この立場から，G の並進運動の加速度を求めよ．

34.3 水平面上に置いた糸巻きから出ている糸を引っ張ると，糸巻きはどちら向きに転がるだろうか．結果は，糸を引っ張る方向によって異なる．実際に試した後で，理由を考えよ．

例題 35 ――――――――――――――――――――― 車輪のモデル ―

自転車や自動車などの車輪の働きを見るために，モデルとして，半径 a，質量 M，中心軸のまわりの慣性モーメント I_0 の円輪からなる一輪車を考える．中心軸には外から（たとえばペダルをまわして）トルクを加えることができるとする．

(イ) 水平面上に鉛直に立てた円輪が，滑らずに転がりながら一定速度 V で前進している．円輪の回転角速度 ω と，円輪中心が前進する速度 V の間には，どのような関係があるか．

(ロ) このとき，水平面は円輪に摩擦力を及ぼしているか．

(ハ) ここで中心軸に外からトルク N を加える．水平面と円輪の間に摩擦がなければ円輪は滑りだすが，摩擦があれば，円輪は滑らずに加速される．水平面が円輪に及ぼす静止摩擦力を F として，中心軸のまわりの回転と円輪の前進の，運動方程式を書け．

(ニ) 滑りがないときには，加速の間も(イ)の関係は保たれることに注意して，運動方程式から，前進の加速度，回転の角加速度（角速度の時間変化率）および摩擦力 F を求めよ．

(ホ) 静止摩擦力には限界があるため，トルク N が大きすぎると円輪は滑って空まわりをする．（雪上で自動車のアクセルを急に踏み込んだ場合を想像せよ．）したがって，円輪が前進する加速度には上限がある．円輪と面の間の静止摩擦係数を μ とすれば，最大加速度はどれだけか．

[解答] (イ) 例題 31 で見たように，滑りがないときには

$$V = a\omega$$

の関係がある．

(ロ) 円輪の，水平面と接している点 A は瞬間的には静止していて，点 A をどちら向きかに滑らそうとする力も働いていない．したがって，水平面は摩擦力を及ぼさない．（これは，円輪と水平面のどちらも剛体とみなす範囲でのことで，実際には両方に変形が起こり，その結果転がり摩擦と呼ばれる摩擦が発生する．）

(ハ) 仮に摩擦がなければ，トルク N により回転角速度 ω だけが増して(イ)の関係がくずれ，空まわりが始まるだろう．それにより接点 P は後ろ向きの速度を持つので，静止摩擦力 F が前向きに働いてそれを止める．この摩擦力が円輪の前進を加速するので，前進の運動方程式は

$$M \frac{dV}{dt} = F$$

また摩擦力 F は，中心のまわりに円輪を逆回転させるトルク $-Fa$ を持ち，全トルクは $N-Fa$ となるので，中心軸のまわりの回転の運動方程式は

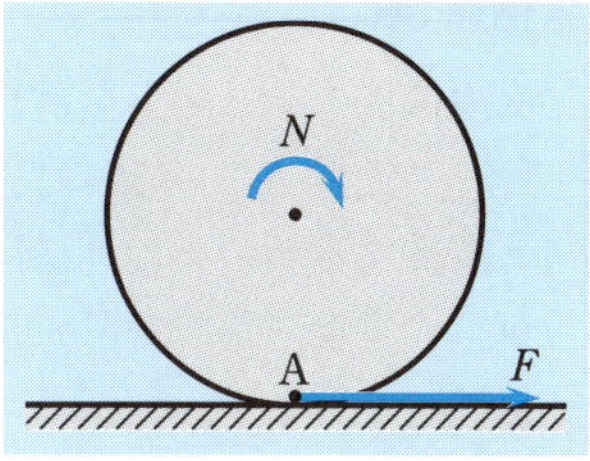

$$I_0 \frac{d\omega}{dt} = N - Fa$$

(ニ) 滑りがないとして(イ)の関係を上の運動方程式の第一式に代入し，F を消去すれば

$$(I_0 + Ma^2)\frac{d\omega}{dt} = N$$

図 1.104 円輪の転がり

となるので，

$$\frac{d\omega}{dt} = \frac{N}{I_0 + Ma^2}$$

これから

$$\frac{dV}{dt} = a\frac{d\omega}{dt} = \frac{Na}{I_0 + Ma^2}$$

および

$$F = M\frac{dV}{dt} = \frac{Ma^2}{I_0 + Ma^2}\frac{N}{a}$$

が得られる．

(ホ) 最大静止摩擦力は $F_{\max} = \mu Mg$ だから，最大加速度は

$$\left(\frac{dV}{dt}\right)_{\max} = \frac{F_{\max}}{M} = \mu g$$

このように，加速度の上限が重力加速度と摩擦係数で決まることは，車輪で前進力を得る車両に共通する普遍的な事実である．そのときのトルクは

$$N_{\max} = \frac{(I_0 + Ma^2)\mu g}{a}$$

で，それ以上大きなトルクを中心軸にかけると空まわりが始まる．

── 例題 36 ──────────────────────────── 慣性モーメント ──

次の慣性モーメントを計算せよ．
(イ) 質量 M，二辺の長さが a と b の密度一様な長方形の板が，重心を通り板と直交する軸のまわりに回転するときの慣性モーメント．
(ロ) 質量 M，半径 a の密度一様な円板が，中心軸のまわりで回転するときの慣性モーメント．

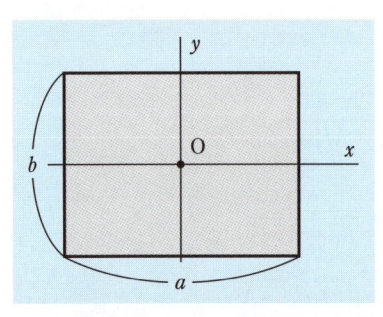

図 1.105 長方形の板

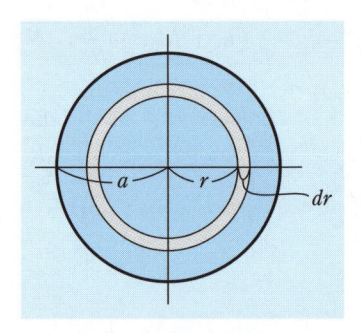

図 1.106 円板

[解答] (イ) 重心 O を原点にして図 1.105 のように x, y 軸をとる（回転軸は z 軸）．点 (x, y) の付近の微小面積 $dx\,dy$ の，慣性モーメント I_0 への寄与は，面密度を σ とすれば $\sigma dx\,dy\,r^2 = \sigma(x^2 + y^2)\,dx\,dy$ だから，

$$I_0 = \int_{-a/2}^{a/2} dx \int_{-b/2}^{b/2} dy\,\sigma(x^2 + y^2) = \sigma b \int_{-a/2}^{a/2} dx\,x^2 + \sigma a \int_{-b/2}^{b/2} dy\,y^2$$

積分の結果を板の質量 $M = \sigma ab$ を用いて表せば，

$$I_0 = \tfrac{1}{12} M(a^2 + b^2)$$

(ロ) 図 1.106 で中心軸から距離 r と $r + dr$ の間の帯の部分の面積は $2\pi r\,dr$ だから，面密度を σ とすれば $(M = \sigma \pi a^2)$，この部分の I_0 への寄与は $\sigma 2\pi r^3\,dr$．それの和をとれば

$$I_0 = \sigma \int_0^a 2\pi r^3\,dr = \sigma \tfrac{1}{2}\pi a^4 = \tfrac{1}{2} Ma^2$$

問題

36.1 質量 M，半径 a の密度一様な球が，直径のまわりで回転するときの慣性モーメントは，$I_0 = \tfrac{2}{5} Ma^2$ であることを示せ．

2 弾 性 体

2.1 固体の弾性的変形

● **弾性的変形** ● 外から力を加えると，固体は一般に変形する．外力が小さければ，外力を除くと形が元に戻る．このような変形を**弾性的変形**という．弾性的変形が起こることまで考えに入れるとき，物体を**弾性体**という．

● **応力** ● 外力により変形している固体の内部は緊張状態にあり，固体内部に任意の面 S を仮想的に考えるとき，その両側が，変形に抵抗する力を及ぼし合っている．単位面積の面の両側が及ぼし合う力を**応力**という．応力には，面の法線方向に働く**張力**（引っ張り力）および**圧力**（圧縮力）と，面の接線方向に働く**ずれ応力**（あるいは剪断応力）がある．

応力の単位は Pa（パスカル）：$\mathrm{Pa} = \mathrm{N} \cdot \mathrm{m}^{-2}$．

注意 応力は，面の両側が面を通して及ぼし合う力なので，その図示の仕方は一意的ではなく混乱を生じやすいが，本書では面 S 自体を物体のようにみなし，応力を，面 S の両側が S に及ぼす力として表してある（図 2.1—2.3）．

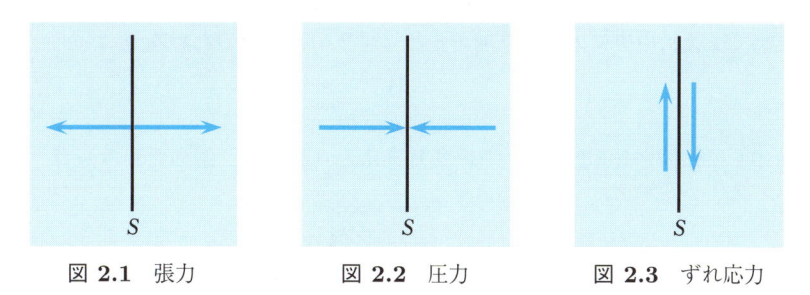

| 図 2.1 張力 | 図 2.2 圧力 | 図 2.3 ずれ応力 |

● **ひずみ** ● 伸縮の割合や体積変化の割合など，変形の割合を示す値を一般にひずみという．

● **フックの法則** ● 変形が小さい間は，応力とひずみは比例する．これをフックの法則という．その比例定数は物質定数で，一般に**弾性率**と呼ばれる．すなわち

$$応力 = 弾性率 \times ひずみ$$

ひずみは変形の割合で，次元を持たないので，弾性率の単位は応力と同じ Pa である．

● **伸縮** ● 辺の長さが a, b, c の直方体を，辺 a の方向に両端から力 F を加えて引っ張る（あるいは圧縮する）と，直方体は辺 a の方向には伸び（縮み），それと垂直な方向には縮む（伸びる）．各辺の長さの変化を Δa, Δb, Δc とすれば，伸び縮みの割合 $\Delta a/a$, $\Delta b/b$, $\Delta c/c$ が今の場合のひずみである．棒の内部では，辺 a と垂直な任意の断面（断面積 $A = bc$）の両側が，引っ張り（あるいは圧縮）の応力 $\tau = F/A$ を及ぼし合っている．この応力とひずみの間のフックの法則を

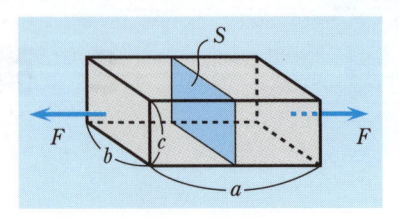

図 **2.4** 伸縮

$$\tau = E\frac{\Delta a}{a} \tag{2.1}$$

と表し，弾性率 E を**ヤング率**と呼ぶ．辺 a の方向のひずみと，辺 b, c の方向のひずみの間には

$$\frac{\Delta b}{b} = \frac{\Delta c}{c} = -\sigma\frac{\Delta a}{a} \tag{2.2}$$

の関係が成り立つ．σ も物質定数で，**ポアッソン比**と呼ばれる．

● **板のたわみ** ● 重いものを乗せた棚板が曲がるときのように，板の各点が面とほぼ垂直な方向にする変位を**たわみ**という．板が曲がるとき，板の内側は縮み，外側は伸びる．その結果たわみの大きさは，板のヤング率で決まる．厚さ a，幅 b，長さ l の板に力 W を加えたときの板のたわみは，Wl^3/Ea^3b に比例する．たとえば板の両端を支点で支え，中央に力 W を加えると（図 2.5），中央のたわみ s は

$$s = \frac{Wl^3}{4Ea^3b} \tag{2.3}$$

板の一端を壁に固定し，他端に力 W を加えると（図 2.6），端のたわみ s は

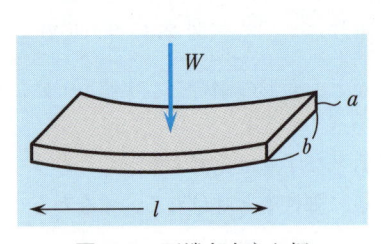

図 **2.5** 両端を支えた板

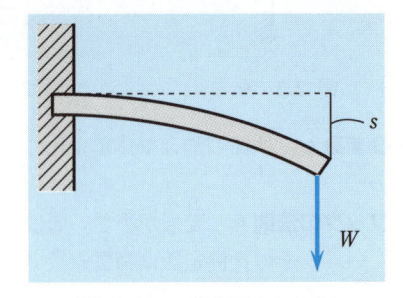

図 **2.6** 一端を固定した板

2.1 固体の弾性的変形

$$s = \frac{4Wl^3}{Ea^3b} \tag{2.4}$$

●**静水圧による体積変化**● 均質な物体の表面に一様な圧力 P を加えると，内部の任意の面の両側が圧力 P を及ぼし合う．このような，面の方向によらない一様な圧力を**静水圧**という．このとき，固体は形を相似に保ったまま縮み，体積が減少する．元の体積を V，体積変化を ΔV とすると（$\Delta V < 0$），ひずみは $-\Delta V/V$ で，フックの法則は

$$P = -K\frac{\Delta V}{V} \tag{2.5}$$

弾性率 K を**体積弾性率**という．体積弾性率 K，ヤング率 E，ポアッソン比 σ の間には次の関係がある：

$$K = \frac{E}{3(1-2\sigma)} \tag{2.6}$$

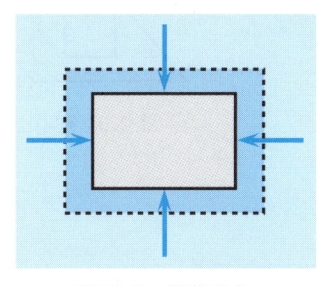

図 2.7 体積変化 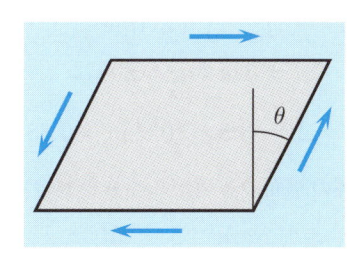　　　図 2.8 ずれ変形

●**ずれ変形**● 体積変化を伴わない変形を**ずれ変形**という．ずれ変形の例を図 2.8 に示す．ずれ変形のひずみは図の角 θ で，ずれ応力 τ とひずみ θ の間のフックの法則を

$$\tau = G\theta \tag{2.7}$$

と表して，弾性率 G を**ずれ弾性率**（あるいは**剛性率**）という．ずれ弾性率 G，ヤング率 E，ポアッソン比 σ の間には次の関係がある：

$$G = \frac{E}{1+\sigma} \tag{2.8}$$

―― 例題 1 ――――――――――――――――――――――――――― 柱の圧縮 ――

断面が一辺 10 cm の正方形で，長さが 5 m の木の柱がある．
(イ) この柱を立てて下端を固定し，上から 1 トンの重さをかけると，柱はどれだけ縮むか．木材のヤング率を $E = 1.3 \times 10^{10}\,\mathrm{N \cdot m^{-2}}$ とする．
(ロ) この木材のポアッソン比を $\sigma = 0.4$ とすれば，断面はどれだけふくらむか．

[解答] (イ) $F = 1\text{ トン} = 10^3\,\mathrm{kgw} = 9.8 \times 10^3\,\mathrm{N}$ の力が断面積 $A = 0.01\,\mathrm{m^2}$ の柱にかかるときの圧縮の応力は

$$\tau = \frac{F}{A} = 9.8 \times 10^5\,\mathrm{N \cdot m^{-2}}$$

柱の長さ l の縮みの割合は

$$\frac{-\Delta l}{l} = \frac{\tau}{E} = \frac{9.8 \times 10^5}{1.3 \times 10^{10}} = 7.5 \times 10^{-5}$$

したがって $l = 5\,\mathrm{m}$ の柱の縮みは

$$-\Delta l = 3.8 \times 10^{-4}\,\mathrm{m} = 0.38\,\mathrm{mm}$$

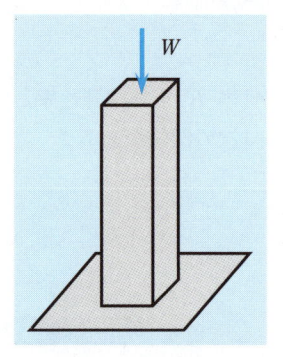

図 **2.9** 柱の圧縮

(ロ) 柱の断面の各辺がふくらむ割合は

$$\frac{\Delta l'}{l'} = -\sigma \frac{\Delta l}{l} = 0.4 \times 7.5 \times 10^{-5} = 3.0 \times 10^{-5}$$

だから，一辺 $l' = 10\,\mathrm{cm}$ の辺のふくらみは

$$\Delta l' = 3.0 \times 10^{-6}\,\mathrm{m} = 3.0 \times 10^{-3}\,\mathrm{mm}$$

〜〜 問 題 〜〜〜〜〜〜〜〜〜〜〜〜〜〜〜〜〜〜〜〜〜〜〜〜〜〜〜〜〜〜〜〜

1.1 長さ 2 m，直径 16 mm の鋼鉄の丸棒に 3 トンの引っ張り力がかかるとき，棒はどれだけ伸びるか．鉄のヤング率を $E = 2.1 \times 10^{11}\,\mathrm{N \cdot m^{-2}}$ とする．

1.2 針金に加えることのできる最大の張力（すなわち針金が切れる直前の張力）を，引っ張りの強さという．軟鉄の針金の引っ張りの強さはほぼ $4.6 \times 10^8\,\mathrm{N \cdot m^{-2}}$ である．
(イ) 100 kg のおもりをつるすとき，針金の張力を，引っ張りの強さの 1/10 以下にとどめるには，直径が何 mm 以上の針金を用いるべきか．
(ロ) この針金の伸びの割合は何％以下か．ヤング率を $E = 2.1 \times 10^{11}\,\mathrm{N \cdot m^{-2}}$ とする．

2.1 固体の弾性的変形

例題 2 ─────────────────────────── 板のたわみ ───

幅 $b = 30\,\mathrm{cm}$, 厚さ $a = 1\,\mathrm{cm}$ の木の板を, 間隔 $l = 2\,\mathrm{m}$ の二つの支点の上にわたす. その上を体重 $60\,\mathrm{kg}$ の人が渡ると, 板は最大どれだけたわむか. 木材のヤング率を $E = 1.3 \times 10^{10}\,\mathrm{N\cdot m^{-2}}$ とする.

[解答] 人が板の中央に達したときの, その点のたわみ s を考えればよい. 板の中央のたわみの公式

$$s = \frac{Wl^3}{4Ea^3 b}$$

に, $W = 60 \times 9.8\,\mathrm{N}$, $a = 0.01\,\mathrm{m}$, $b = 0.3\,\mathrm{m}$, $l = 2\,\mathrm{m}$, $E = 1.3 \times 10^{10}\,\mathrm{N\cdot m^{-2}}$ を代入し

$$s = 0.30\,\mathrm{m} = 30\,\mathrm{cm}$$

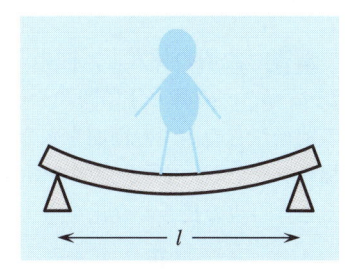

図 **2.10** 板のたわみ

これではたわみすぎるので厚さを $2\,\mathrm{cm}$ にすれば, s は上の値の $1/8$, すなわち $s = 3.8\,\mathrm{cm}$ となる.

問題

2.1 例題 1 の柱の上端に, $F = 100\,\mathrm{kgw}$ の水平な力が, 断面の一組の辺と平行な方向にかかると, 上端はどれだけたわむか (図 2.11).
  [ヒント] 板のたわみの公式 (2.4) を用いる.

2.2 鋼鉄に引っ張りの力を加えるとき, 引っ張りの応力が $2000\,\mathrm{kgw\cdot cm^{-2}}$ 以下ならば, 応力と伸びの間のフックの法則が成り立つ. そこで建築物などでは, 鋼材に加える引っ張り応力の許容範囲を $1600\,\mathrm{kgw\cdot cm^{-2}}$ と定めてある. 直径 $16\,\mathrm{mm}$ の鋼鉄の丸棒に加えることのできる引っ張り力は何 kgw までか.

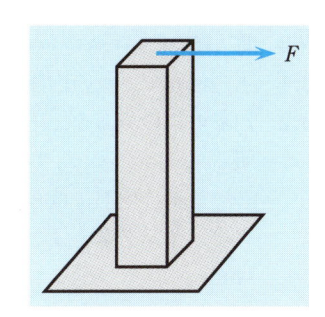

図 **2.11** 柱の曲げ

2.3 長さと断面は同じで, 材質が異なる二本の針金がある. 両者の端を溶接して一本の針金とし, その両端を引っ張る. それぞれの部分の伸びの比は, 何から決まるか.

例題 3 ──────────────────────────────── 板の引き伸ばし

辺の長さが a，厚さが c の正方形のゴムの板の四つの側面を，単位面積あたり τ の張力で側面と垂直な四方向に引っ張るとき，辺の伸びと厚さの縮みはどれだけか．板の材料のヤング率を E，ポアッソン比を σ とする．

[ヒント] 重ね合せの原理を用いる．

[解答] 説明の便宜上，図のような辺の長さが a, b, c の直方体に問題を一般化して，その前後左右の四つの側面を張力 τ で引っ張る場合を考える．まず，前後の側面だけを引っ張るときの辺の長さの変化を考えると

$$\frac{\Delta a}{a} = \frac{\tau}{E}, \quad \frac{\Delta b}{b} = -\frac{\sigma\tau}{E}, \quad \frac{\Delta c}{c} = -\frac{\sigma\tau}{E}$$

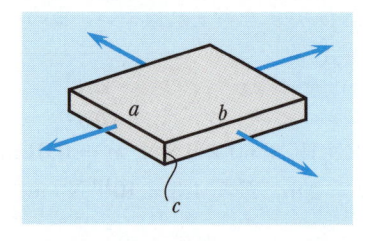

図 2.12 ゴム板を引き伸ばす

同様に左右の側面だけを引っ張るときの変化は

$$\frac{\Delta a}{a} = -\frac{\sigma\tau}{E}, \quad \frac{\Delta b}{b} = \frac{\tau}{E}, \quad \frac{\Delta c}{c} = -\frac{\sigma\tau}{E}$$

四つの側面を引っ張るときの変化は，上の二つの重ね合せにより

$$\frac{\Delta a}{a} = \frac{\Delta b}{b} = \frac{(1-\sigma)\tau}{E}, \quad \frac{\Delta c}{c} = -\frac{2\sigma\tau}{E}$$

問題

3.1 上の例題で，板の内部にはどのような応力が生じているか．

3.2 円形の板の側面を，単位面積あたり τ の力で，側面と垂直な方向に一様に引っ張る．

（イ）板の内部にはどのような応力が発生するか．

（ロ）ヤング率を E，ポアッソン比を σ とすれば，半径の伸びの割合はどれだけか．

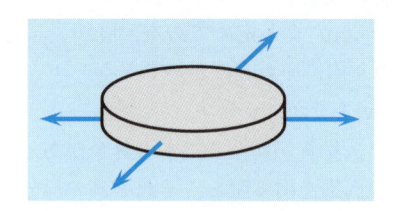

図 2.13 円板を引き伸ばす

2.1 固体の弾性的変形

―例題 4―――――――――――――――――――棒の伸縮にともなう応力――

断面積 A の棒を，両端から大きさ F の力を加えて圧縮する．棒の中に任意の面 S を考えると，その両側はどのような応力を及ぼし合っているか．

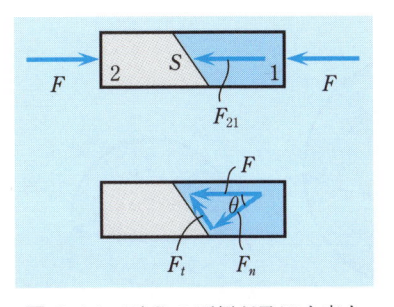

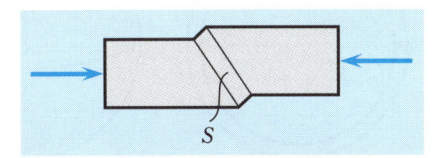

図 2.14 面 S の両側が及ぼす応力　　**図 2.15** ずれ変形

[解答] 面 S より右の部分を 1，左の部分を 2 と呼ぶことにすれば，1 と 2 は面 S を通して力 F で押し合う．これは，両端に加えた力が伝わってくると直観的に考えてもよいが，もっと形式的に言うなら，2 に働く力は左端からの力 F と 1 が及ぼす力 F_{21} で，これがつり合わねばならないから $F_{21} = F$ なのである．面 S が棒の軸と垂直（$\theta = 0$）な場合には，これは単位面積あたり $\tau = F/A$ の圧縮の応力である．面 S の法線が棒の軸と角 θ をなす場合には，1 が 2 に及ぼす軸方向の力 F を，面と垂直な成分 F_n と平行な成分 F_t に分解すると，それぞれ

$$F_n = F\cos\theta, \quad F_t = F\sin\theta$$

となる．S の面積は $A/\cos\theta$ だから，これはそれぞれ単位面積あたり

$$\tau_n = \tau\cos^2\theta, \quad \tau_t = \tau\cos\theta\sin\theta$$

の応力である．

このように棒の圧縮や引き伸ばしの場合でも，棒の中の一般の面の両側は，面に垂直な応力だけでなく，面に平行なずれ応力も及ぼし合っていることに注意しよう．これは一見奇妙に思えるかもしれないが，もともと棒の伸縮は，純粋な体積変化と純粋なずれ変形の組合せであり，それに対応して応力も，静水圧とずれ変形の応力の一次結合なのである．（実際，面 S の両側の部分がボンドで張り合わせてあるような場合には，棒の両端から押す力によって，図 2.15 のようなずれ変形が起きるだろう．）

―例題 5――――――――――――――――――――――球殻中の応力―

ゴム風船やガスタンクのような薄い球殻の中に気体をつめるとき，球殻にはどのような応力が生じるか．球殻の半径を R，厚さを t，内部と外部の気体の圧力差を P とする．（内部の気圧を P，外部を真空としても同じである．）

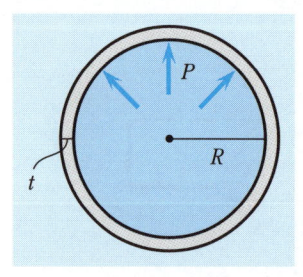

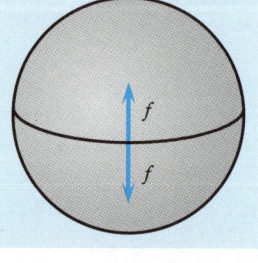

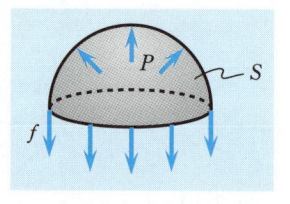

図 2.16 球殻　　図 2.17 引っ張り力　　図 2.18 半球面に働く力

[解答]　球面には，単位面積あたり P の外向きの力がかかり，球はわずかに膨張する．それに抵抗して，球面上のどの部分も隣接する部分を引っ張り合う．すなわち，球面上の任意の線を通して，その両側が引き合う（図 2.17）．球面上の単位長さの線の両側が引き合う力の大きさを f とする．球面上の任意の部分 S を考えると，気体が S に及ぼす外向きの力と，S の縁がまわりから引っ張られる力の合力がつり合うはずで，これから f が決まる．f を簡単に求めるには，S として球面の半分をとるとよい（図 2.18）．S の縁が残りの半球面に引っ張られる力の合力は，縁の長さが円周 $2\pi R$ だから $2\pi R f$．一方球面内外の気体が半球面 S に及ぼす圧力の合力は，（図 2.18 では上向きに）$\pi R^2 P$ である．（仮に半球面 S に底面 S_0 の蓋をした容器を考えると，内外の気体が底面 S_0 に及ぼす力は大きさ $\pi R^2 P$ の下向きの力だから，気体が半球面 S に及ぼす力は同じ大きさの上向きの力である．）両者のつり合いから

$$2\pi R f = \pi R^2 P$$

すなわち

$$f = \tfrac{1}{2} R P$$

この引っ張りの力は，球殻の断面に応力として分布するが，球殻が薄いときには分布は一様（球の中心からの距離 r によらない）とみなせるので，引っ張りの応力 τ は断面の単位面積あたり

$$\tau = \frac{f}{t} = \frac{RP}{2t}$$

2.1 固体の弾性的変形

そのほかに，球殻中には，球面と垂直方向の圧力 $P(r)$ も分布する．その値は，内側表面における内部の気体の圧力から，外側表面における大気圧まで，連続的に変わる．以上をまとめると，球殻中に生じる応力は，球殻の断面を通して働く引っ張りの応力 τ と，表面と平行な面を通して働く圧力 $P(r)$ である．

参考 上では f を求めるのに半球面を用いたが，もっと一般の図 2.19 のようなキャップ状の面を S としてとり，それに働く力のつり合いを考えても同じ結果が得られる．

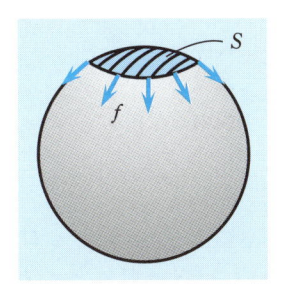

図 2.19 球帽に働く力

問題

5.1 100 気圧の気体をたくわえるための，半径 1 m の球殻状の鋼鉄の容器をつくりたい．鋼鉄の引っ張りの応力の許容範囲を $1600 \, \mathrm{kgw \cdot cm^{-2}}$ とすれば，壁の厚さ t をどれだけにとる必要があるか．

5.2 図 2.20 のような円筒形のガスボンベがある．容器の円筒部分（両端以外の部分）にはどのような応力が生じるか．円筒の半径を R，容器の厚さを t，内外の気体の圧力差を P とする．

5.3 深海用の潜水艇は球形につくられる．その理由を考えよ．

5.4 黒部ダムなどの堰堤はアーチ型につくられている（図 2.21）．その理由を説明せよ．

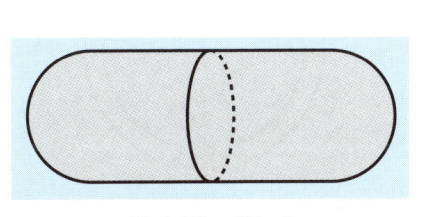

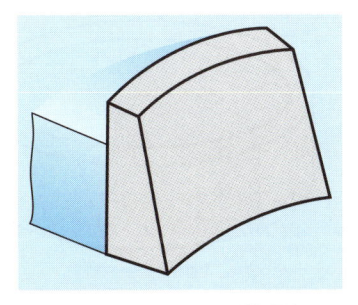

図 2.20 ボンベ　　　　　図 2.21 アーチ型堰堤

── 例題 6 ──────────────────────────── 壁の薄い円管のねじれ ──

円管の下端を床に固定し，上端にトルクを加えると，管がねじれる．円管の半径を R，高さを L，管壁の厚さを h，ずれ変形率（剛性率）を G とする．壁は薄く $h \ll R$ とする．

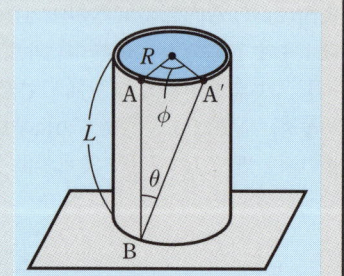

(イ) このとき壁に生じる変形は，ずれ変形であることを説明せよ．

(ロ) トルク N を加えると，管がねじれて管の各部分が水平方向に動く．これは管の中心軸のまわりの回転である．管の上端の回転角を ϕ とすれば，壁に生じるずれ応力の大きさ τ はどれだけか．

(ハ) トルク N を加えるときの上端の回転角 ϕ は，管の長さ L が長いほど大きい．すなわちずれ変形の大きさを表す量は比 ϕ/L で，これが N に比例する．比例関係

$$N = C\frac{\phi}{L}$$

の比例定数 C は，ねじれに対する円管の強度を表す．この C を求めよ．

図 2.22 管のねじれ

[解答] (イ) ねじれによる変位の様子をみるため，図 2.22 に示すような，円筒の母線上の各点の変位に着目する．鉛直な母線 AB 上の任意の点は，ねじれにより，水平面内で回転するだろう．回転角は床からの距離に比例する．その結果，母線 AB は傾いた直線 A′B に移る．このことから，図 2.23 の長方形の微小部分は平行四辺形に変形することがわかる．これは明らかにずれ変形である．

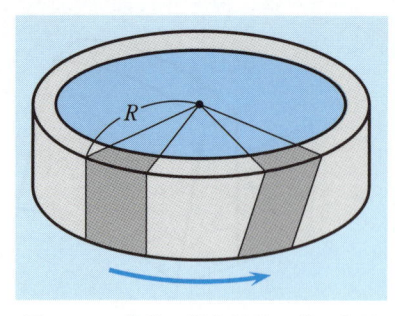

図 2.23 管壁の微小部分のずれ変形

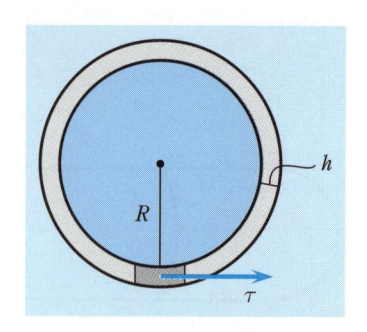

図 2.24 ずれ応力

(ロ) 直線 AB と A′B のなす角を θ とする．上で注目した微小部分には，図 2.24 に示すようなずれ応力 τ が働く．その大きさはずれ弾性率の定義により $\tau = G\theta$．角 θ を上端の回転角 ϕ で表すには，AA′ の長さが，ϕ で表せば $R\phi$，θ で表せば $L\theta$ であることに注意する（図 2.22）．これより $\theta = (R/L)\phi$ で，

$$\tau = \frac{GR}{L}\phi$$

(ハ) 円管の任意の断面の上側と下側は，断面の単位面積あたり τ の応力を及ぼし合う．この力は中心軸のまわりにトルク $R\tau$ を持つ．断面の面積は $2\pi Rh$ だから，トルクは断面全体で $2\pi R^2 h\tau$．このトルクを断面の両側が及ぼし合うのだから，これはもちろん円管の上端に加えたトルク N とつり合う．したがって

$$N = 2\pi R^2 h\tau = 2\pi GR^3 h\frac{\phi}{L}$$

すなわち

$$C = 2\pi GR^3 h$$

一定量の材料で円管をつくるときは $Rh = \text{const}$ だから，厚さ h を減らして半径 R を大きくとると，強度 C は R^2 に比例して増大する．

問　題

6.1 内径 R_1，外径 R_2 の一般の（肉厚）円管の場合には（図 2.25），ねじれに対する強度 C は

$$C = \frac{\pi}{2}G(R_2{}^4 - R_1{}^4)$$

で与えられることを，例題 6 の結果を用いて示せ．

参考 上式で $R_1 = 0$ とすれば，半径 R の丸棒の，ねじれに対する強さを表す次の表式が得られる：

$$C = \frac{\pi}{2}GR^4$$

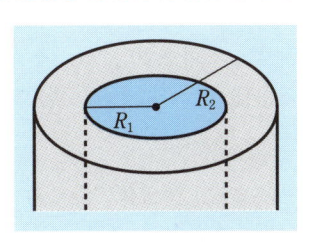

図 2.25 肉厚の管

6.2 厚さ $h = 1\,\text{cm}$ の鋼鉄の板に，半径 $r = 1\,\text{cm}$ の穴を打ち抜くには，どれだけの力がいるか（図 2.26）．鋼鉄がもちこたえることのできるずれ応力の限界を $3.5 \times 10^8\,\text{N} \cdot \text{m}^{-2}$ とする．

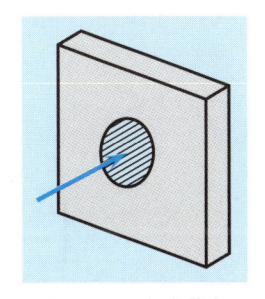

図 2.26 打ち抜き

例題 7 ──────────────────────────────── トラス ──

棒（部材）をピン接合でつないだ骨組みを**トラス**という．（ピン接合は，蝶つがいのように，そのまわりで棒が自由に回転できるつなぎ方である．第1章の例題9参照．）

（イ）同じ長さの棒からなる図のトラスの節点Cに，重さWのおもりをつるす．棒の伸び縮みによりトラスはわずかに変形する．その様子を誇張して描いてみよ．ただしこのトラスは，支点A, Bが及ぼす上向きの力で支えられているものとする．

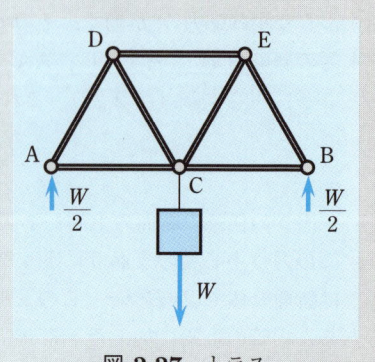

（ロ）それぞれの棒には，引っ張りまたは圧縮の力が働いている．その大きさを求めよ．

図 2.27 トラス

[解答] （イ）図 2.28 に，伸びる棒は薄い色で，縮む棒は濃い色で示してある．それぞれの棒が伸びるか縮むかは，仮にその棒がなかったときのことを考えるとわかりやすい．

（ロ）力の向きを図示するときには，それが，何が何に及ぼす力かを明示しないと混乱する．図 2.29 には，それぞれの棒が節点に及ぼす力の，向きと大きさを示してある．節点ごとにそれに働く力がつり合うことから，力の大きさが

$$f = W/\sqrt{3}, \quad f' = f/2$$

と決まる．棒自体に働く力の向きは図と反対向きだから，棒に働く力は，CD, CE には引っ張り力 f, CA, CB には引っ張り力 f', AD, BE, DE には圧縮力 f である．

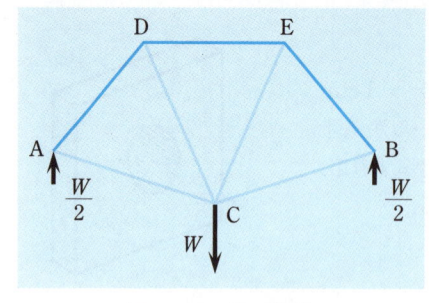

図 2.28 棒の伸縮

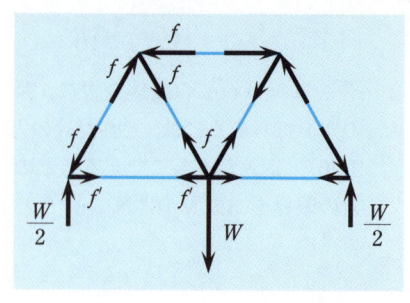

図 2.29 棒が節点に及ぼす力

2.2 静止流体中の圧力

●**流体**● 流体（気体と液体）は固体とは異なり，固有な形を持たない．これは，静止流体がずれ変形に対して無抵抗で，自由に形が変わるからである．流体中の応力は，体積の圧縮に抵抗する圧力だけである．圧力は，流体中の単位面積の面を通して，その両側の流体が面と垂直方向に押し合う力で，その大きさは面の方向にはよらない．そこに物体があれば，物体の表面も同じ圧力を受ける．圧力の単位は Pa（パスカル）であるが，atm（気圧）および torr（≡mmHg）もよく用いられる（例題 8 参照）：

$$1\,\text{atm} = 1.013 \times 10^5\,\text{Pa} = 760\,\text{torr} = 760\,\text{mmHg}$$

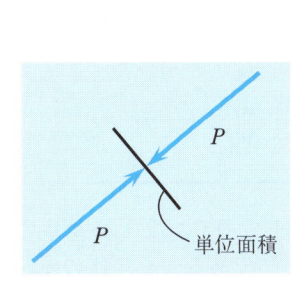

図 2.30 流体中の圧力

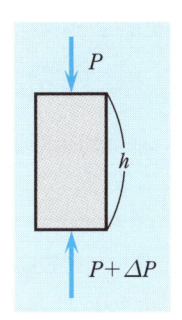

図 2.31 圧力の高さによる変化

●**流体中の圧力の高さによる変化**● 重力場中で静止する液体の中では，液体表面から下に行くほど圧力が増す．一様な液体中で，高さの差が h の二点の圧力の差 ΔP は，液体の密度を ρ，重力加速度を g とすれば

$$\Delta P = \rho g h \qquad (2.9)$$

気体中でも，高さによる密度変化が無視できる範囲では，同じ関係が成り立つ．

●**浮力**● 流体中にある物体が，流体から受ける圧力の合力を，**浮力**という．浮力の大きさは，物体が排除した流体の重さに等しく，方向は鉛直上向き，浮力の作用点は物体が排除した流体の重心である（アルキメデスの原理）．

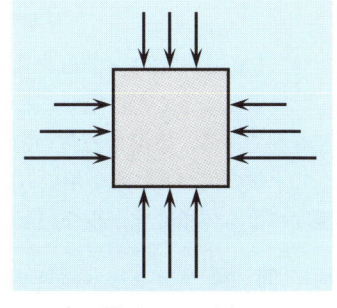

図 2.32 浮力

例題 8 ——————————————————— 水銀気圧計

水銀気圧計は，一端を閉じた管を水銀槽に立てたもので，管外の水銀面の上は大気，管内の水銀面の上は真空（厳密に言えば水銀蒸気）で，この二つの面の高さの差（これを水銀柱の高さという）h を測って大気圧を求める．

(イ) h から大気圧 P を求める式を導け．水銀の密度を ρ とする．

(ロ) 水銀柱の高さが h mm のときの圧力を h mmHg または h torr と呼ぶ．1 torr の圧力を Pa 単位で表せ．水銀の比重は 13.6 である．

(ハ) 大気圧の標準的な値として，1気圧(atm)を

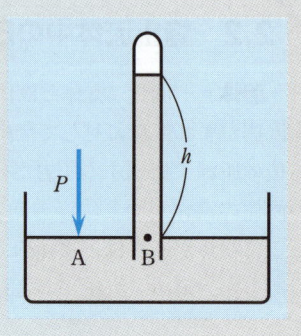

$$1\,\mathrm{atm} = 760\,\mathrm{mmHg} \equiv 760\,\mathrm{torr}$$

と定義する．1気圧を Pa 単位で表せ．

(ニ) 管に入れる液体として水銀を用いるのはなぜか．

図 2.33 気圧計

[解答] (イ) 液体中の同じ高さの点の圧力は等しいので，図の A と B の圧力は等しい．A の圧力は大気圧 P だから，B の圧力も P である．一方 B の圧力はその上にある（単位面積あたりの）水銀の重さに等しいので，

$$P = \rho g h$$

すなわち A の上にある大気の重さと，B の上にある水銀の重さがつりあう．

(ロ) $\rho = 13.6\,\mathrm{g\cdot cm^{-3}} = 13.6 \times 10^3\,\mathrm{kg\cdot m^{-3}}$ と高さ $h = 1\,\mathrm{mm} = 10^{-3}\,\mathrm{m}$ を上式に代入して

$$1\,\mathrm{torr} = 13.6 \times 9.8 = 133\,\mathrm{Pa}$$

(ハ) $1\,\mathrm{atm} = 133 \times 760 = 1.013 \times 10^5\,\mathrm{Pa}$

(ニ) 管はできるだけ短いことが望ましいが，それには入れる液体の密度が大きいほど有利である．室温で液体の形をとる物質の中で，密度が最大のものは水銀である．もし水銀の代わりに水を用いると，管の高さは 10 m になってしまう．また水銀には，温度による体積変化が少ないという利点もある．

問題

8.1 水中で深さ 10 m の所の水圧は約何気圧か．

2.2 静止流体中の圧力

―例題 9 ――――――――――――――――――――――――― 気体の重さ ―
天秤の皿に密閉容器をのせる．容器の内部が真空の場合と気体が入っている場合とで，天秤の読みは変わるか．

[解答] 容器に気体が入っているときには，容器と気体の質量の和が天秤の読みになる．これは直観的には明らかだが，そうなる仕組みを考えてみよう．内部の気体が容器の下底面に及ぼす圧力を P_1，上底面に及ぼす圧力を P_2 とすると，(2.9) により

$$P_1 - P_2 = \rho g h$$

(ρ は気体の密度，h は容器の高さ)．それゆえ，底面の面積を S とすれば，容器は気体から差し引き $(P_1-P_2)S = \rho g h S = mg$ の力を下向きに受ける（$m = \rho h S$ は気体の質量）．したがって天秤の皿には，容器と気体の重さの和がかかる．

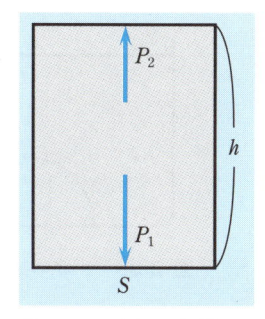

図 2.34 内部の気体が容器に及ぼす力

問題

9.1 半径 $r = 10\,\text{cm}$，深さ $h = 15\,\text{cm}$ の円筒形の桶を，底を上にして浴槽の水の中に沈めるには，どれだけの力が必要か（図 2.35）．

9.2 前問で，加えた力がする仕事は，何のエネルギーに転化するか．

9.3 海に浮かぶ氷山（図 2.36）の，海面上の部分と海面下の部分の体積比はどれだけか．氷と海水の密度を $\rho_i = 0.917\,\text{g}\cdot\text{cm}^{-3}$，$\rho_w = 1.035\,\text{g}\cdot\text{cm}^{-3}$ とする．

9.4 大気の温暖化で海面に浮かぶ氷山がとけると，海面は上昇するか．

9.5 人間の体積のおよその値を知るにはどうすればよいか（図 2.37）．
 [ヒント] 人が水中で浮くことを用いる．

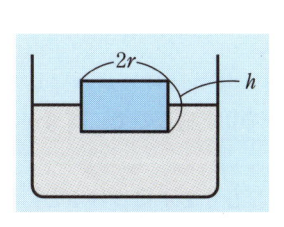

図 2.35 桶 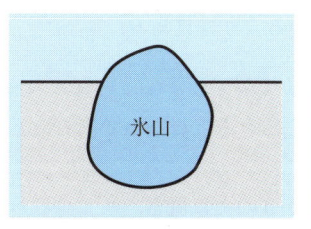　　　図 2.36 氷山 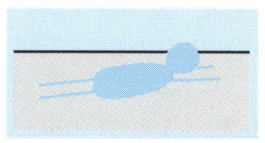　　　図 2.37 水に浮く人体

例題 10 ── 水底での浮力

水底にある物体は，まわりの水から浮力を受けるか．

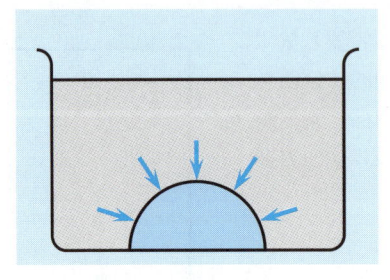

図 2.38　水底の物体が受ける圧力　　　図 2.39　水底の円柱

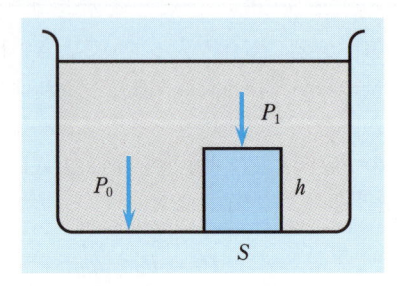

[解答]　水底にある物体が受ける浮力は，物体と水底の接し方により異なる．物体が水底と少数の点だけで接している場合には，物体のほとんど全表面に水圧がかかる．その合力は，物体が水中に浮いているときと同様な，上向きの浮力である．それに対し，物体の底面が水底に密着している場合には，底面には水圧がかからないので，水圧の合力はふつうの浮力とは異なる．たとえば図 2.38 のような形の物体の場合には，水圧の合力は下向きの力である．

しかしこの場合でも，水底から見ると，次のような意味で，物体に浮力が働くように見える．簡単のため図 2.39 に示す形の，底面の面積 S，高さ h の円柱形の物体が水底にあるとする．水底の水圧を P_0 とすれば，物体がない場合には，水底の，面積 S の部分には力 $P_0 S$ が働く．水底から高さ h の所の水圧を P_1 とすれば，物体を水底に置くとき物体に働く下向きの力は，重力 W と，上底面に働く水圧 $P_1 S$ である．P_1 と P_0 との間には $P_0 - P_1 = \rho g h$ の関係があるので（ρ は水の密度），水底には力

$$W + P_1 S = P_0 S + (W - (P_0 - P_1) S) = P_0 S + (W - \rho g h S)$$

が働く．すなわち物体を置くときの力の増加は $W - \rho g h S$ で，物体の重さが，浮力 $\rho g h S$ の分だけ軽くなっているように見える．

問題

10.1 物体の質量を天秤で測るとき，真空中で測るのと空気中で測るので，結果が異なるか．

10.2 水を入れた容器をはかりの上に置き，糸でつるしたおもりを水につけると，はかりの読みはどう変わるか．

例題 11 ——————————————————————— ゲーリケの実験

真空ポンプの発明者ゲーリケは，大気圧の働きを示すために有名な公開実験を行った (1654 年)．二つの半球の縁を密着させて球状の容器とし，その内部の空気をポンプで引いた後，二つの半球を両側から 8 頭ずつの馬に引かせたが，半球を引き離すことはできなかったという．

(イ) 半球を引き離せなかったのはなぜか．

(ロ) 半球の縁を半径 R の円とすれば，一つの半球の表面にかかる気圧の合力は，どのような力になるか．

(ハ) $R = 30\,\mathrm{cm}$ とし，内部に残っている空気の圧力を 0.1 気圧とすれば，二つの半球を引き離すのにどれだけの力を要するか．

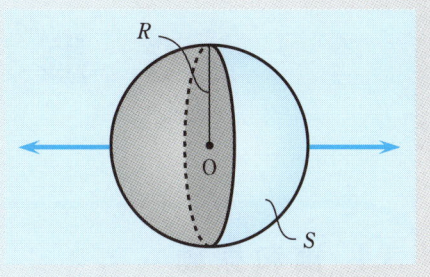

図 2.40 二つの半球を引き離す

[解答] (イ) 大気圧を P，内部の圧力を P' とすれば，容器の壁には差し引き $P-P'$ の内向きの圧力がかかって，二つの半球を押しつける．それに打ち勝つ力で引っ張らなければ，半球を引き離すことはできない．

(ロ) 半球の表面 S には大気圧 P がかかっている．その合力は，直接計算しなくても，例題 5 で用いた考え方で簡単にわかる．半球面 S に仮に底面 S_0 をつけ加えた容器を考えると，S に働く圧力と S_0 に働く圧力はつり合うはずである．S_0 の面積は πR^2 だから S_0 に働く合力は $\pi R^2 P$．したがって S に働く合力も $\pi R^2 P$ で，二つの半球を押しつける方向を向く．（上の考え方は，表面の形が半球面でない場合にも使える．）

(ハ) 内部からの圧力も考慮に入れれば，S にかかる圧力は

$$P - P' = 0.9\,\mathrm{atm} = 0.9 \times 1.013 \times 10^5\,\mathrm{N \cdot m^{-2}}$$

したがって S に働く合力 F は

$$F = \pi R^2 (P - P') = \pi \times 0.3^2 \times 0.9 \times 1.013 \times 10^5 = 2.58 \times 10^4\,\mathrm{N} = 2.63 \times 10^3\,\mathrm{kgw}$$

すなわち 2.63 トンの力がそれぞれの半球にかかる．半球を引き離すには，F より大きな力で両側から引っ張る必要がある．静止摩擦係数が 1 の地面の上に質量 2.63 トンの物体を置き，これを引っ張ることを想像すれば，力の大きさが実感できる．

3 振　　　動

3.1 調和振動

●**調和振動**●　平衡の位置からの物体の変位 x が時刻 t と共に

$$x(t) = A\cos(\omega_0 t + \delta) \tag{3.1}$$

のように正弦関数の形で変化する運動を**調和振動**といい（図 3.1），このような運動をする物体を一般に調和振動子という．運動が一周するのに要する時間 $T = 2\pi/\omega_0$ を**周期**，単位時間に起こる振動の回数 $\nu = 1/T = \omega_0/2\pi$ を**振動数**，ω_0 を**角振動数**，変位 x の最大値 A を**振幅**という．振動数の単位は Hz（ヘルツ）：$\mathrm{Hz} = \mathrm{s}^{-1}$.

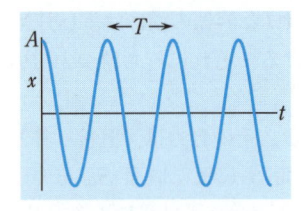

図 3.1　調和振動

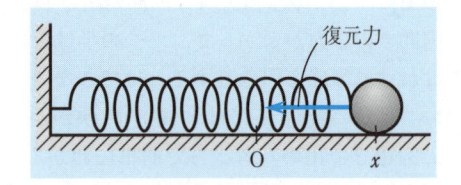

図 3.2　復元力

物体を平衡の位置 $x = 0$ に引き戻そうとする力（復元力）が

$$f = -kx \tag{3.2}$$

のように変位 x に比例して増加するとき，この力を**フックの法則**に従う力という．滑らかな水平面上で，一端を固定したバネに質量 m のおもりをつけた系（図 3.2）では，おもりの平衡の位置を原点 O として，おもりの位置を座標 x で表すと，バネの伸びは x だから，おもりには上の形の復元力 f が働く．（バネの場合には，比例定数 k を**バネ定数**と呼ぶ．）おもりが従う運動方程式は

$$m\frac{d^2x}{dt^2} = -kx \tag{3.3}$$

ここで

3.1 調和振動

$$\omega_0 \equiv \sqrt{\frac{k}{m}} \tag{3.4}$$

とおけば，上式は

$$\frac{d^2x}{dt^2} + \omega_0{}^2 x = 0 \tag{3.5}$$

と表される．この形の微分方程式が調和振動の運動方程式で，その一般解が調和振動 (3.1) である．上の例からわかるように，調和振動の角振動数 ω_0 は系に固有な定数であり，固有角振動数とも呼ばれる．一方，振幅 A と初期位相 δ は運動方程式には含まれない任意定数で，その値は初期条件から決まる．

● **振動のエネルギー** ● 復元力 (3.2) は保存力で，ポテンシャルエネルギー（位置エネルギー）

$$U(x) = \tfrac{1}{2}kx^2 \tag{3.6}$$

を持つ．系の力学的エネルギー $E = \tfrac{1}{2}mv^2 + U(x)$ は，振動の間，一定値

$$E = \tfrac{1}{2}m\omega_0{}^2 A^2 \tag{3.7}$$

に保たれる．

● **単振子** ● 長さ l の糸の端に小さなおもりをつけ，糸の上端を一点に固定した振り子が，一つの鉛直面内で振れるとき，これを**単振子**という．単振子の微小振動は，周期

$$T = 2\pi\sqrt{\frac{l}{g}} \tag{3.8}$$

の調和振動（単振動）である．

● **物理振子** ● 水平な固定回転軸のまわりで回転振動をする剛体を**物理振子**（または実体振子）という．物体の質量を M，回転軸のまわりの物体の慣性モーメントを $I \equiv M\kappa^2$，回転軸と物体の重心の間隔を l とすると，平衡の位置からの回転角 θ を変数とする運動方程式は（角度の単位に弧度 rad を用いれば）

$$I\frac{d^2\theta}{dt^2} = -Mgl\sin\theta \tag{3.9}$$

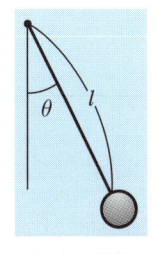

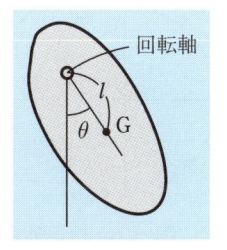

図 **3.3** 単振子   図 **3.4** 物理振子．G は重心．

近似式 $\sin\theta \approx \theta$ が成り立つ微小振動に対しては，この式は調和振動の方程式で，その解は周期

$$T = 2\pi\sqrt{\frac{\kappa^2}{gl}} \tag{3.10}$$

の調和振動である．

● **減衰振動** ● 現実に起こる振動では，各種の摩擦のために，振動のエネルギーは時間と共に他の形のエネルギーに移っていく．そのため，外部からのエネルギーの補給がなければ，振動の振幅は図 3.5 のように減衰する（**減衰振動**）．水平面上のバネとおもりの系を例にとり，摩擦力 f_f がおもりの速度 v に比例すると仮定して

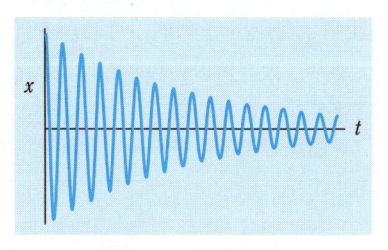

図 **3.5** 減衰振動

$$f_\mathrm{f} = -m\gamma v = -m\gamma \frac{dx}{dt} \tag{3.11}$$

とおけば，おもりの運動方程式は

$$m\frac{d^2x}{dt^2} = -kx - m\gamma\frac{dx}{dt} \tag{3.12}$$

すなわち

$$\frac{d^2x}{dt^2} + \gamma\frac{dx}{dt} + \omega_0^2 x = 0 \tag{3.13}$$

と書ける．これが典型的な減衰振動の方程式である．

調和振動と等速円運動

x, y 平面の原点を中心とする半径 A の円の上を，一定角速度 ω_0 で運動する点の x 軸あるいは y 軸への射影は，角振動数 ω_0，振幅 A の調和振動である．

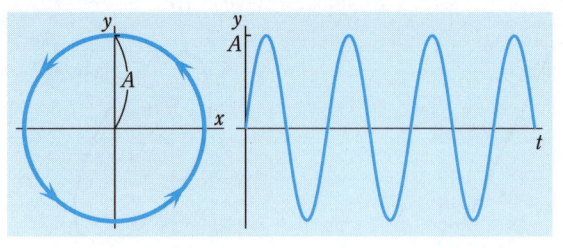

図 **3.6** 円運動をする点の y 座標の時間変化

3.1 調和振動

---**例題 1**------------------------------**バネにつけたおもりの振動**---

滑らかな水平面上の定点 Q に, バネ定数 k のバネの一端を固定し, 他端には質量 m のおもりをつける. はじめ, おもりは面上の点 O に静止している. 以下では, 点 Q と O を通る直線の上でおもりが行う運動を考える.

(イ) おもりを直線上で静かに引っ張る. 平衡点 O からのおもりの変位が x のとき, おもりはバネからどのような力を受けるか.

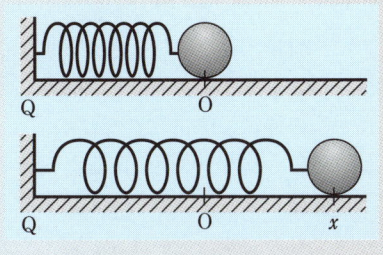

図 3.7 バネとおもりの系

(ロ) おもりを O から距離 A だけ引き離し, そこで手を離すと, おもりはどのような運動をするか.

(ハ) この運動の間, 点 Q はバネからどのような力を受けるか.

[解答] (イ) バネの伸びは x だから, バネはおもりに復元力 $f = -kx$ を及ぼす.
(ロ) おもりの O からの変位が x のとき, おもりにはバネの力 $-kx$ が働くので, 運動方程式は

$$m\frac{d^2 x}{dt^2} = -kx$$

で, その一般解は $\omega_0 \equiv \sqrt{k/m}$ として

$$x(t) = C_1 \cos\omega_0 t + C_2 \sin\omega_0 t$$

である (C_1, C_2 は任意定数). 初期条件は $t=0$ で $x=A$, $dx/dt = 0$. これから $C_1 = A$, $C_2 = 0$ と決まるので, 運動は

$$x(t) = A\cos\omega_0 t$$

これは角振動数 ω_0, 振幅 A の調和振動である.
(ハ) おもりの変位が $x(t)$ のとき, バネの伸びは $x(t)$ だから, バネは, おもりと固定点 Q の両方から, 大きさ $kx(t)$ の力で引っ張られている. その反作用で, 点 Q は大きさ $kx(t)$ の力を受ける.

問題

1.1 糸におもりをつけた振り子 (単振子) の周期を 1 秒にするには, 糸の長さ l を何 cm にとればよいか.

例題 2 ──バネでつるしたおもりの振動──

一端を天井に固定したバネ定数 k のつる巻きバネに，質量 m のおもりをつるす．
（イ）おもりが静止しているとき，バネの自然長からの伸び Δl はどれだけか．
（ロ）おもりを，平衡の位置からさらに x だけ下に変位させる．そのときおもりに働く力の合力はどれだけか．
（ハ）おもりは平衡の位置のまわりで調和振動をすることを示し，その振動数を求めよ．

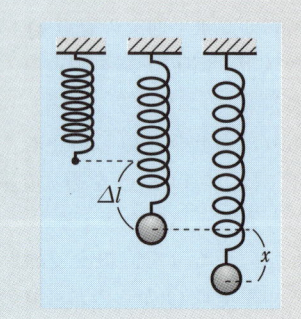

図 3.8 バネでつるしたおもり

[解答] （イ）バネが Δl 伸びているとき，おもりには上向きの復元力 $k\Delta l$ と，下向きの重力 mg が働く．これがつり合うところでおもりは静止するので，伸びは

$$\Delta l = \frac{mg}{k}$$

（ロ）自然長からのバネの伸びは $\Delta l + x$ だから，おもりに働く力は上向きの復元力 $k(\Delta l + x)$ と下向きの重力 mg で，その合力は（下向きを正として）

$$f = mg - k(\Delta l + x) = -kx$$

このように，平衡の位置を原点にとっておもりの位置を表せば，重力は表に出ない．
（ハ）力が上のように表されるので，おもりの運動方程式は

$$m\frac{d^2x}{dt^2} = -kx$$

となる．これは角振動数 $\omega_0 = \sqrt{k/m}$ の調和振動の方程式にほかならない．

問題

2.1 例題 2 で，おもりが調和振動をしているとき，天井はバネからどのような力を受けるか．

2.2 あるバネを，自然長から 1 cm 引き伸ばすのに 100 gw の力を要する．このバネの一端を固定し，他端に質量 1 kg のおもりをつけてつるす．おもりの振動の，振動数と周期を求めよ．

2.3 電気かみそりの刃が，間隔 2 mm の間を毎秒 100 往復する．この運動を，振動数 100 Hz の調和振動とみなすと，刃の速度および加速度の最大値はどれだけか．

例題 3 ──────────────── 二本のバネで固定したおもりの振動 ──

滑らかな床の上にある質量 m のおもりに，バネ定数 k_1 および k_2 の二本のバネをつけ，両方のバネの端を引っ張って，両側の壁に図のように固定する．
(イ) おもりが静止しているときには，おもりに働く力の合力はゼロである．おもりが平衡の位置から一方の壁の方向に x だけずれると，合力はどうなるか．

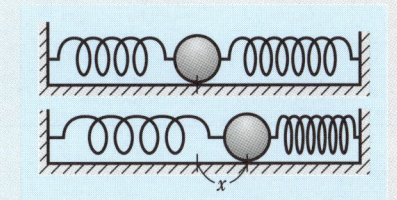

図 3.9 二本のバネをつけたおもり

(ロ) 平衡の位置の付近でおもりが微小振動をするときの，振動数を求めよ．

[解答] (イ) 平衡の位置では，おもりは同じ大きさの力（それを f_0 とする）で左右に引っ張られ，その合力はゼロである．おもりが図で右に x ずれると，左のバネの伸びは x 増し，右のバネの伸びは x 減る．そのため，左右に引っ張る力はそれぞれ $f_0 + k_1 x$，$f_0 - k_2 x$ になるので，合力は（右向きを正として）$-(k_1 + k_2)x$ になる．これは，おもりを平衡の位置に戻そうとする復元力である．

(ロ) 復元力が $-(k_1 + k_2)x$ の調和振動だから，振動数 ν は

$$\nu = \frac{1}{2\pi}\sqrt{\frac{k_1 + k_2}{m}}$$

問題

3.1 質量 m の小さなおもりに長さ l の糸を二本つけ，両方の糸の端を張力 τ で引っ張って，図の二点 A, B に固定する．重力の影響を無視すれば，静止状態では，おもりは直線 AB 上にある．
(イ) おもりが直線 AB と垂直な方向（以下ではそれを y 方向と呼ぶ）に微小距離 y だけずれたときの，糸がおもりに及ぼす力の合力を求めよ．その大きさを y の一次までの近似で表せ．
(ロ) おもりが y 方向に微小振動するときの，振動数 ν を求めよ．振動は一平面内で起こるとする．
(ハ) $l = 20\,\text{cm}$，$m = 10\,\text{g}$，$\tau = 1\,\text{kgw}$ の場合の振動数は何ヘルツか．

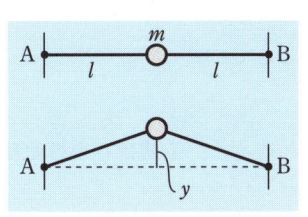

図 3.10 二本の糸で固定したおもり

---例題 4---質点系の振動---

バネ定数 k のバネの両端に，質量 m_1 および m_2 のおもりをつけたものを，滑らかな水平面の上に置く．両端のおもりを引っ張って，バネの長さを自然長から A だけ伸ばした状態で手を離す．おもりはどのような運動をするか．

[解答] 二つのおもりとバネからなる系に外力は働かないので，二つのおもりの重心は静止したままで，二つのおもりの間隔がバネの自然長 l_0 から伸び縮みする．その運動が調和振動であることを以下で示す．

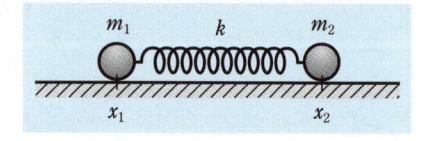

図 3.11 バネで結んだ二つのおもり

二つのおもりを結ぶ直線上で，おもりの位置を座標 $x_1(t)$, $x_2(t)$ で表すと，バネの自然長からの伸びは $x_1(t) - x_2(t) - l_0$. したがって，二つのおもりにはそれぞれ復元力

$$f_1 = -k(x_1 - x_2 - l_0), \quad f_2 = -f_1$$

が働くので，それぞれのおもりの運動方程式は

$$m_1 \frac{d^2 x_1}{dt^2} = f_1, \quad m_2 \frac{d^2 x_2}{dt^2} = f_2 = -f_1 \qquad (3.14)$$

この二式の両辺をそれぞれ m_1, m_2 で割り，二式の差をとると

$$\frac{d^2(x_1 - x_2)}{dt^2} = -\left(\frac{1}{m_1} + \frac{1}{m_2}\right) k(x_1 - x_2 - l_0)$$

ここで

$$\frac{1}{\mu} = \frac{1}{m_1} + \frac{1}{m_2}$$

と置くと，上式はバネの伸び $x(t) = x_1(t) - x_2(t) - l_0$ に対する方程式

$$\mu \frac{d^2 x}{dt^2} = -kx$$

の形に表される．これは，質量 μ の一つのおもりがバネ定数 k のバネに結ばれている系の方程式と同じだから，運動は角振動数 $\omega_0 = \sqrt{k/\mu}$ の調和振動である．μ を，二つのおもりの**換算質量**という．初期条件は $t = 0$ で $x = A$, $dx/dt = 0$ だから，解は

$$x(t) = A \cos \omega_0 t$$

それぞれのおもりの位置は

$$x_1(t) = \frac{m_2}{m_1+m_2}x(t), \quad x_2(t) = -\frac{m_1}{m_1+m_2}x(t)$$

参考 念のため,重心が静止し続けることを確かめておこう.(3.14) の二式の和をとると,

$$m_1\frac{d^2x_1}{dt^2} + m_2\frac{d^2x_2}{dt^2} = 0$$

これは重心座標

$$X = \frac{m_1 x_1 + m_2 x_2}{m_1+m_2}$$

に対する式

$$\frac{d^2X}{dt^2} = 0$$

と同等である.すなわち重心の加速度はゼロで,重心は,最初に静止していれば,静止し続ける.

問題

4.1 分子は常温ではほぼ剛体としてふるまうが,高温になると変形もする.変形は,平衡状態の形の付近での,振動の形をとる.HCl(塩化水素)やCO(一酸化炭素)などの二原子分子の場合には,二つの原子が軸方向に動いて,原子の間隔が平衡の値から伸び縮みする運動が振動である.この運動は,例題4の,バネで結ばれた二つのおもりの振動と本質的に同じである.分子の場合には,バネ定数 k にあたる定数は力の定数と呼ばれる.

例としてHClの振動を考えよう.元素の原子量は,大まかに言えば,H(水素)原子の質量を1としたときの,その原子の質量である.Cl(塩素)の原子には原子量が35と37のものがあるが,ここでは原子量が35のCl原子を考える.

(イ) HClのHとClの換算質量 μ をH原子の質量 M_H によって表せ.

(ロ) 実測によれば,HCl分子の固有振動数はほぼ $\nu = 8.67 \times 10^{13}$ Hz である.これからHClの力の定数 k を求めよ.水素原子の質量は $M_H = 1.66 \times 10^{-24}$ g である.(この M_H の数値はアボガドロ数 N_A の逆数に等しい.なぜか.)

例題 5 ──────────────── 振り子の糸の張力 ──

長さ $l = 50\,\mathrm{cm}$ の糸に質量 $m = 100\,\mathrm{g}$ のおもりをつけ，糸の端を支点に固定して振り子にする．糸を鉛直から $\theta_0 = 45°$ 傾けた位置で，おもりから手を離す．おもりが支点の真下の点 A を通るときの速度と，そこでの糸の張力を求めよ．

[解答] 糸が鉛直から角 θ 傾いているときのおもりの高さは，点 A を基準にとれば $l(1-\cos\theta)$ だから，重力のポテンシャルエネルギーは $U(\theta) = mgl(1-\cos\theta)$．おもりの運動エネルギーを $K = \frac{1}{2}mv^2$ とすれば，全エネルギー $K+U(\theta)$ は一定に保たれる．すなわち

$$\tfrac{1}{2}mv^2 + mgl(1-\cos\theta) = E = mgl(1-\cos\theta_0)$$

ここで $\theta = \theta_0$ で $v=0$ なることを用いた．したがって

$$v(\theta) = \sqrt{2gl(\cos\theta - \cos\theta_0)}$$

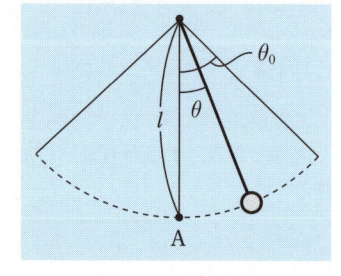

図 **3.12** 振り子

とくにおもりが点 A を通るときには

$$v(0) = \sqrt{2gl(1-\cos\theta_0)}$$

数値を入れれば

$$v(0) = \sqrt{2 \times 9.8 \times 0.5 \times (1 - 1/\sqrt{2})} = 1.7\,\mathrm{m\cdot s^{-1}}$$

おもりに働く力は，糸の張力 $f(\theta)$ と重力 mg で，その合力の糸の方向の成分（すなわち速度と直交する成分）$f(\theta) - mg\cos\theta$ は，その点におけるおもりの向心力 mv^2/l を与える．したがって

$$f(\theta) = mg\cos\theta + \frac{mv(\theta)^2}{l}$$
$$= mg\cos\theta + 2mg(\cos\theta - \cos\theta_0) = (3\cos\theta - 2\cos\theta_0)mg$$

点 A における張力は

$$f(0) = (3 - 2\cos\theta_0)mg = (3-\sqrt{2})mg = 0.16\,\mathrm{kgw} = 1.6\,\mathrm{N}$$

この例題では，微小振動の近似は使っていないことに注意．

例題 6 ——————————————————— 物理振子

天井の滑らかな蝶つがいに，長さ $L = 1\,\mathrm{m}$ の一様な棒の一端をとりつけ，棒をつるす．この棒が微小振動をするときの周期を求めよ．

[解答] 棒に可能な運動は，蝶つがいを通る水平な軸のまわりの回転である．棒の質量を M とすれば，端を通る軸のまわりの慣性モーメントは $I = \frac{1}{3}ML^2$．棒が鉛直から角 ϕ 傾いたとき，棒の重心に働く重力 Mg が端の軸のまわりで持つトルクは $-\frac{1}{2}LMg\sin\phi$ だから，回転の運動方程式は

$$I\frac{d^2\phi}{dt^2} = -\frac{1}{2}LMg\sin\phi$$

すなわち

$$\frac{d^2\phi}{dt^2} = -\frac{3g}{2L}\sin\phi$$

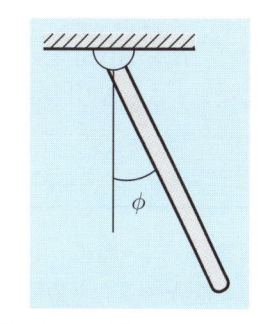

図 3.13 天井からつるした棒

静止位置 $\phi = 0$ の付近の微小振動では $\sin\phi \approx \phi$ と近似できるので，この式は角振動数

$$\omega_0 = \sqrt{\frac{3g}{2L}}$$

の調和振動子の方程式になる．周期は

$$T = \frac{2\pi}{\omega_0} = 2\pi\sqrt{\frac{2L}{3g}} = 1.6\,\mathrm{s}$$

長さ $1\,\mathrm{m}$ の単振子の周期が $2.0\,\mathrm{s}$ であることと比較せよ．

問題

6.1 長さ $l = 20\,\mathrm{cm}$，質量 $m_1 = 100\,\mathrm{g}$ の棒の先に，半径 $r = 3\,\mathrm{cm}$，質量 $m_2 = 500\,\mathrm{g}$ の円板を固定した振り子がある．棒の先端 A に棒と垂直な回転軸をとりつけ，その軸を滑らかな軸受けに水平に乗せる．
(イ) 軸 A のまわりの回転に対する振り子の慣性モーメントを求めよ．
(ロ) 振り子の微小振動の周期を求めよ．

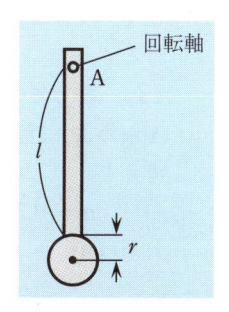

図 3.14 物理振子

例題 7 — 釘にかけた輪のゆれ

半径 R, 質量 M の輪が, 壁に水平に打った釘 A にかけてある.

(イ) 釘 A を軸とする回転に対する, 輪の慣性モーメント I を求めよ.

(ロ) $R = 50\,\mathrm{cm}$ として, 輪が A を軸として微小振動をするときの周期 T を求めよ.

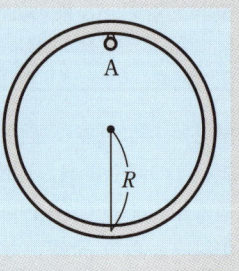

図 3.15 釘にかけた輪

[解答] (イ) 輪の, 中心軸のまわりの慣性モーメントは $I_0 = MR^2$ だから, 円周を通る軸 A のまわりの慣性モーメントは

$$I = I_0 + MR^2 = 2MR^2$$

(ロ) 重力 Mg は輪の中心に働くとみなしてよいから, 輪の静止位置からの回転角を θ とすれば, 回転軸 A に関する重力 Mg のトルクは $-MgR\sin\theta$. したがって輪の回転の運動方程式は

$$I\frac{d^2\theta}{dt^2} = -MgR\sin\theta$$

で, これに上の I の形を代入すれば

$$\frac{d^2\theta}{dt^2} = -\frac{g}{2R}\sin\theta$$

したがって微小振動の角振動数は $\omega_0 = \sqrt{g/2R}$ となる. 周期は

$$T = 2\pi/\omega_0 = 2\pi/\sqrt{9.8} = 2.0\,\mathrm{s}$$

問題

7.1 幅 a, 長さ b の掛け軸を図のように壁の釘 A にかける.

(イ) 掛け軸が左右にゆれるときの周期 T の表式を求めよ. 釘 A と掛け軸の上辺の間隔は無視して考えよ.

(ロ) $a = 0.5\,\mathrm{m}$, $b = 2\,\mathrm{m}$ の場合の周期 T はどれだけか.

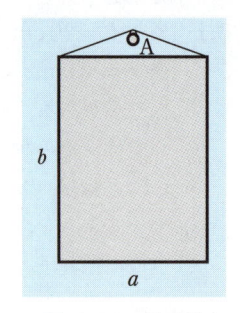

図 3.16 掛け軸

3.1 調和振動

例題 8 ─────────────────────── 二本の糸でつるした棒の横ゆれ ─

質量 M, 長さ $2a$ の一様な棒の両端に同じ長さの二本の糸をつけ, 両方の糸の端を天井の一点 O に固定して棒をつるす. 点 O から棒の中点 A までの距離を l とする.

(イ) 静止状態では, 中点 A はどこにあるか.
(ロ) 静止状態で棒と点 O を含む鉛直面を S とする. 面 S の中で棒が行う微小振動の周期はどれだけか.

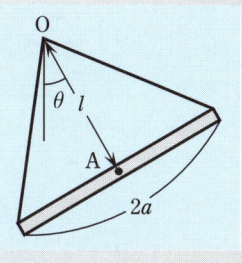

図 3.17 二本の糸でつるした棒

[解答] (イ) 中点 A が動ける範囲は, O を中心とする半径 l の球面の上で, 棒の位置エネルギーが最小になるのは, A の高さがもっとも低くなるとき, すなわち A が O の真下にきたときである. したがってそれが静止状態での A の位置である.

(ロ) 中点 A を通る, 棒と垂直な軸に関する慣性モーメントは $I_0 = \frac{1}{3}Ma^2$ だから, 点 O を通る, 棒と垂直な軸に関する慣性モーメントは

$$I = I_0 + Ml^2 = M\left(\frac{1}{3}a^2 + l^2\right)$$

棒の運動を記述する変数として, 静止の位置からの傾き角, すなわち直線 OA と鉛直線の間の角 θ をとる. 重力 Mg が軸 O に関して持つトルクは $-Mgl\sin\theta$ だから, 棒の回転の運動方程式は

$$I\frac{d^2\theta}{dt^2} = -Mgl\sin\theta$$

すなわち

$$\frac{d^2\theta}{dt^2} = -\frac{gl}{(a^2/3) + l^2}\sin\theta$$

角 θ は微小として $\sin\theta \approx \theta$ と近似すれば, これは調和振動の方程式になるので, 周期は

$$T = 2\pi\sqrt{\frac{(a^2/3) + l^2}{gl}}$$

[参考] 棒の微小振動には, 上で考えたもののほかに, 面 S と垂直な方向への振動, および OA を軸とする回転振動がある.

問題

8.1 例題 8 で, 棒の両端につける糸の長さが異なると, 結果はどうなるか.

―例題 9―　　　　　　　　　　　　　　　　　　　　U字管中の液体の振動―

断面積 S の U 字管を鉛直に立て，内部に密度 ρ の液体を入れる．液体が占めている部分の，管に沿う長さを l とする．液体の位置が平衡の位置（両方の液面の高さが等しい状態）からずれると，液体は平衡の位置のまわりで振動し始める．その振動数を求めよう．液体と管の間の摩擦は無視して考える．
（イ）　図の右側の液面の高さが平衡の位置から x だけ上がる（したがって左側の液面は同じ長さだけ下がる）ときの，液体の位置エネルギーを求めよ．ただし，平衡の位置にあるときの液体の位置エネルギーをゼロとする．
（ロ）　液面が上がる速度を $v = dx/dt$ とすれば，液体全体の運動エネルギーはどれだけか．
（ハ）　エネルギーが調和振動のエネルギーの形を持つことから，振動数を求めよ．

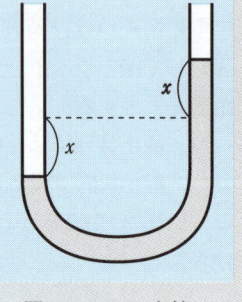

図 3.18　U字管

[解答]　（イ）　液体の平衡の位置から出発して，上図の左側の液体を，平衡の液面から深さ x 分だけ（その質量は $\rho S x$）取り去り，それを右側の液体の上に乗せれば，今考えている液面の位置になる．この移動のために外力がする仕事が，液体の位置エネルギー U である．取り去った部分の重心の位置は $-x/2$ で，乗せた部分の重心の位置は $x/2$ だから，外力がする仕事は，質量 $\rho S x$ の物体を高さ x だけ持ち上げるのに必要な仕事 $\rho g S x^2$ に等しい．ゆえに

$$U = \rho g S x^2$$

（ロ）　液体はどの部分も同じ速度 v で動いている．液体全体の質量は $M = \rho S l$ だから，運動エネルギー K は

$$K = \tfrac{1}{2} M v^2 = \tfrac{1}{2} \rho S l v^2$$

（ハ）　全エネルギー

$$E = K + U = \tfrac{1}{2} \rho S l v^2 + \rho g S x^2$$

は，調和振動子のエネルギー

$$E = \tfrac{1}{2} m v^2 + \tfrac{1}{2} k x^2$$

の形を持つので，液体の振動は調和振動である．今の場合は $m = \rho S l$, $k = 2 \rho g S$ だ

から,振動数は

$$\nu = \frac{1}{2\pi}\sqrt{\frac{k}{m}} = \frac{1}{2\pi}\sqrt{\frac{2g}{l}}$$

参考 上の問題を,運動方程式から直接考えてみよう.液体の各部分を,左の液面から管に沿って測った長さ s $(0 \leq s \leq l)$ をパラメータにして表す.左の液面は $s=0$,右の液面は $s=l$ である.パラメータ s の点の圧力を $P(s)$,高さを $h(s)$ で表す.まず s と $s+ds$ の間の液体部分について,運動方程式を書く.この部分に働く力は,重力および両側から働く圧力で,その合力の管に沿う成分は

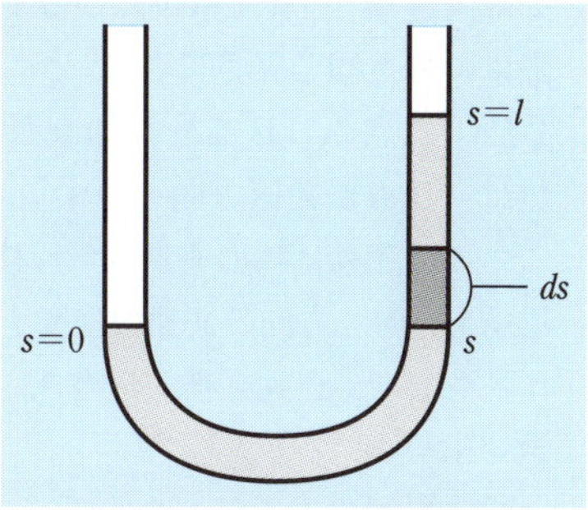

$$f = S[P(s) - P(s+ds) - \rho g(h(s+ds) - h(s))]$$

図 **3.19** 液体の運動

である.(点 s が管の鉛直部分にあるときは,上の式は明らかだが,斜めの部分にあるときも,同じ式が成り立つことを確かめてほしい.)この部分の質量は $\rho S\,ds$ だから,加速度を a とすれば,運動方程式は,両辺の S を約して

$$\rho a\,ds = P(s) - P(s+ds) - \rho g(h(s+ds) - h(s))$$

と書ける.静止液体中では,高度差 Δh の二点における圧力差は $\rho g \Delta h$ に等しいので,上式の右辺はゼロになるが,加速度がある場合にはゼロではない.この式を

$$\rho a\,ds = \left(-\frac{dP}{ds} - \rho g\frac{dh}{ds}\right)ds$$

と表し,加速度 a は全体に共通であることに注意して,s について 0 から l まで積分すれば,

$$\rho a l = P(0) - P(l) - \rho g(h(l) - h(0))$$

ここで $P(0)$ と $P(l)$ は両側の液面における圧力で,それはどちらも大気圧に等しいので $P(0) = P(l)$.また $h(l) - h(0)$ は両側の液面の高さの差だから $h(l) - h(0) = 2x$.したがって上式は

$$a \equiv \frac{d^2x}{dt^2} = -\frac{2g}{l}x$$

と表される.これは角振動数 $\omega = \sqrt{2g/l}$ の調和振動の式である.

例題 10 ─────────────────────── ブランコの横ゆれ ───

一様な棒の両端に，同じ長さ l の二本のひもをつけ，ひもの端を，同じ高さにある二点 A, B にそれぞれ固定して，棒を水平につるす．二点 A, B の間隔は，棒と同じ長さにとる．

(イ) 二点 A, B を含む鉛直面の中で棒が行う変位は，ひもが鉛直方向となす角 θ によって表される．この運動は棒の並進（平行移動）で，棒のどの場所も，同じ方向の共通の速度 $l\, d\theta/dt$ を持つことに注意して，運動方程式を書き，微小振動の角振動数を求めよ．

(ロ) 振動の力学的エネルギーの表式を求めよ．

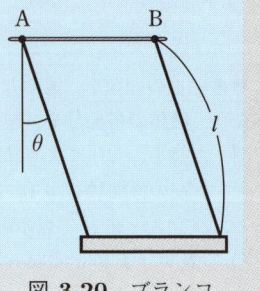

図 3.20 ブランコ

[解答] (イ) 棒の質量を M とし，ひもの質量は無視できるとする．微小時間 dt の間に，ひもの傾き角 θ が $d\theta$ 増せば，棒の任意の点は $l\, d\theta$ だけ動くので，速度は $l\, d\theta/dt$ である．棒に働く外力は，重力 Mg と二本のひもの張力であるが，張力の方向は速度と直交するので，張力には，速度の大きさを変える働きはない．速度の大きさを変えるのは，重力の，速度の方向の成分 $-Mg\sin\theta$ である．したがって運動方程式は

$$Ml\frac{d^2\theta}{dt^2} = -Mg\sin\theta$$

で，これは単振子の運動方程式にほかならない．したがって微小振動の角振動数は $\omega_0 = \sqrt{g/l}$．

(ロ) 運動エネルギーは

$$K = \frac{1}{2}Ml^2\left(\frac{d\theta}{dt}\right)^2$$

ひもの傾き角が θ のとき，静止の位置から測った棒の高さは $l(1-\cos\theta)$ だから，位置エネルギーは

$$U = Mgl(1-\cos\theta)$$

角 θ が小さければ $\cos\theta \approx 1 - \frac{1}{2}\theta^2$ と近似できるので，微小振動の力学的エネルギーは

$$E = K + U = \frac{1}{2}Ml^2\left(\frac{d\theta}{dt}\right)^2 + \frac{1}{2}Mgl\theta^2$$

と表される．これは調和振動子のエネルギーの形を持つので，これから角振動数を求めることもできる．

3.2 強制振動

●**強制振動**● 固有角振動数 ω_0 の調和振動子に，振動する外力

$$F(t) = F_0 \cos\omega t \tag{3.15}$$

が働くと，振動子は外力の角振動数 ω で振動をする．これを**強制振動**という．強制振動では，外力がする仕事が，摩擦によるエネルギーの損失を補うため，振動が減衰せずに持続する．強制振動の振幅は ω と ω_0 の差に依存して変わる．とくに ω が ω_0 に近いと，振幅は図 3.21 のように大きな値をとる．この現象を**共振**または**共鳴**という．

バネ定数 k のバネに結ばれた質量 m のおもりを例にとり（図 3.22），おもりに変位 x に比例する復元力 $-kx$ および速度 $v = dx/dt$ に比例する摩擦力 $-m\gamma v$ と，上記の形の外力 $F(t)$ が働くとすれば，運動方程式は

$$m\frac{d^2x}{dt^2} = -kx - m\gamma v + F_0 \cos\omega t \tag{3.16}$$

すなわち

$$\frac{d^2x}{dt^2} + \gamma\frac{dx}{dt} + \omega_0{}^2 x = \frac{F_0}{m}\cos\omega t \tag{3.17}$$

と書ける（$\omega_0{}^2 \equiv k/m$）．これが強制振動の方程式である．摩擦力（上式左辺の第二項）を無視すれば，この式は

$$x(t) = \frac{1}{\omega_0{}^2 - \omega^2}\frac{F_0}{m}\cos\omega t \tag{3.18}$$

という特解を持つ．これが強制振動を表す解である．この解の振幅は $\omega = \omega_0$ で無限大になるが，それは摩擦力の効果を無視したことによる．（図 3.21 の |振幅|^2 のグラフは，摩擦力の効果も入れて描いてある．）

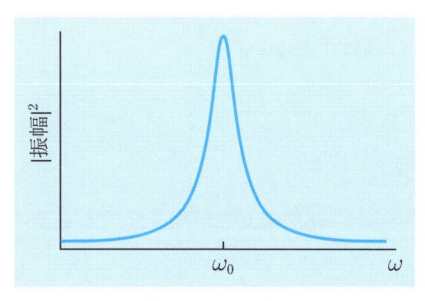

図 3.21 共振

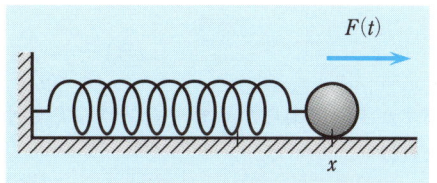

図 3.22 強制振動

―例題 11― ―――――――――――――――――――――――バネを媒介にした力の伝達―

滑らかな水平面上に，バネをつけたおもりを置く．バネとおもりが横たわる直線を x 軸とする．バネの端が，x 軸上で，角振動数 ω，振幅 D の振動をするとき，この運動が，バネを通しておもりにどう伝わるかを調べよう．おもりの自由振動（バネの端が固定されているときのおもりの振動）の角振動数を ω_0 とする．

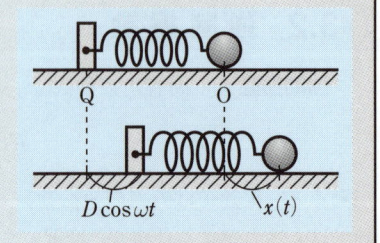

図 3.23 バネの端の振動

（イ）バネとおもりが静止しているときの，バネの端の位置を Q，おもりの位置を O とし，O を原点にとる．バネの端が Q のまわりで振動しているときの，おもりの O からの変位を $x(t)$ として，$x(t)$ に対する運動方程式を書け．（おもりの質量 m およびバネ定数 k を補って考えよ．）
（ロ）$\omega \gg \omega_0$ および $\omega \ll \omega_0$ の場合について，おもりの運動の様子を調べよ．

[解答]（イ）バネの端が点 Q を中心として $D\cos\omega t$ の形で振動するとしよう．時刻 t におもりが位置 $x(t)$ にあれば，バネの伸びは $x(t) - D\cos\omega t$ だから，おもりには復元力 $f = -k[x(t) - D\cos\omega t]$ が働く．したがって運動方程式は

$$m\frac{d^2x}{dt^2} = -k[x(t) - D\cos\omega t]$$

これを

$$\frac{d^2x}{dt^2} + \omega_0^2 x = \omega_0^2 D\cos\omega t$$

と表せば（$\omega_0 = \sqrt{k/m}$ はバネとおもりの系の固有角振動数），これが強制振動の方程式であることが明らかになる．直観的に言えば，バネの端に加えた力がバネを通しておもりに伝わり，おもりに強制振動をさせるのである．ここでは減衰を表す項は省略してあるが，ω が ω_0 から離れていれば，問題は生じない．
（ロ）上の方程式の，強制振動を表す特解は

$$x(t) = \frac{\omega_0^2}{\omega_0^2 - \omega^2} D\cos\omega t$$

バネが十分に柔らかくて（すなわち k が小さくて）$\omega_0^2 \ll \omega^2$ が成り立つときには，これは

$$x(t) = -\left(\frac{\omega_0}{\omega}\right)^2 D\cos\omega t$$

と近似できる．すなわちおもりの振幅は，バネの端の振幅にくらべ $(\omega_0/\omega)^2$ 倍に小さくなっている．地面や台の振動が上にある物体に伝わるのを防ぐには，間にバネやゴムを入れるが，この例題はその原理を示している．地面や台がゆれても，直接接しているのが柔らかいバネであれば，ゆれはバネに吸収され，物体には及ばない．

一方バネが固くて $\omega_0^2 \gg \omega^2$ が成り立つときには，上の特解は

$$x(t) = D\cos\omega t$$

と近似できる．この場合はバネは剛体の棒と同じで，端の振動がそのまま物体に伝わるのである．

問題

11.1 バネ定数 k のバネに質量 m のおもりをつけ，鉛直につるす．バネの質量は m にくらべ無視できるとする（図 3.24）．
　（イ）バネの上の端を鉛直方向に，振幅 D，角振動数 ω の調和振動の形で動かすとき，おもりはどのような運動をするか．
　（ロ）バネの上端を動かすために，上端に加えるべき力を求めよ．

11.2 おもりに糸をつけた振り子で，糸の上端を手で持ち，手を左右に動かす．動かす速さを変えてみると，振り子はどのような振動をするか（図 3.25）．

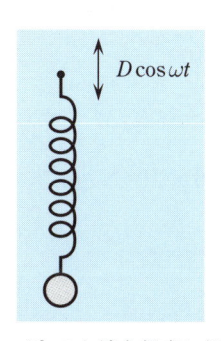

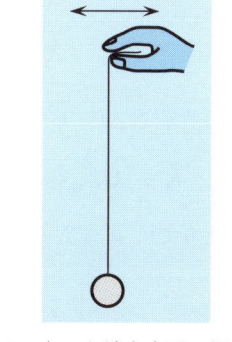

図 3.24 バネの上端を鉛直に振動させる　　図 3.25 糸の上端を水平に振動させる

―例題 12― 　　　　　　　　　　　　　　　　　　　　　　　　　　　　車体の振動―

自動車が凹凸のある道路を走る際に，車体が上下方向にゆれる振動を考える．車体は，台車の上に四本のバネで支えられているとする．車体の上下方向の固有振動（自動車が静止しているときの振動）の振動数を ν_0 とする．

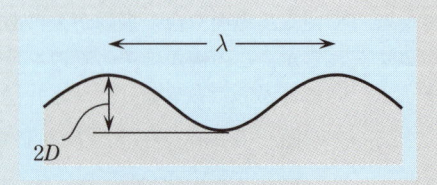

図 3.26 道路の凹凸

(イ) 道路の表面に，振幅 D，波長 λ の波の形の凹凸があるとしよう．（不規則な凹凸は，そのような波の重ね合せで表される．）この道路を自動車が速度 v で走るとき，台車が上下方向に振動する振動数 ν はどれだけか．
(ロ) この台車の振動は車体に伝わる．車体が振動する振幅はどれだけか．
(ハ) $\nu_0 = 3\,\mathrm{Hz}$, $\lambda = 0.5\,\mathrm{m}$ とし，速度を時速 $72\,\mathrm{km}$ とすれば，車体と台車の振幅の比はどれだけか．
(ニ) 車体の質量を 1 トンとすれば，一本のバネのバネ定数はどれだけか．

[解答] (イ) 凹凸の一波長を通過するのに要する時間は $T = \lambda/v$ で，これが台車が上下に振動する周期だから，振動数は $\nu = 1/T = v/\lambda$．
(ロ) 車体はバネを通して台車から力を受け，強制振動をする．台車の振動の振幅は D だから，車体の振幅 D' は例題 11 により

$$D' = \frac{\nu_0^2}{\nu_0^2 - \nu^2} D$$

(ハ) $v = 20\,\mathrm{m\cdot s^{-1}}$ だから，台車が上下する周期は $T = \lambda/v = 0.5/20 = 1/40\,\mathrm{s}$，したがって振動数は $\nu = 1/T = 40\,\mathrm{Hz}$．車体と台車の振動の振幅の比は

$$\frac{D'}{D} = \frac{3^2}{3^2 - 40^2} = 5.7 \times 10^{-3}$$

(ニ) 車体の質量を M，バネ定数を K とすれば $\omega_0^2 = K/M$ だから，

$$K = M\omega_0^2 = 10^3 \times (2\pi \times 3)^2 = 3.6 \times 10^5\,\mathrm{N\cdot m^{-1}}$$

バネ一本あたりでは $k = K/4 = 0.9 \times 10^5\,\mathrm{N\cdot m^{-1}}$.

4 波　　動

4.1 波の性質

● **進行波** ●　x 方向に伝わる波の，時刻 t，位置 x における波動量を $u(x,t)$ とする．$u(x,t)$ は波として伝わる量で，弦を伝わる波の例で言えば，弦の上の座標 x の点が，弦と垂直方向に行う微小変位である．$u(x,t)$ は一般に

$$u(x,t) = f_+(x - vt) + f_-(x + vt) \tag{4.1}$$

の形を持つ．$f_\pm(x \mp vt)$ は，x の関数 $f_\pm(x)$ を $\pm x$ 方向に vt だけ平行移動したものだから（複号同順），それぞれ $\pm x$ 方向に進む波を表す（図 4.1）．v は波形が伝わる **速度**（位相速度ともいう）で，ふつうは媒質の性質だけから決まる定数である．波形 $f_\pm(x)$ は任意の形をとれる．

● **正弦波** ●　波形が位置座標 x の正弦関数の形を持つ波を **正弦波** という（図 4.2）．x 軸の正の方向に進む正弦波の一般形は

$$u(x,t) = A\cos(kx - \omega t + \alpha) \tag{4.2}$$

ここで k は長さ 2π の中に含まれる波の個数を表し，**波数** と呼ばれる．**波長** λ で表せば

$$k = \frac{2\pi}{\lambda} \tag{4.3}$$

媒質自体は平衡の位置の付近で調和振動をする．ω はその **角振動数** で，**振動数**（あるいは周波数）ν で表せば

$$\omega = 2\pi\nu \tag{4.4}$$

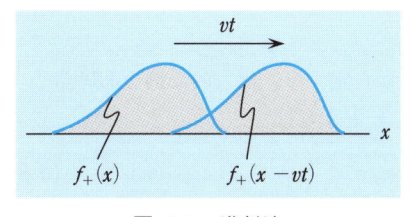

図 4.1　進行波

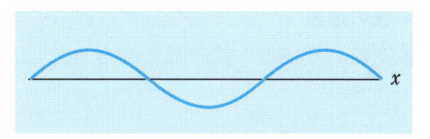

図 4.2　正弦波

振動数 ν は，任意の点を単位時間に通過する波の個数とみることもできる．k と ω，あるいは λ と ν の間には

$$\omega = vk, \quad \lambda\nu = v \tag{4.5}$$

の関係がある．式 (4.2) の A は**振幅**，コサインの（ ）の中の量は**位相**と呼ばれる．α は位相の定数．位相が $\pi = 180°$ 変わるとコサインの符号が変わるので，$u(x,t)$ の符号が反転する．これは位置 x を半波長 $\lambda/2$ だけずらすことにあたる．

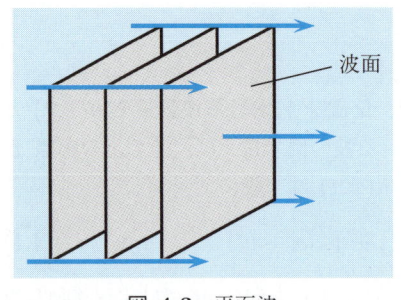

図 4.3 平面波 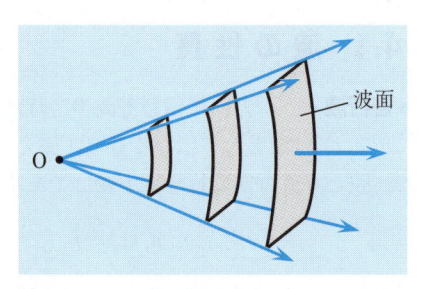 　　　　　　　**図 4.4** 球面波

●**平面波**● 三次元空間を伝わる正弦波では，共通の位相を持つ点（たとえばある時刻に波の山または谷になる点）が一つの面をつくる．それを**波面**という．波面が平面の波を**平面波**という（図 4.3）．平面波は，波面と垂直な一定方向に進む波である．時刻 t，位置 $\boldsymbol{r}=(x,y,z)$ における波動量を $u(\boldsymbol{r},t)$ とすれば，平面波の一般形は

$$u(\boldsymbol{r},t) = A\cos(\boldsymbol{k}\cdot\boldsymbol{r} - \omega t + \alpha) \tag{4.6}$$

この平面波の波面の方程式は $\boldsymbol{k}\cdot\boldsymbol{r} \equiv k_x x + k_y y + k_z z = \text{const}$ だから，$\boldsymbol{k}$ は波面の法線方向（すなわち波が進む方向）を向くベクトルで，$\boldsymbol{k}$ の大きさ k は波数である．$\boldsymbol{k}$ を**波数ベクトル**という．

●**球面波**● 空間の一点（波源）O から周囲へ広がる波の中で，もっとも簡単なものは，O を中心とする球面の波面を持つ**球面波**で（図 4.4），O を原点とすれば

$$u(\boldsymbol{r},t) = \frac{A}{r}\cos(kr - \omega t + \alpha) \tag{4.7}$$

と表される．r は O からの距離．

●**波の速度**● 波が進む速度は媒質の性質から定まる．代表的な例をあげる：
● 弦を伝わる横波：弦の線密度を σ，張力を τ とすれば

$$v = \sqrt{\tau/\sigma} \tag{4.8}$$

● 棒を伝わる縦波：棒の密度を ρ，ヤング率を E とすれば

$$v = \sqrt{E/\rho} \tag{4.9}$$

- 液体中を伝わる縦波（液体中の音波）：液体の密度を ρ, 体積弾性率を K とすれば

$$v = \sqrt{K/\rho} \tag{4.10}$$

- 気体中を伝わる縦波（気体中の音波）：気体の密度を ρ, 圧力を P, 温度を T, 1モルの質量を M, 比熱比（定圧比熱と定積比熱の比）を γ, 気体定数を R とし, 気体を理想気体とみなせば,

$$v = \sqrt{\gamma P/\rho} = \sqrt{\gamma RT/M} \tag{4.11}$$

- 真空中を伝わる電磁波：

$$c = 1/\sqrt{\epsilon_0 \mu_0} \approx 3 \times 10^8 \,\mathrm{m \cdot s^{-1}} \tag{4.12}$$

- 誘電体（絶縁体）中を伝わる電磁波：誘電体の比誘電率（相対誘電率）を κ とすれば

$$v = c/\sqrt{\kappa} = c/n \tag{4.13}$$

$n = \sqrt{\kappa}$ を誘電体の**屈折率**という．

分散

　波の速度 v が振動数 ν によって変わることを**分散**という．誘電体中を伝わる電磁波の場合には, 分散は誘電体の比誘電率（相対誘電率）κ が振動数によって変わることから生じる．太陽から来る白色光はあらゆる振動数の光を一定の割合で含み, それが白の色覚を眼に与えるが, プリズムを通すと, ガラスの屈折率 $n = \sqrt{\kappa}$ が振動数によってわずかに異なるため, 白色光は成分の単色光（単一振動数の光, すなわち特定の色の光）に分かれる．

　水の分子は電気双極子モーメントを持つ．このような分子を極性分子という．極性分子からなる物質中では電磁波の分散がとくに著しい．水の屈折率 n は, 振動数 ν が 10^{10} Hz 以下の電磁波に対してはほぼ一定の値 $n \approx 9$ を持つが, ν がこれを越えると急速に小さくなり, 可視光（$\nu \approx 10^{15}$ Hz）に対しては $n \approx 1.34$ である．

　媒質中での電磁波の吸収も振動数によって変わる．水が透明なのは水が可視光をほとんど吸収しないためだが, 水中での電磁波の吸収率が小さいのは, 可視光の振動数領域に対してだけで, 振動数がこの領域からはずれると, 吸収は急に増える．動物の眼が可視光だけを見ることができるのは, 進化の初期の時代に水中で生きていたことと関係があるのだろう．

例題 1 ────────────────── 水中を伝わる音波

水の圧縮率（体積弾性率 K の逆数）は $1/K = 0.45 \times 10^{-9}\,\text{Pa}^{-1}$ である．
（イ）　水中の音速 v を計算せよ．
（ロ）　振動数が $\nu = 1\,\text{MHz}$（M（メガ）$= 10^6$）の超音波の，水中における波長 λ はどれだけか．

注意　人間に聞こえる音の振動数範囲は，ほぼ $20\,\text{Hz}$ から $2\,$万 Hz の間で，それより振動数の高い音波は超音波と呼ばれる．

解答　（イ）　音速の式 (4.10) から（密度は $\rho = 1\,\text{g}\cdot\text{cm}^{-3} = 10^3\,\text{kg}\cdot\text{m}^{-3}$）

$$v = \sqrt{K/\rho} = 1/\sqrt{0.45 \times 10^{-9} \times 10^3} = 1.5\,\text{km}\cdot\text{s}^{-1}$$

（ロ）　上で求めた音速 v を用いれば，$\nu = 10^6\,\text{Hz}$ の超音波の水中での波長は

$$\lambda = v/\nu = 1.5 \times 10^{-3}\,\text{m} = 1.5\,\text{mm}$$

参考　人体にあてた超音波の，臓器などからの反射波を測定して体内の画像を描く超音波エコーの方法は，医療で広く用いられる．このような方法で物体を見るには，物体の大きさよりかなり短い波長の波を用いる必要がある（4.4 節参照）．

問　題

1.1　$15°\text{C}$ における空気中の音速 $v = 340\,\text{m}\cdot\text{s}^{-1}$ を用いて，可聴音の波長範囲を求めよ．

1.2　電波と電磁波はどこが違うか．

1.3　テレビの第一チャンネルの周波数（の中心）は $93\,\text{MHz}$，NHK（東京）の FM ラジオの周波数は $82.5\,\text{MHz}$ である．この二つの電波の波長はそれぞれどれだけか．（屋根の上に立てるアンテナは半波長アンテナと呼ばれ，受信する電波の半波長に近い長さを持つ．）

1.4　電子レンジでは，振動数 $2450\,\text{MHz}$ のマイクロ波を食品中の水に吸収させて加熱をする．この電波の真空中での波長はどれだけか．

参考　この振動数は法律で電子レンジに割り当てられたもので，物理法則と直接の関係はない．

1.5　前問のマイクロ波は，水の中ではどれだけの波長を持つか．水の比誘電率を $\kappa = 50$ とする．

参考　振動数が $3\,\text{GHz}$（G（ギガ）$= 10^9$）付近のマイクロ波に対する水の比誘電率 κ は，$0°\text{C}$ では $\kappa = 82$ であるが，温度が上がるとかなり減少し，$100°\text{C}$ では $\kappa \approx 50$ になる．

4.1 波の性質

---**例題 2**------------------------------------気体中の音速---

$0°C$ における気体水素,気体酸素,空気の中の音速を計算せよ.

[解答] 音速の式 $v = \sqrt{\gamma RT/M}$ を用いる(M は気体 1 モルの質量).

<u>水素</u> H_2 の分子量は 2 だから,$M = 2\,\text{g}\cdot\text{mol}^{-1} = 2 \times 10^{-3}\,\text{kg}\cdot\text{mol}^{-1}$.二原子分子の気体では $\gamma \approx 1.4$ だから

$$v(H_2) = \sqrt{\frac{\gamma RT}{M}} = \sqrt{\frac{1.4 \times 8.32 \times 273}{2 \times 10^{-3}}} = 1.26\,\text{km}\cdot\text{s}^{-1}$$

<u>酸素</u> 上の式からわかるように,音速は分子量の平方根に反比例する.O_2 の分子量は 32 だから

$$v(O_2) = \sqrt{2/32}\,v(H_2) = 315\,\text{m}\cdot\text{s}^{-1}$$

<u>空気</u> 空気は窒素,酸素,アルゴンその他の混合気体で,容積比は

$$N_2 : O_2 : Ar = 78 : 21 : 1$$

それゆえ空気は,分子量がほぼ 29 の気体とみなせる.したがって

$$v(\text{air}) = \sqrt{2/29}\,v(H_2) = 331\,\text{m}\cdot\text{s}^{-1}$$

<u>実測値</u> 水素:$1269.5\,\text{m}\cdot\text{s}^{-1}$,酸素:$317.2\,\text{m}\cdot\text{s}^{-1}$,空気:$331.45\,\text{m}\cdot\text{s}^{-1}$.

問題

2.1 理想気体中の音速が温度のみで決まり,圧力には依存しないことは,理想気体中の音速の式 $v = \sqrt{\gamma P/\rho}$ を $v = \sqrt{\gamma RT/M}$ と書き換えれば自明である(M は気体 1 モルの質量).理想気体の状態方程式を用いて,この書き換えを実行せよ.

2.2 気温が $1°C$ 上がるごとに,空気中の音速は $0.61\,\text{m}\cdot\text{s}^{-1}$ ずつ増すことを示せ.

---**マッハ数**---

航空機の速度を音速を単位にして表す数値を**マッハ数**という.では,高度 10,000 m(成層圏の底)をマッハ 1 で飛ぶジェット機の速度は,時速何 km だろうか.音速としてなじみ深い数値 $340\,\text{m}\cdot\text{s}^{-1}$ を換算して,時速 1224 km とするのは正しくない.この数値は $15°C$ における音速だからである.観測に基づいてつくられた"大気の標準モデル"によれば,高度 10,000 m の気温は $-50°C$ である.絶対温度 T の空気中の音速は $\sqrt{T}$ に比例するので,$v(-50°C) = \sqrt{223/288}\,v(15°C) = 300\,\text{m}\cdot\text{s}^{-1}$.したがって $-50°C$ では,マッハ 1 は時速 1080 km なのである.

例題 3 ──────────────────────────────── 音波 ──

一様な静止状態（あるいは一様な流れの状態）にある気体中で，膨張，圧縮の振動がある場所で生じると，それが振動と同じ方向に縦波として伝わる．これが気体中の音波である．x 方向に伝わる音波を考え，静止状態で位置 x にある気体が，時刻 t に $x+u(x,t)$ に変位し，それに伴い圧力と密度が，元の一様な値 P_0 と ρ_0 から，それぞれ $P_0+p_s(x,t)$ と $\rho_0+\rho_s(x,t)$ に変わるとする．（圧力の微小変化 $p_s(x,t)$ は**音圧**と呼ばれる．）このとき，$\rho_s(x,t)$ と $p_s(x,t)$ は $-\dfrac{\partial u}{\partial x}$ に比例することを説明せよ．

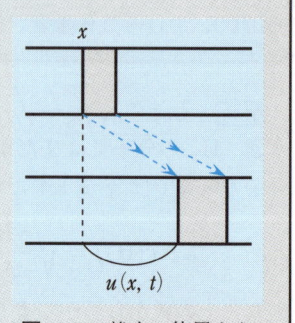

図 4.5　静止の位置からの気体の変位

──────────────────────────────────────

[解答]　波が伝わるとき，気体の各部分は，元の場所 x のまわりで微小振動 $u(x,t)$ をする．図 4.6 に，いくつかの x に対して，時刻 t における気体の位置を，t の関数として示す．（波が進む方向は図の上向き．）図の右端には，時刻 t_1 の気体の位置を，見やすいように改めて示してある．これからわかるように，密度が密（$\rho_s>0$）な所と疎（$\rho_s<0$）な所が位置 x に沿って交代で現れる．時刻 t_1 において，図の点 B では $u=0$，その下側で $u>0$，上側で $u<0$ だから，どちら側の気体も B に向かって集まり，B の密度は密になる．同様に点 D で

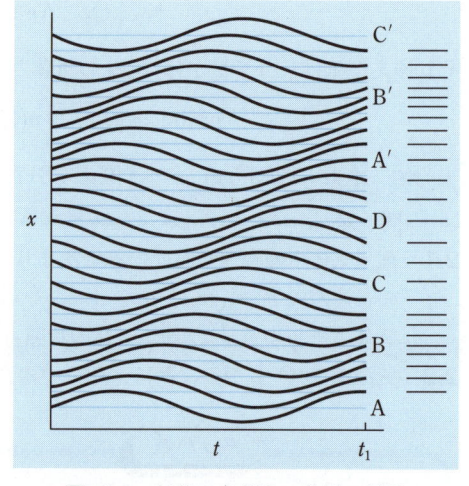

図 4.6　気体の各部分の位置の振動

も $u=0$ だが，両側の気体が D から離れる向きに変位しているので，D の密度は疎になる．一方点 A（あるいは A$'$）では u が最大で，そのどちら側も上向きに変位しているので，密度の変化はない（$\rho_s=0$）．点 C では u が最小で，ここでも密度の変化はない．

図 4.7 は，時刻 t_1 における $u(x,t_1)$ と $\rho_s(x,t_1)$ を，x の関数として表したものである．以上をみれば，密度の変化 $\rho_s(x,t)$ は，変位 $u(x,t)$ が場所によって変わる

4.1 波の性質

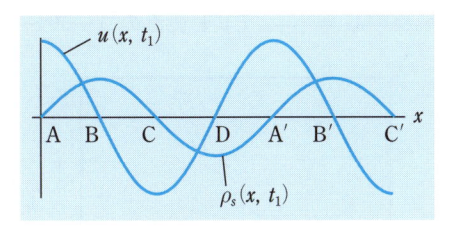

図 4.7 気体の変位と密度変化

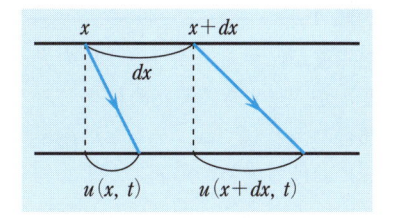

図 4.8 微小部分の変位

ことから生じ，したがって変位の勾配 $-\dfrac{\partial u}{\partial x}$ に比例することが理解できる．マイナスの符号の意味は図 4.7 からわかるだろう．圧力の微小変化 $p_\mathrm{s}(x,t)$ は密度の微小変化 $\rho_\mathrm{s}(x,t)$ に比例するので，これも $-\dfrac{\partial u}{\partial x}$ に比例する．

とくに変位 u の節の点は，密度変化 ρ_s と音圧 p_s では腹で，u の腹の点は，ρ_s と p_s では節である．このことは，4.2 節で境界条件を扱う際に重要である．

参考 上に述べたことを式で表しておく．静止状態で位置 x にあった気体が $x+u(x,t)$ に変位し，$x+dx$ にあった気体が $x+dx+u(x+dx,t)$ に変位すれば（図 4.8），元の間隔 dx は $\left(1+\dfrac{\partial u}{\partial x}\right)dx$ に広がるので，体積は $\left(1+\dfrac{\partial u}{\partial x}\right)$ 倍に膨張する．密度は体積に反比例するので，元の密度の $\left(1+\dfrac{\partial u}{\partial x}\right)^{-1} \approx \left(1-\dfrac{\partial u}{\partial x}\right)$ 倍になる．すなわち静止状態の一様な密度 ρ_0 から，場所に依存する密度 $\left(1-\dfrac{\partial u}{\partial x}\right)\rho_0$ になるので，静止状態からの変化分 $\rho_\mathrm{s}(x,t)$ は

$$\rho_\mathrm{s}(x,t) = -\rho_0 \frac{\partial u}{\partial x}$$

圧力の変化 $p_\mathrm{s}(x,t)$ が密度の変化 $\rho_\mathrm{s}(x,t)$ に比例するのは，それらが微小変化であることによる．説明は省略して具体的な関係だけを示せば

$$p_\mathrm{s}(x,t) = \gamma \frac{P_0}{\rho_0} \rho_\mathrm{s}(x,t)$$

（$\gamma = C_P/C_V$ は気体の定圧比熱と定積比熱の比）．これに $\rho_\mathrm{s}(x,t)$ の表式を入れれば

$$p_\mathrm{s}(x,t) = -\gamma P_0 \frac{\partial u}{\partial x}$$

例題 4 ──────────── テレビ画面のゴースト

電磁波が伝わる速度（真空中の光速度）が"遅すぎる"ために生じる不都合の例としては，テレビの衛星中継における応答の時間差がよく知られているが，ここではテレビ画面のゴーストについて考えよう．

テレビの受信機では，ブラウン管内の電子銃を出た電子線が画面（蛍光板）上の一点に達し，そこに輝点をつくる．電子線が到達する点は，図

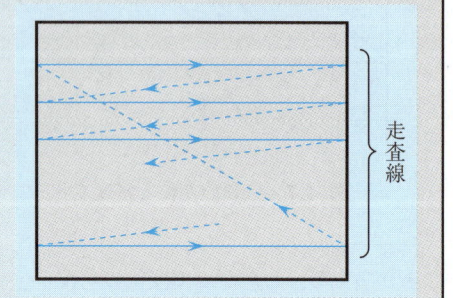

図 4.9 画面の走査

に示すような線に沿って時間と共に画面上を動く．（これを走査という．）水平な走査線の数は 525 本，一画面の走査にかかる時間（すなわち電子線が到達する点が画面の左上から右下まで動くのにかかる時間）は 1/30 秒である．各瞬間の電子線の強さ（したがって輝点の明るさ）は，テレビ局からの電波が運んで来る情報に従って変化し，それにより画面に画像ができる．

（イ）電子線が達する点が，一本の水平走査線上を左端から右端まで動くのにかかる時間はどれだけか．

（ロ）テレビ塔から受信者宅までの距離を 30 km とすれば，そこを電波が伝わるのに要する時間はどれだけか．

（ハ）いま，テレビ塔から受信者宅まで直線路で到達する電波のほかに，ビルなどの反射による第二の道を通って到達する電波があり，第二の道の距離は直線路より 10％長いとする．第二の電波は，直線路を来る電波より何秒おくれて到達するか．

（ニ）第二の電波が運ぶ情報は，画面上で，本来の画像の右にゴースト画像をつくる．ゴースト画像は，本来の画像からどれだけ離れているか．

[解答] （イ）一本の走査に要する時間は $1/(30 \times 525) = 6.35 \times 10^{-5}$ s．
（ロ）光速は秒速 3×10^5 km だから，$30/(3 \times 10^5) = 10^{-4}$ s．
（ハ）10％余分に時間がかかるので，おくれは $10^{-4} \times 0.1 = 10^{-5}$ s．
（ニ）上の（ハ）と（イ）の比から，画面の横幅の $10^{-5}/(6.35 \times 10^{-5}) = 0.16$ だけ右にずれる．横幅が 30 cm ならば，ずれは 4.7 cm．もし光速が 100 倍速ければ，ずれはこの 1/100 で，ゴーストは問題にならなかっただろう．

4.2 定在波

●**固定端における反射**● 一次元の媒質を伝わる波の場合，波動量が常に $u = 0$ に保たれる点が**固定端**である．点 $x = 0$ が固定端のとき，$x > 0$ の領域から固定端に向かって進んで来る任意の形の波 $u_{\text{in}}(x, t) = f(x + vt)$ は，符号を反転して $u_{\text{ref}}(x, t) = -f(-x + vt)$ の形で**反射**される（図 4.10）．正弦波の場合には，これは位相を $\pi = 180°$ 変えることと同じである．

●**自由端における反射**● 波動量の勾配が常に $\dfrac{\partial u}{\partial x} = 0$ に保たれる点が**自由端**である．（自由端では，媒質が変位しても媒質に復元力が働かない．）自由端 $x = 0$ に入射する波 $u_{\text{in}}(x, t) = f(x + vt)$ は，符号を反転せずに $u_{\text{ref}}(x, t) = f(-x + vt)$ の形で反射される（図 4.11）．

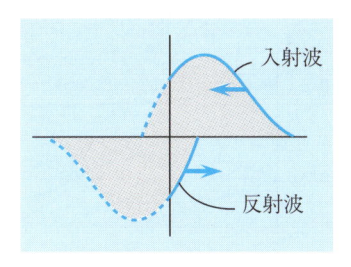

図 4.10 固定端での反射　　**図 4.11** 自由端での反射

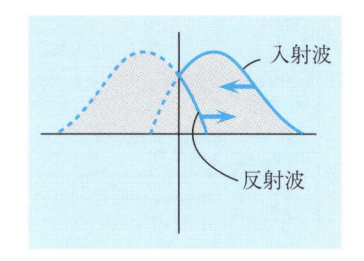

●**定在波**● 正弦波が $x = 0$ の固定端で反射されると，入射波と反射波の重ね合せは

$$u(x, t) = A \sin kx \cos(\omega t + \delta) \tag{4.14}$$

の形の，固定端を節とする**定在波**になる．$x = 0$ の自由端で反射された場合には

$$u(x, t) = A \cos kx \cos(\omega t + \delta) \tag{4.15}$$

の形の，自由端を腹とする定在波になる．

●**弦の固有振動**● 両端固定の弦の上に正弦波が乗るときには，両端が波の節になるという条件から，弦の上に半波長が整数個入る波だけが可能になる．すなわち長さ L の弦の定在波として可能な波長は

$$\lambda_n = \frac{2L}{n}, \quad (n = 1, 2, 3, \cdots) \tag{4.16}$$

対応する振動数は，弦を伝わる波の速度を v とすれば

$$\nu_n = \frac{v}{\lambda_n} = \frac{v}{2L} n, \quad (n = 1, 2, 3, \cdots) \tag{4.17}$$

この定在波を，両端を固定した弦の**固有振動**という．

●**気柱の固有振動**● 正弦波の音波は，管の中では，両端の境界条件から決まる定在波となる．気体の（静止の位置からの）微小変位 $u(x, t)$ でみれば，閉口端は固定端，開口端は自由端である．一方，気体の圧力の平衡値からのずれ $p_s(x, t)$ については，閉口端は自由端，開口端は固定端である（例題3参照）．管の両端が開口端の場合（開管という）には，長さ L の管の中に半波長が整数個入れるので，定在波として可能な波長は

$$\lambda_n = \frac{2L}{n}, \quad (n = 1, 2, 3, \cdots) \tag{4.18}$$

その振動数は，音速を v とすれば

$$\nu_n = \frac{v}{\lambda_n} = \frac{v}{2L} n, \quad (n = 1, 2, 3, \cdots) \tag{4.19}$$

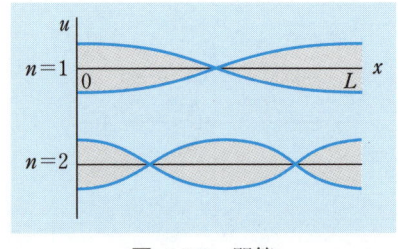

図 4.12 開管

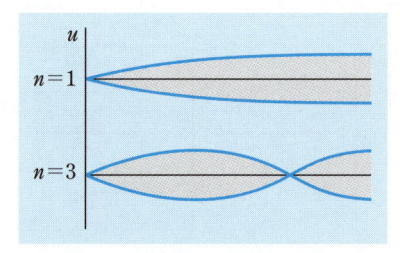

図 4.13 閉管

管の一方の端が開口端，他方の端が閉口端の場合（閉管という）には，管の中に1/4波長が奇数個入れるので，可能な波長は

$$\lambda_n = \frac{4L}{n}, \quad (n = 1, 3, 5, \cdots) \tag{4.20}$$

その振動数は

$$\nu_n = \frac{v}{\lambda_n} = \frac{v}{4L} n, \quad (n = 1, 3, 5, \cdots) \tag{4.21}$$

開口端の境界条件

細い管の中を進む音波は，口の開いた端（開口端）においてもほぼ完全に反射され，外部に出ない．管の外部は内部の影響をほとんど受けないので，圧力は平衡値 P_0 のままで，連続性から管の口でも圧力は P_0，すなわち $p_s = 0$ に保たれ，管の口は圧力変化 p_s の固定端になる．例題3によれば，これは変位 u の自由端を意味する．直観的に言えば，開口端では，気体が微小変位しても復元力が働かない"のれんに腕押し"の状態なのである．

4.2 定在波

例題 5 ───────────────────────── 弦の固有振動 ──

弦楽器の弦は，張力をかけて引っ張り，両端を駒で固定する．（弦の途中を押さえると，そこが固定端になる．）この弦をはじいたり弓で擦ったりすると，弦の固有振動（定在波）が起こる．

(イ) 長さ L の弦に起こる定在波の波長 λ はどれだけか．
(ロ) 弦の上を伝わる波の速度を v とすると，この定在波の振動数はどれだけか．
(ハ) 線密度 $\sigma = 0.01\,\mathrm{g\cdot cm^{-1}}$，長さ $L = 50\,\mathrm{cm}$ の弦の基音の振動数を $100\,\mathrm{Hz}$ にするには，何 kgw の張力をかける必要があるか．
(ニ) 弦の張力を 10%強くすると，振動数は何%高くなるか．

[解答] (イ) $\lambda = 2L/n,\quad (n = 1, 2, 3, \cdots)$
(ロ) $\nu = v/\lambda = (v/2L)n,\quad (n = 1, 2, 3, \cdots)$
(ハ) 張力を τ とする．上式で $n = 1$, $L = 0.5\,\mathrm{m}$, $\nu = 100\,\mathrm{Hz}$ とおけば，$v = 100\,\mathrm{m\cdot s^{-1}}$．一方 $v = \sqrt{\tau/\sigma}$ で，$\sigma = 10^{-3}\,\mathrm{kg\cdot m^{-1}}$ だから

$$\tau = v^2 \sigma = 10\,\mathrm{N} \approx 1\,\mathrm{kgw}$$

(ニ) 一般に $y = cx^a$ の関係にある二つの量 x と y の相対誤差の関係は，

$$\log y = a \log x + \log c$$

の両辺の微分をとればわかるように

$$\frac{\Delta y}{y} = a \frac{\Delta x}{x}$$

これから

$$\frac{\Delta \nu}{\nu} = \frac{\Delta v}{v} = \frac{1}{2}\frac{\Delta \tau}{\tau}$$

したがって張力の増加が $\dfrac{\Delta \tau}{\tau} = 10\%$ のとき，$\dfrac{\Delta \nu}{\nu} = 5\%$．

[参考] 定在波の振動数は，例題 6 の考え方で導くこともできる．

問題

5.1 弦楽器の弦の長さと，弦が出す音の波長の間には，関係があるか．
5.2 弦楽器の出す音の高さは，温度が上がると低くなる．それはなぜだろうか．

―例題 6――――――――――――――――――――――――気柱の固有振動―

長さ L の気柱の固有振動を，管の両端が開いている場合と，管の一方の端が開き，他方の端が閉じている場合について，管の両端で反射をくり返して管内を往復する音波のふるまいから説明せよ．

[解答] **管の両端が開いている場合** 管の一方の端の付近に，一定振動数で振動する音源（たとえば管楽器の吹き口）があり，これが管内に音波を送り出すとしよう．開口端は空気の微小変位にとっては自由端だから，音源を出て管の端に達した音波は，位相の変化なしに反射されて管を逆行し，もう一方の端で同様に反射されて，音源の位置に戻る．その間に波が進んだ距離は，一往復すなわち $2L$ で，音速を v とすれば，かかった時間は $2L/v$ である．

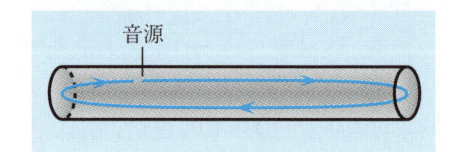

図 4.14 音波の一往復

この反射してきた波は，そのとき音源を出る波と重なる．もしこの二つの波の位相が同じなら，強め合う干渉で振幅は二倍になる．それが起きるのは，一往復するのにかかった時間が周期 T の整数倍のとき，すなわち

$$T = \frac{2L}{nv} \quad (n = 1, 2, 3, \cdots)$$

のときである．この波がもう一往復して戻ってくると，ふたたび，そのとき音源を出る波と位相がそろう．こうして何度も反射してきた波の位相が全部そろうので，振幅の大きな波が管内にできる．これが管内に生じる定在波である．その振動数 ν は

$$\nu = \frac{1}{T} = \frac{v}{2L} n \quad (n = 1, 2, 3, \cdots)$$

$n = 1$ の音は基音，$n \geq 2$ の音は倍音と呼ばれる．基音の周期 $T = 2L/v$ は，音波が管を一往復するのにかかる時間にほかならない．

一方，管を一往復して音源の位置に戻った波と，そのとき音源を出る波の位相がずれる場合，すなわち振動数が上の条件を満たさない場合には，何往復かしてきた波の位相も全部たがいに異なるため，それらの波が干渉で弱め合い，重ね合せはゼロになってしまう．そのような振動数の波は，実際には，音源から管内に入り込むことができない．実際の音源の振動には，いろいろな振動数の振動が含まれていて，その中で上の振動数の振動だけが，管内に音波を送り出し，管内の空気を強制振動（共鳴）させるのである．

管の一端が開き，一端が閉じている場合 閉口端は空気の微小変位でみれば固定端

だから，そこでの反射の際には波の符号が変わる（位相が π ずれる）．管を一往復して音源の位置に戻ってきた波は，開口端と閉口端の反射を一回ずつ経ているので，符号が変わっている．その波が，そのとき音源を出る波と同位相になるのは，一往復するのにかかる時間 $2L/v$ が半周期 $T/2$ の奇数倍のときである．これは，二往復するのにかかる時間 $4L/v$ が周期 T の奇数倍のとき，と言っても同じである．したがって

$$T = \frac{4L}{n'v} \quad (n' = 1, 3, 5, \cdots)$$

これが共鳴の条件で，振動数で言えば

$$\nu = \frac{1}{T} = \frac{v}{4L} n' \quad (n' = 1, 3, 5, \cdots)$$

基音 $n' = 1$ の周期 $T = 4L/v$ は，音波が管を二往復するのに要する時間である．

この例題のように考えれば，気柱の固有振動数の表式の意味を，波長を用いずに直接理解することができる．

問題

6.1 管楽器は管の両方の端が開いているので，開管と呼ばれる．（例外はクラリネットで，一方の端は実質上閉じていて，閉管と呼ばれる．）管の側面の穴を指でふさがない場合には，そこが開いた端になり，管の実質的な長さが短くなる．

（イ）開管の管楽器が，振動数 $\nu = 440\,\text{Hz}$ のイ音を出すのは，管の長さ L がどれだけのときか．

（ロ）それより1オクターブ低い音を出すのは，L がどれだけのときか．

（ハ）フルートとクラリネットの管の長さはどちらも約 70 cm だが，クラリネットの方がほぼ1オクターブ低い音まで出せる．なぜか．

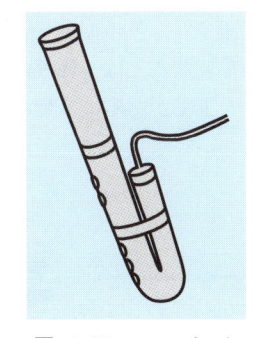

図 4.15　ファゴット

6.2 ファゴット（別名バスーン）という低音の木管楽器は，440 Hz のイ音のほぼ3オクターブ下の変ロ音まで出す．この楽器の管の長さはどれくらいか．

6.3 もし空気中の音速が，現実の値の10倍の速さだったとしたら，管楽器はどのようなものになるだろうか．

6.4 管楽器が出す音の高さ（振動数）は，楽器が暖まると高くなる．それはなぜか．

6.5 パイプオルガンの，あるパイプが出す音の振動数は，室温が 15°C のとき 440 Hz である．室温が 25°C になると，振動数はどれだけになるか．

例題 7 ──────────────────────── 音叉が出す音 ──

音叉は、手に持っているときには、かすかな音しか出さないが、テーブルの上などに立てると、かなり大きな音が出る。ピアノの弦が出す音もそれ自身では弱いが、響板という板にとりつけることによって、音が大きくなる。弦楽器の胴も同じ役割を持つ。この現象を説明せよ。

[解答] ある振動数で振動する物体が、周囲の空気を振動させると、その振動数の音波が発生する。物体と空気が接する面積が広いほど、広い範囲の空気を振動させるので、音は強くなる。細い音叉と空気の接触面積は、たかが知れているが、音叉をテーブルなどの板に接触させれば、まず音叉の振動が板に伝わり、その板が空気を振動させて大きな音が出る。もちろん、音叉が持っていた振動のエネルギーが、板と接することで増幅されるわけではないので、音になる効率がよいほど、音叉自身の振動は速く減衰する。弦楽器でも、弦の振動を響板を経由して空気に伝える。その

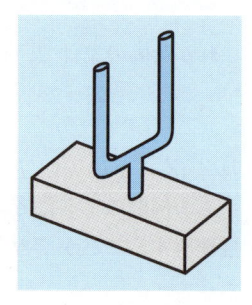

図 4.16 音叉

際重要なことは、響板が弦と同じ振動数で忠実に振動してくれることで、それにいろいろ工夫があるようである。

管楽器と打楽器

　　管楽器では、管の内部にできた空気の固有振動（定在波）が、管の端の口を通して外部の空気に伝わり、音になるが、単に口が開いているだけでは、内部から口に近づいた音波は、口で反射されて内部に戻り、音が効率よく外部に出ない。そこで金管楽器などでは、管の端近くを朝顔型に広げて、反射を減らすようにしてある。（メガフォンも、口と外の空気を滑らかにつなぐ役割を持つ。）打楽器の場合は、振動する皮が面だから、空気との接触面積が広く、振動は効率よく空気に伝わる。では太鼓の胴はどんな役割を持つのか。一枚皮の太鼓では、パン、パンと短い音がするだけだが、胴のある太鼓では、音が長く続いて響く。それは、皮の振動がいったん胴の内部の空気の振動になり、それがふたたび皮を通して外部に出るからである。すなわち、胴の内部の空気が、皮の振動のエネルギーを、一時的にたくわえるのである。

4.3 光

●**光の速度**● 光の本体は，電場と磁場が真空中や透明な媒質（光を吸収しない物質）中を波として伝わる，電磁波である．**光の速度**は，真空中では

$$c = 2.998 \times 10^8 \,\text{m} \cdot \text{s}^{-1}$$

ガラスや水のような光を通す物質中では，その中での光の速度 v は，その物質の**屈折率**を n とすれば $v = c/n$．

●**幾何光学**● 可視光の真空中における波長は，ほぼ 400–700 nm (n (ナノ) $= 10^{-9}$) の範囲にある．波長が非常に短いため，日常経験する光の現象では，波としての性質はほとんど現れず，光を光線とみて現象を記述できる．光線の進み方は，次の**幾何光学**の法則に従う．

- 直進　屈折率が一様な媒質中では，光は直進する．
- 反射と屈折　屈折率が不連続的に変化する面に光が達すると，光の一部は不連続面で反射され，残りは屈折して不連続面の先に進む．不連続面の両側の媒質を 1 と 2 とし，それぞれの屈折率を n_1, n_2 とする．光は媒質 1 から面に入射するとして，入射光線が面の法線となす角（入射角）を θ_1，反射光線が法線となす角（反射角）を θ_1'，屈折光線が法線となす角（屈折角）を θ_2 とすれば，反射については

$$\theta_1 = \theta_1' \tag{4.22}$$

が成り立ち（**正反射の法則**），屈折については

$$n_1 \sin \theta_1 = n_2 \sin \theta_2 \tag{4.23}$$

が成り立つ（**スネルの法則**）．

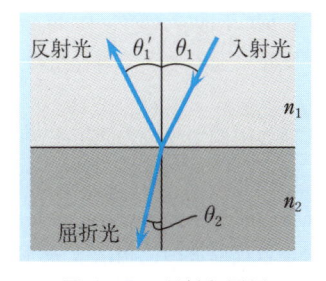

図 **4.17**　反射と屈折

● **フェルマーの原理** ●　反射や屈折についての幾何光学の法則は，"点 A から B へ光が進むときにとる経路 C は，A から B への道の中で，進むのに要する時間を極小にする経路である"という**フェルマーの原理**にまとめて表される．その物質中での光の速度を v とすれば，道 C の上の微小距離 ds を光が進むのに要する時間は ds/v だから，フェルマーの原理は

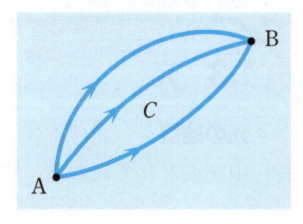

図 4.18　フェルマーの原理

$$\int_C \frac{ds}{v} = \min \tag{4.24}$$

という，道 C に沿う積分の形に書ける．これに $v = c/n$ を代入すれば，上式は

$$L \equiv \int_C n\,ds = \min \tag{4.25}$$

とも表せる．L は，屈折率 n を重みとしてかけた道 C の "長さ"で，C の**光路長**という．上式を言葉で言えば，"光は光路長を極小にする道を進む"．振動数 ν の単色光の場合には，真空中での波長は $\lambda = c/\nu$，屈折率 n の媒質中での波長は $\lambda_n = v/\nu = \lambda/n$ だから，

$$\frac{L}{\lambda} = \int_C \frac{ds}{\lambda_n} \tag{4.26}$$

は，経路 C に何波長含まれるかという個数を表す．

● **光源と像** ●　点光源（あるいは微小な物体）を出た光線が，鏡による反射やレンズによる屈折を経てふたたび一点に集まるとき，その点を**像**という．光源から像まで光がたどる経路の長さは経路によって異なるが，光路長はどの経路に対しても同じである．（光を波としてみれば，波が光源を出て広がった後，ふたたび集まって干渉で強め合う点が像である．光が実際に通るすべての経路の光路長が等しいことは，その反映である．）

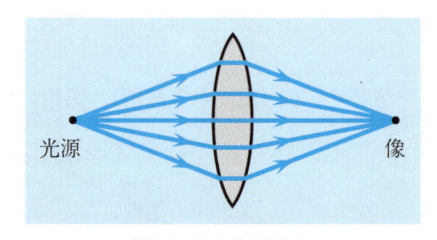

図 4.19　光源と像

● **反射光と透過光** ●　ある面の両側で媒質の屈折率が不連続に変化するとき，この面に光が入射すると，光の一部は面で反射され，残りは面を透過して先に進む．

　位相の変化　面の両側の媒質の屈折率を n_1, n_2 とし，光が媒質 1 の側から入射するとすれば，$n_1 < n_2$ の場合には反射波の位相は $\pi = 180°$ 変わる（波の符号が反転する）が，$n_1 > n_2$ の場合には反射波の位相の変化はない．すなわちこの二つの場合

は，それぞれ固定端と自由端における反射に相当する．

注意 光は電磁波で，振動する電場と磁場が波としていっしょに進む．上でいう位相の変化は，電場の波の位相についてのもので，磁場の波の位相の変化は電場の場合と反対になる．

反射率と透過率 入射光の強さ（単位時間に単位面積を通るエネルギー）に対する，反射光および透過光の強さの割合を，**反射率** R と**透過率** T という．光が不連続面に垂直に入射するときには

$$R = \left(\frac{n_1 - n_2}{n_1 + n_2}\right)^2, \quad T = \frac{4\,n_1 n_2}{(n_1 + n_2)^2} \tag{4.27}$$

光の散乱

　光が大気中の原子，分子やちりのような微粒子にあたると，光の一部はそれらの粒子によってはじきとばされ，進行方向を変える．この現象を光の**散乱**と呼ぶ．散乱された分だけ，元の光の強さは弱まる．可視光の場合には，この散乱は**レーリー散乱**と呼ばれる．レーリー散乱の起こる度合いは，短波長の光ほど大きい．太陽から直接眼に達する光は白色光であるが，大気中でいったんレーリー散乱されてから眼に入る光は，短波長の光の割合が多いため青色を帯びる．昼間の空が青く見えるのはそのためである（図 4.20）．昼間は，太陽の光が直接来到達しない陰の所でも明るいが，これは，太陽からの光が一度大気中で散乱され，その散乱光が地上に到達するからである（図 4.21）．大気が存在しない月面では，太陽や地球からの光があたらない所では，昼間でも暗闇である．

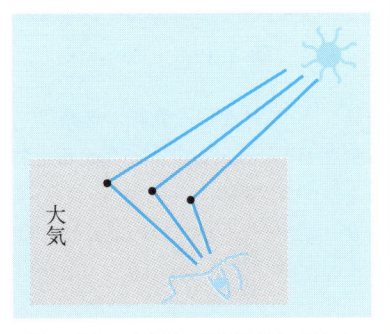

図 **4.20** 大気中で散乱されてから眼に達する太陽光

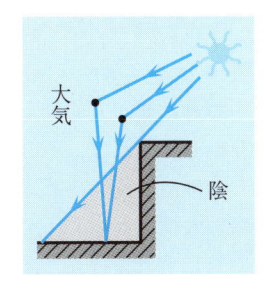

図 **4.21** 陰の場所に達する太陽光

---例題 8--- 水中の物体の像

水中にある物体を上から見ると，実際の深さよりも浮き上がった所に見える．その理由を説明せよ．眼の位置を変えると，物体の見かけの深さはどう変わるか．水面から深さ h の所にある物体を上から見るときの，物体の見かけの深さ h' はどれだけか．水の屈折率を $n = 4/3$ とする．

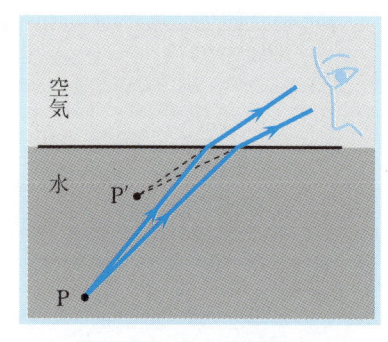

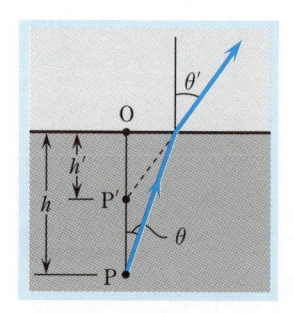

図 4.22 水中の物体の像   図 4.23 物体を上から見る

[解答] 物体 P を出た光線の進路は，水面を出るときに屈折して曲がるので，図 4.22 に示す点 P′ から来るように見える．物体を上から見るときには，P′ は P のほぼ真上にある．図 4.23 のように角 θ と θ' を定義すれば $h\tan\theta = h'\tan\theta'$ であるが，角 θ と θ' はどちらも小さいので，これは $h\sin\theta = h'\sin\theta'$ と近似できる．一方屈折のスネルの法則により $n\sin\theta = \sin\theta'$ であるから，

$$\frac{h'}{h} = \frac{1}{n}$$

が成り立つ．したがって $h'/h = 3/4$.

物体 P を斜めの方向から見るときには，像 P′ の位置はさらに浅くなる．

問題

8.1 池の中の鯉は胴が丸く見えるので，それが鯉の形だと思いがちだが，鯉を水から取り出してみれば，その形は一般の魚ととくに変わらないことがわかる．このことの理由を説明せよ．

8.2 透明壁の水槽に水を入れ，これを横から見ると，水槽の奥行きが縮んで見える．縮む割合はどれだけか．水の屈折率を $n = 4/3$，壁の屈折率を $n' = 3/2$ とする．

8.3 鏡で自分の全身を写すには，鏡の大きさは最小どれだけ必要か．

―例題 9―　　　　　　　　　　　　　　　　　　　　　　　　　　　　　　　　　　　　乱反射―

きれいに凍った氷は無色透明であるが，"かき氷"のように細かく砕くと，不透明で白く見える．その理由を考えよ．

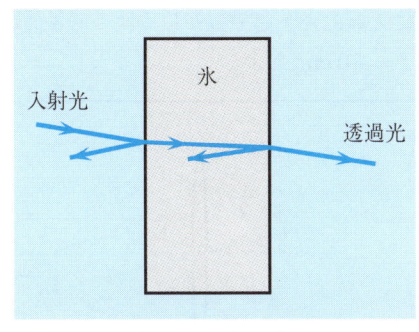

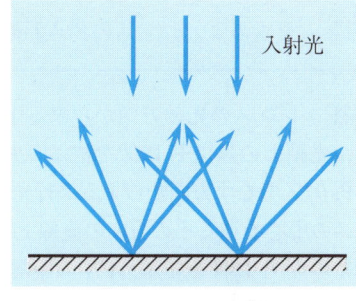

図 4.24　光の透過　　　　　　　　　図 4.25　乱反射

[解答]　純粋な水や氷は，その中を通る可視光をほとんど吸収しない．水や氷の表面に入射した光は，そこで約 2% が反射され，残りは水や氷の中を進む．そして向こう側の表面に達すると，そこでまた 2% が反射され，残りは外へ出る．したがって可視光が氷にあたると，強さが 96% に減るだけで，ほとんどの光が通り抜ける．すなわち氷は窓ガラスと同じで，向こう側から入射して通り抜けてくる光が，手前から入射して反射してくる光よりずっと強いので，氷は透明に見える．

一方，かき氷は氷の微小なかけらの集まりであるが，かけらといっても光の波長にくらべれば十分に大きいので，一つのかけらに入射した光は，上で述べたように一部は反射され残りはかけらを透過する．しかし，かけらに入るときの表面と出るときの表面は一般には平行でないので，透過した光の方向は屈折で曲げられる．透過した光と反射した光は，どちらも次のかけらにあたり同じことをくり返す．多数のかけらにくり返しあたるうちに，すべての光の方向が曲げられ（すなわちはじめの方向に進む光はなくなり），光がかき氷の山からあらゆる方向に出ていく．（一般に表面を磨いてない物体に光が入射すると，表面の各点からあらゆる方向に反射光が進むので，どの方向からも物体の表面が見える．この現象を**乱反射**という．）最初に入射した光が白色光なら（吸収はないので）出ていく光も白色光で，これがかき氷が白く見える理由である．

　問　題

9.1　白い雲と黒い雲があるのはなぜだろうか．雲は飽和水蒸気の中に微小な水滴や氷のかけらが浮いているものである．

例題 10 ──────────────────────── 太陽の像の大きさ ──

恒星のように十分遠方にある物体は実質上点光源で，恒星から来た光は，凸レンズや凹面鏡の焦点に像を結ぶ．しかし太陽の場合は純粋な点光源ではないので，像は有限な大きさを持つ．太陽の視直径（直径の両端を見る角度）がほぼ $\theta = 32'$ であることから ($1° = 60'$)，凸レンズに入射した太陽光線が焦点につくる像の直径 d を求めよ．レンズの焦点距離を $f = 10\,\text{cm}$ とする．

[解答] レンズの光軸方向から来る平行光線は，光軸上の焦点 F に像を結ぶ．光軸と微小角 $\theta/2$ をなす方向から来る平行光線は，レンズの中心を通るその方向の直線上で，F の近くの点 A に像を結ぶ．FA の距離 r は図からわかるように

$$r = f \tan(\theta/2) \approx f\theta/2$$

図 4.26 太陽の像

で，これが太陽の像の半径である．したがって像の直径は $d = 2r \approx f\theta$．

視直径 θ をラジアンで表せば $\theta = \pi/(180 \times 60) \times 32 = 0.93 \times 10^{-2}$ だから，$d = 0.093\,\text{cm} = 0.93\,\text{mm}$．

問 題

10.1 薄いレンズの場合には，レンズの中心に向かって入射した光線は，そのままレンズを通過すると考えてよい（図 4.27）．それはなぜか．

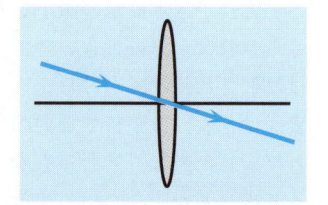

図 4.27 レンズの中心を通る光線

10.2 **光線の広がり** 探照灯やスポットライトのような，一方向に進む光線をつくるには，凹面鏡や凸レンズの焦点の位置に光源を置く．光源を出て凹面鏡で反射（あるいは凸レンズで屈折）した光は平行光線になるはずだが，実際には光源が点光源ではなく，電球のフィラメントのように広がりを持つため，光線はある範囲に広がる（図 4.28）．焦点距離 $f = 5\,\text{cm}$ の凸レンズの焦点に，広がり $d = 5\,\text{mm}$ のフィラメントを持つ電球を置くとすれば，光線が広がる角度 θ はどれだけか．

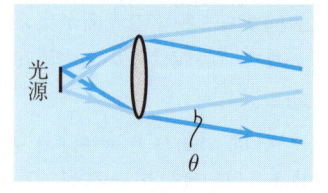

図 4.28 光線の広がり

4.3 光

例題 11 ──────────────────────────────── スネルの法則 ──

フェルマーの原理から，屈折のスネルの法則を導け．

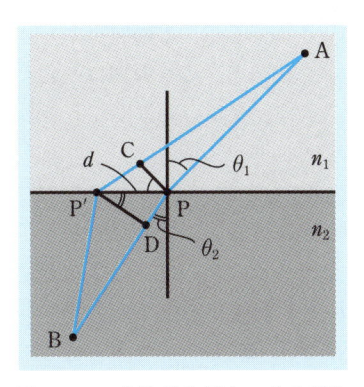

図 4.29 光路長を極小にする経路

[解答] 屈折率 n_1 の媒質 1 中の点 A から，境界面上の点 P を経由して，屈折率 n_2 の媒質 2 中の点 B に到る，経路 APB を考える．点 P をうまく選んだとき，この道の光路長がその付近の他の道の光路長とくらべて極小になれば，光は実際にその経路 APB を進む．極小であるためには，点 P を境界面上でわずかに動かしたときの，光路長の変化がゼロでなければならない．

そこで P から微小距離 d 離れた P' をとり，経路 AP'B と APB の光路長の差を調べる．図のように入射角 θ_1 と屈折角 θ_2，および点 C と D をとれば，

$$\mathrm{AP}' - \mathrm{AP} = \mathrm{P'C} = d\sin\theta_1$$
$$\mathrm{BP} - \mathrm{BP}' = \mathrm{PD} = d\sin\theta_2$$

で，光路長の変化は

$$n_1 d\sin\theta_1 - n_2 d\sin\theta_2$$

である．これがゼロという条件はスネルの法則

$$n_1 \sin\theta_1 = n_2 \sin\theta_2$$

にほかならない．

問題

11.1 フェルマーの原理から，正反射の法則を導け．

例題 12 ─────────────────────────────── 光の反射率 ─

不連続面における光の反射率 R と透過率 T は，公式 (4.27) で与えられる．
（イ）　R と T の間には $R+T=1$ の関係が成り立っているが，これは何を表すか．
（ロ）　光が空気中からガラスへ入るときおよび水に入るときの反射率は，それぞれどれだけか．ガラスの屈折率を 3/2，水の屈折率を 4/3 とせよ．
（ハ）　光がガラスから空気に出るときの反射率はどれだけか．
（ニ）　水の中にあるガラスのコップは，空気中にあるときにくらべ，見えにくいのはなぜか．

[解答]（イ）入射光の強さ（単位時間に単位面積を通るエネルギー）を I とするとき，エネルギーの保存則により，反射光の強さ RI と透過光の強さ TI の和は I に等しい．したがって $R+T=1$ が成り立つ．
（ロ）　光が空気からガラスに入る場合：$n_1=1$, $n_2=3/2$ を (4.27) に代入して $R=1/25$．空気から水に入る場合：$n_1=1$, $n_2=4/3$ より $R=1/49$．
（ハ）　式 (4.27) は n_1 と n_2 について対称だから，光が逆に進むときも，透過率と反射率はどちらも変わらない．したがって反射率は $R=1/25$．
（ニ）　水とガラスの屈折率にあまり差がないため，光が水からガラスに入るときの反射光は極端に少なく（反射率は $R=1/289$），見えにくい．

問　題

12.1　食品や衣服の色が，白色光の下と蛍光灯などの下で，変わることがある．それはなぜか．

色

色は光が眼の網膜に与える刺激である．網膜には，それぞれ一定の波長領域の光に反応する三種類の細胞があり，それが引き起こす感覚が赤，緑，青の色覚だとされている．太陽光は白の色覚を与えるので白色光と呼ばれる．白色光には，あらゆる波長の光が一定の割合で含まれる．物体に光があたると，特定の波長領域の光が吸収され（**選択吸収**），残りが反射される．その反射光が目に入り引き起こす色覚が物体の色である．したがって同じ物体でも，入射光が変われば色は変わる．入射光を反射するほかに，物体自身も電磁波を放射する．それを**熱放射**という．常温の物体からの熱放射は赤外線であるが，物体の温度が上がると可視光も放射される．その波長は，温度が上がるにつれて短波長側に移る．赤熱，白熱などの言葉はそれを表している．太陽の白色光は，温度 5800K の物体が出す熱放射である．

── 例題 13 ────────────────────────────── 朝日，夕日の色 ──
昼間の太陽は白く見えるが，朝日や夕日の色は赤いのはなぜか．

[解答] 可視光が大気中の分子や微粒子にあたって散乱される割合は，短波長の波ほど著しい．ここでは簡単のため，可視光の波長範囲を短波長と長波長の領域に分け，短波長の光だけがある割合で散乱されるとみなして，地球に入射する太陽光の短波長の成分が，地表に達するまでにどれくらい失われるかを考えてみよう．

地球の半径を R，地球のまわりの大気の層の厚さを h とすれば，昼間の太陽光が大気中

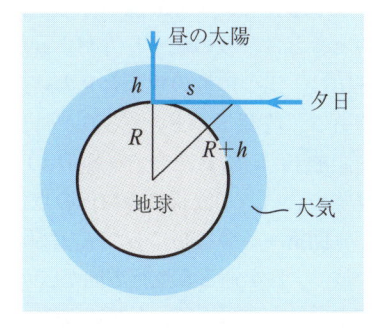

図 4.30 光が大気中を通過する距離

を通過する距離はほぼ h である．それに対し地平線すれすれに来る朝日や夕日の光が通過する距離 s は，ピタゴラスの定理により（図 4.30）

$$s = \sqrt{(R+h)^2 - R^2} = \sqrt{2Rh + h^2} \approx \sqrt{2Rh}$$

である．大気の層の厚さを $h \approx 100\,\mathrm{km}$ とすれば（ちなみに成層圏の底の高さは $10\,\mathrm{km}$），地球半径は $R \approx 6400\,\mathrm{km}$ だから，$s \approx 1100\,\mathrm{km}$，すなわち太陽光が大気中を通過する距離は，朝日や夕日の場合には，昼間の太陽の場合の約 11 倍である．

仮に，昼間の太陽光の短波長成分が，地表に達するとき，大気の外部に入射したときの強さの 0.95 倍に減っているとすれば（眼はその光を白色光と感じる），朝日や夕日の場合にはさらにその $0.95^{10} = 0.60$ 倍になる．このように短波長の光の強さが相対的に弱くなった光を，眼は赤色と感じるのである．

━━ 問 題 ━━━━━━━━━━━━━━━━━━━━━━━━━━━━━━━━━

13.1 海岸の砂浜に立つ人に見える水平線は，ほぼ何 km 先の点か．
[ヒント] これは光に関する問題ではない．上の例題で用いた式の応用である．

13.2 空が青く見えるのは，大気中の分子やちりによって，短波長の太陽光が散乱され，その散乱光が眼に入るからである．我々の周囲の空気中の分子やちりも，太陽光を散乱しているはずなのに，それが見えないのはなぜだろうか．

4.4 波の重ね合せ，干渉と回折

● **干渉** ● 二つの波源 S_1, S_2 から同じ波長 λ の正弦波が出ると，波源が一つだけのときとは，波の伝わり方がまったく変わる．これを波の**干渉**という．干渉が起こる理由は，二つの波の重ね合せの結果，波が常に強め合う点と弱め合う点ができるからである．波源 S_1, S_2 から波が同じ位相で出る場合には，任意の点 P と二つの波源との距離 $r_1 = S_1P$ と $r_2 = S_2P$ の差により，$|r_1 - r_2|$ が波長の整数倍の点 P では波は強め合い，半波長の奇数倍の点 P では波は打ち消し合う（図 4.31）．

● **回折** ● 障害物にあたった波は，障害物の後ろにまわりこむ．穴のある壁にあたった波は，穴を通ると進行方向が広がる．これらの現象を波の**回折**という．（干渉と回折に本質的な差はなく，多数の波源から出る波の干渉を回折と呼ぶのである．）穴から先へ伝わる波は，穴の上に波源が一様に分布している場合の，これらの波源から出る波の重ね合せと同等である．この考え方を**ホイヘンスの原理**という．

穴の直径を D，波の波長を λ とすれば，$D \ll \lambda$ のときは穴は点状の波源と同等で，穴を通った波はあらゆる方向に一様に広がる．D が大きくなるにつれて波が広がる範囲は狭くなり，$D \gg \lambda$ では，穴を通った波はそのまま直進する．その中間の領域では，穴を通った波は，進行方向から次式で決まる角 θ の範囲に広がって進む（図 4.32）：

$$D \sin\theta \approx \lambda \tag{4.28}$$

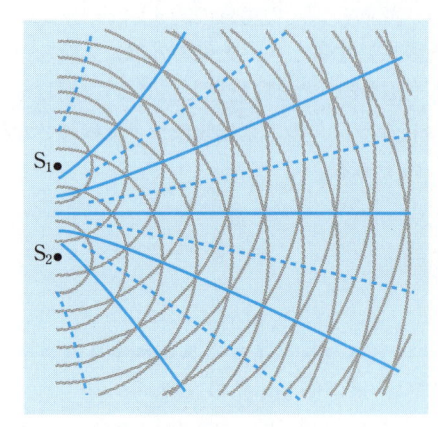

図 4.31 波源 S_1 と S_2 から出る波の干渉．点線上では波が打ち消し合い，媒質は振動しない．実線上では波が強め合い，媒質は大きく振動する．

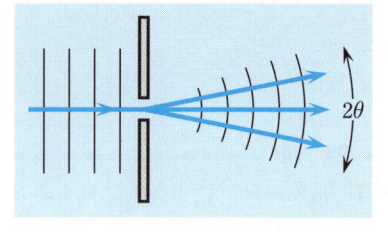

図 4.32 壁の孔を通る波の回折波は進行方向から $\pm\theta$ の範囲に広がる．

例題 14 — うなり

振動数がわずかに異なる二つの音が同時に耳に達すると、聞こえる音の強さが周期的に変化する。これをうなりという。うなりが起こる理由を考えよ。

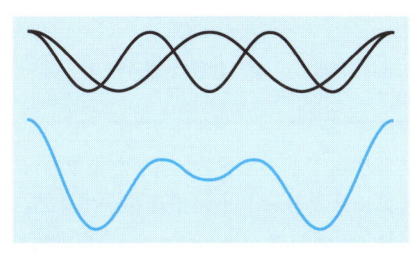

図 4.33 二つの波とその重ね合せ

図 4.34 うなり

[解答] 振動数 ν の音を聞く場合、毎秒 ν 波長分の波が耳に入る。同じことだが、一波長分の波が耳に入るのにかかる時間は、振動の周期 $T = 1/\nu$ である。いま、振動数が ν_1 と ν_2 の二つの音波 ($\nu_1 < \nu_2$) が耳に達するとしよう。時刻 $t = 0$ に、両方の波の山の部分が同時に耳に達するなら、その瞬間には、重ね合せで波が強められる。しかし両方の周期 $T_1 = 1/\nu_1$ と $T_2 = 1/\nu_2$ が異なるため、その後は二つの波がずれて耳に達するようになる。図 4.33 に、二つの波の重ね合せの例を示す。これからわかるように、耳に達する音の振幅は、いったん弱まった後ふたたび強まり、次に両方の波の山の部分が同時に耳に来る時刻 T_b に、元の最大の振幅に戻る。$|\nu_2 - \nu_1| \ll \nu_1$ の場合には、図 4.34 に示すように、重ね合せの振幅は滑らかに変動する。これがうなりである。

ここで、うなりの時間間隔 T_b を求めよう。トラック競技の一周おくれのように、時間 T_b の間に、音波 2 は音波 1 より一波長分余分に耳に入る。時間 T_b の間に音波 1 は n 波長、音波 2 は $(n+1)$ 波長が耳に入るとすれば、$T_b = nT_1 = (n+1)T_2$ で、これから n と T_b が

$$n = \frac{T_2}{T_1 - T_2}, \quad T_b = \frac{T_1 T_2}{T_1 - T_2}$$

と得られる。したがって 1 秒間に聞こえるうなりの回数は

$$\nu = \frac{1}{T_b} = \frac{1}{T_2} - \frac{1}{T_1} = \nu_2 - \nu_1$$

である。たとえば 440 Hz と 441 Hz の音が重なると、毎秒 1 回のうなりが聞こえる。

例題 15 ──────────────────────── 干渉縞の間隔 ─

光源から出た波長 λ の光を，図のように，まずスリット S を通し，次に間隔 D 離れた二つのスリット S_1, S_2 を通して，そこから距離 L の所にあるスクリーンにあてる．スクリーン上にできる干渉縞の間隔はどれだけか．

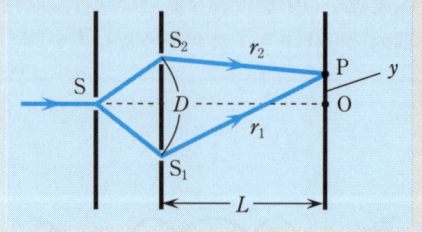

図 4.35 二つの経路を通る波の干渉

[解答] 光源中の一つの原子から出た波が，スリット S_1 と S_2 を通った後重なって，場所により強め合ったり弱め合ったりする結果，スクリーン上に干渉縞ができる．議論を簡単にするため，スリット S から S_1 と S_2 への距離が等しいとすれば，波は S_1 と S_2 に同位相で達するので，ホイヘンスの原理により，波源 S_1 と S_2 から出る，振幅と位相の等しい二つの球面波の重ね合せを考えればよい．スクリーン上の任意の点を P とし，S_1P と S_2P の距離をそれぞれ r_1, r_2 とすれば，P における波は

$$u(\mathrm{P}, t) = \frac{A}{r_1} \cos(kr_1 - \omega t) + \frac{A}{r_2} \cos(kr_2 - \omega t)$$

の形を持つ．距離 r_1 と r_2 の差は極めてわずかだから，コサインの外の r_1 と r_2 はその平均値 r で置き換えて差し支えない．しかしコサインの中の r_1 と r_2 の差は重要である．というのは，波数 k が非常に大きな数値を持つため，r_1 と r_2 のわずかな差でコサインの符号まで変わってしまい，それがまさに干渉縞の原因だからである．したがって

$$u(\mathrm{P}, t) = \frac{A}{r} \left(\cos(kr_1 - \omega t) + \cos(kr_2 - \omega t) \right)$$

二つのコサインが同じ値をとり，波が干渉で強め合うのは，コサインの中の位相が等しい所，すなわち

$$k(r_1 - r_2) = 2n\pi \quad (n \text{ は整数})$$

が成り立つ所であり，ここが干渉縞の明線である．それに対し二つのコサインの符号が反対で，波がゼロになるのは，

$$k(r_1 - r_2) = n'\pi \quad (n' \text{ は奇数})$$

が成り立つ所であり，ここが暗線である．波数 k を波長 λ で表せば $k = 2\pi/\lambda$ だから，明線の位置に対する条件は

4.4 波の重ね合せ，干渉と回折

$$r_1 - r_2 = n\lambda \quad (n \text{ は整数})$$

暗線の位置に対する条件は

$$r_1 - r_2 = n'\frac{\lambda}{2} \quad (n' \text{は奇数})$$

と表される．r_1 と r_2 の差が，波長の整数倍に等しいとき二つの波が同位相になり，半波長の奇数倍に等しいとき逆位相になるのは当然である．干渉縞の間隔，すなわち二本の明線の間隔を求めるため，スクリーン上で $r_1 = r_2$ が成り立つ点を原点 O にとり，P の位置を座標 y で表す．距離 r_1, r_2 を y で表せば

$$r_1 = \sqrt{L^2 + (y+D/2)^2}, \quad r_2 = \sqrt{L^2 + (y-D/2)^2}$$

であるが，y や D は L にくらべてずっと小さいので，テーラー展開により

$$r_1 = L + \frac{1}{2L}\left(y + \frac{1}{2}D\right)^2, \quad r_2 = L + \frac{1}{2L}\left(y - \frac{1}{2}D\right)^2$$

と近似できる．したがって $r_1 - r_2 = Dy/L$ で，これより明線の位置が

$$y = n\frac{L\lambda}{D} \quad (n \text{ は整数})$$

と得られる．n が 1 増すときの y の増分

$$\Delta y = \frac{L\lambda}{D}$$

が，干渉縞の間隔である．

参考 実は上の結果はもっと簡単に導ける．右図のように角 θ を定義すると

$$\tan\theta = \frac{y}{L}$$

光線の経路 S_1P と S_2P はほとんど平行なので，その距離の差は図からわかるように

$$r_1 - r_2 = D\sin\theta$$

角 θ は小さいので $\sin\theta \approx \tan\theta \approx \theta$ とおけるから

$$y = L\theta = \frac{L(r_1 - r_2)}{D}$$

$r_1 - r_2 = n\lambda$ とおけば，上の明線の位置が再現できる．

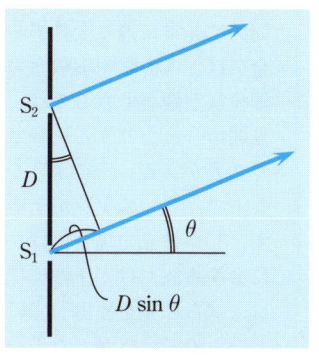

図 4.36 光路差

問 題

15.1 例題 15 で $\lambda = 600\,\mathrm{nm}$ (n (ナノ) $= 10^{-9}$), $L = 1\,\mathrm{m}$, $D = 0.2\,\mathrm{mm}$ とすれば, 干渉縞の間隔はどれだけか.

15.2 例題 15 で光源から出た光をいったん図 4.35 のスリット S を通すのはなぜか. S を省いても干渉縞は現れるか.

[ヒント] 光源が純粋な点光源ならば S を通す必要はない.

15.3 **薄膜の色** シャボン玉や水面の上の油膜に色がつき, その色は面の上の場所により変化する. これはなぜだろうか.

[ヒント] シャボン玉や油膜のような薄膜に光の波が入射するとき, 反射は薄膜の表側の面と裏側の面の両方で起こり, その二つの反射波を重ね合せたものが薄膜からの反射波である.

15.4 振動数と振幅が共通で, 位相が δ 異なる二つの (一次元的な) 波が重なると, どのような波になるか. 二つの波を

$$u_1(x,t) = A\cos(kx - \omega t), \quad u_2(x,t) = A\cos(kx - \omega t + \delta)$$

とせよ.

コヒーレンス (干渉可能性)

　二つの波を重ね合わせれば, いつでも干渉模様ができるはずと思われるが, 実際にはそうはいかない. その理由は, 瞬間的には干渉模様ができても, それが時間的に非常に速く変動する (たとえば干渉縞の明暗の位置がたえず移動する) 場合には, 人の眼や実験室の測定器が, その変動についていけないからである. 干渉模様が観測できるのは, 二つの波の重ね合せが, いつも同じ場所で強め合ったり弱め合ったりする場合であり, それには, それぞれの波が正弦波の形で長く続く必要がある. そのような波を**コヒーレントな波**という. 電波や音波はコヒーレントで, 二つのアンテナや音源から出る波は, 振動数が同じならば干渉効果を示す. しかし光の場合には, 一つの点光源を出て異なる経路を進み, ふたたび一点に会する波だけが干渉模様をつくる. ふつうの光源の中では多数の原子や分子がばらばらに光を放出していて, それぞれの光は, $10^{-8}\,\mathrm{s}$ 程度の短い時間しか持続しないので, 広がった光源や異なる光源から出る波の干渉は, 現在の技術では観測にかからない. しかしレーザーは, アンテナと同じような巨視的な波源で, それから出る光は, 一つの正弦波の形で長時間持続する, コヒーレントな波である.

── 例題 16 ────────────────────────── 点光源の像の大きさ ──

天体望遠鏡の反射鏡（あるいは対物レンズ）の光軸の方向にある恒星から来る光線は，焦点 F に像を結ぶ．幾何光学では像を点とみなすが，実際には光が波であるため，回折により像は大きさを持つ．鏡（あるいはレンズ）の直径を D，焦点距離を f，光の波長を λ として，像の直径 d を求めよ．

[ヒント] 鏡で反射された（あるいはレンズで屈折された）光の波がふたたび集まり，干渉で強め合う場所が像である．像の中心は，全部の波が同位相で集まる点である．では，像の縁はどのような点か．

[解答] 図 4.37 で，像の中心 F は，そこに来る波の位相がそろい，全体で強め合う点であるのに対し，像の縁 P と Q は，波が全体で打ち消し合う点である．鏡の両端 A, B から縁の点 P への距離の差 $|r_A - r_B|$ が波長 λ に等しく，両端を通って P に来る光の位相差が 2π であれば，一般の点で反射されて P に来る光の位相はその間に一様に分布し，それらの光が全体で打ち消し合う．したがっ

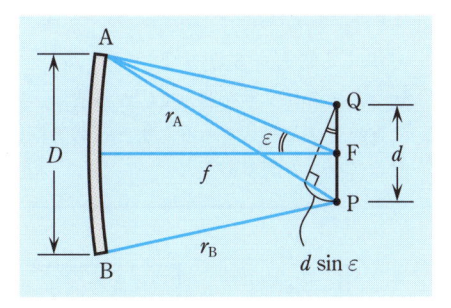

図 4.37　点光源の像

て $|r_A - r_B| \approx \lambda$ となる所が像の縁である．（詳しい議論は例題 17 を参照．例題 17 のスリットは直線だが，反射鏡やレンズは二次元の面だから，本当は丸い穴を通る波の回折として扱う必要がある．その意味で，ここの議論は近似である．）図のように中心軸と FA のなす角を ϵ とすれば $|r_A - r_B| = |AP - AQ| \approx d\sin\epsilon$ だから，像の直径 d は

$$d \approx \frac{\lambda}{\sin\epsilon}$$

天体望遠鏡では焦点距離 f が長いため，$\sin\epsilon \approx \tan\epsilon = D/(2f)$ と近似できるので，

$$d \approx \frac{2f}{D}\lambda$$

すなわち像は光の波長と同程度の大きさを持つ．地上の物体を望遠鏡で見る場合には，これはふつう問題にならないが，天体望遠鏡では，恒星の方向を測る精度の限界（**分解能**）がこれで決まる．

例題 17 ── 細いスリットによる光の回折

波長 λ の平面波が進行方向に垂直な壁にあたり,壁にあけた幅 D のスリットを通ると,波は回折により広がる.おおまかに言えば,スリットを通った波は,入射方向から $\pm\theta$ の角度の範囲まで広がって進む.この角 θ は

$$D\sin\theta = \lambda$$

で決まることを説明せよ.

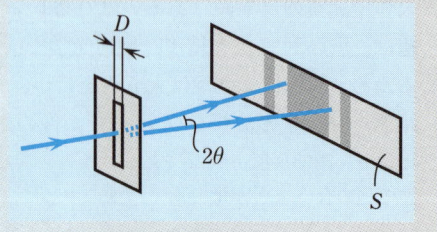

図 4.38 光が広がる方向

ヒント スリットを通って広がる波は,スリットの上に一様に分布する波源から出る波の重ね合せと同じである.角 $\pm\theta$ の方向は,これらの波が打ち消し合って,重ね合せがゼロになる方向である.

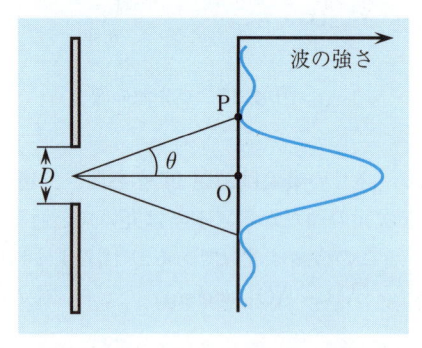

図 4.39 面 S 上での光の強さ

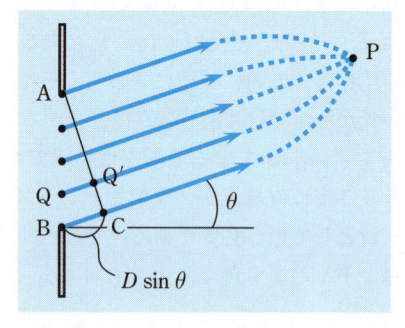

図 4.40 スリットの各点から出る波

解答 壁の後方に面 S を考えると,S 上での光の強さは,S が壁から十分に離れていれば図 4.39 に示すようになる.すなわち強さは入射波の進行方向で最大で,それから離れるに従い弱くなり,入射波の進行方向と角 $\pm\theta$ をなす方向には波は進まない.その外側に向くわずかな波を無視すれば,波は入射波の進行方向から $\pm\theta$ の範囲に進むと考えてよい.その角 θ を求めることが問題である.

壁の左から来る入射波はスリットの各点に同位相で達するので,スリット上の各点は,同じ位相で波を出す波源とみなせる.定性的な考察のためには,スリットの幅 D の間に,N 個の波源が等間隔で分布すると考えるとわかりやすい.これらの波源を出て遠方の点 P に達した波の重ね合せは,i 番目の波源から P への距離を r_i とすれば,

$$\sum_{i=1}^{N} \cos(kr_i - \omega t)$$

に比例する．P が十分遠方にあれば，各波源から出た波の進む方向はほとんど平行である．

いま，スリット上の点 Q を出て角 θ の方向に進む波を，スリットの端の点 A を出て同じ方向に進む波とくらべると，Q を出た波は図 4.40 の QQ′ だけ進むべき距離が長いので，点 P に達したとき，A から出た波にくらべてそれだけ位相がおくれる．とくに，もし図の BC が波長 λ に等しいと，B を出た波は A を出た波にくらべ，点 P で位相が 2π おくれる．その場合には，スリット上の各点を出た波の位相のおくれは 0 と 2π の間に一様に分布するので，上式で表される重ね合せで，成分の波が全体で打ち消し合い，結果はゼロになる．すなわち P がこの方向にあれば，そこには波が来ない．そのための条件は

$$BC = D \sin\theta = \lambda$$

で，これが求めるべき関係である．

もし波源が A と B の二つだけなら，上の関係は，A と B から来る波が同位相で波が強め合うための条件であるが，今は A と B の間に波源が一様に分布しているので，それらの波源からの波が全体で打ち消し合うのである．

問題

17.1 回折による光線の広がり レーザー光線の一つの利点は，白熱電球などを光源とする光線とは異なり，方向性が非常によいことである．レーザービームの広がりは，回折による広がりだけである．出口の直径が 3.0 mm のアルゴンレーザー（波長 515 nm）から出るビームは，1 km 先ではどれだけの直径に広がるか．

円孔を通る光の回折

壁にあたった光が，壁にあけた直径 D の小さな穴を通ると，回折によって元の進行方向から広がる．その広がりの角度を求めることは，波源が分布するのが円の上なので，スリットによる回折の議論よりは複雑だが，定性的には，幅 D のスリットを通った光の広がりと，ほぼ同じと考えてよい．

図 4.41　円孔による回折像

―――― 天体望遠鏡の分解能 ――――

例題 18

望遠鏡による点光源の像には，回折による大きさがあるため，二つの恒星の方向があまり接近していると，像が重なり，一つの星と区別がつかなくなる．ふつう，像が図のように重なる場合（すなわち一方の像の縁が他方の像の中心にくるとき）を，二つの恒星が見分けられる限界とみなす．（これをレーリーの条件という．）この場合の，二つの恒星の方向の間の角 θ はどれだけか．反射鏡（あるいはレンズ）の直径を D，光の波長を λ とする．

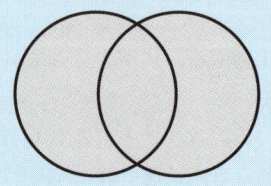

図 4.42 像の重なり

[解答] 第一の恒星は鏡の中心軸方向にあるとすれば，その像の中心は焦点 F にある．第二の恒星が中心軸と角 θ をなす方向にあり，その像の縁が F を通るとする．これは，鏡の両端を通って F に達する光の位相差が 2π の場合である．その条件，すなわち光路長の差が一波長となる条件は，図 4.43 からわかるように $D\sin\theta \approx \lambda$ と表される．θ は微小だから，これより分解能が

$$\theta \approx \frac{\lambda}{D}$$

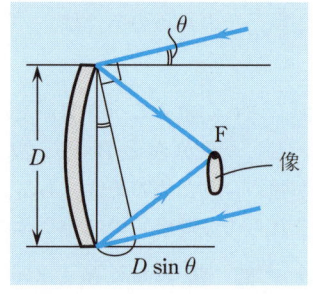

図 4.43 鏡の両端を通って F に達する光の光路差

と得られる．分解能は D が大きいほどよくなる．（この表式に焦点距離は出てこないことに注意．）大型の望遠鏡の D は数 m，λ は 5×10^{-7} m 程度なので，分解能は 10^{-7} rad 程度である．望遠鏡の反射鏡を大型にする理由は，分解能をよくすることと，たくさんの光を集めて像を明るくすることにある．

問 題

18.1 夜間遠方から近づいてくる自動車のヘッドライトが二点に見え始めるとき，自動車は何 km 位先にいるだろうか．遠方の二つの光源から来る光が重なって見えるのは，水晶体（眼のレンズ）を通して網膜に達する光の回折効果だと仮定し，二つのヘッドライトの間隔を 1.5 m，光の波長を 500 nm，瞳孔の直径を 5 mm として，自動車までの距離を概算せよ．

例題 19 ─────────────────────────── 顕微鏡の分解能

顕微鏡では、まず対物レンズで物体の実像をつくり、それを接眼レンズで虚像に拡大する。間隔 Δx 離れた二点 P, Q の、対物レンズによる実像 P', Q' が重なると、Δx より小さな物体の像はぼやけて見えないことになる。対物レンズが物体に対して張る角を図のように 2ϵ とし、物体とレンズの間が屈折率 n の液体で満たされているとすれば、

$$\Delta x \approx \frac{\lambda}{2n\sin\epsilon}$$

であることを示せ(λ は真空中での光の波長)。

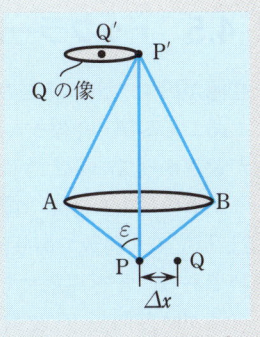

図 4.44 対物レンズ

[解答] レンズの中心軸上の点 P の像が、軸上の点 P' を中心としてでき、P から間隔 Δx 離れた点 Q の像が、P' の近くの点 Q' を中心としてできるとする。そのとき、第二の像の広がりの縁が、第一の像の中心 P' を通るのが、二つの像の重なりに対するレーリーの条件である。そのようなことが起きるのは、Q から P' への二つの経路 QAP' と QBP' をたどる光が

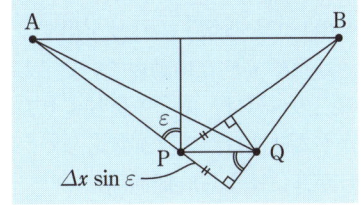

図 4.45 QA と QB の光路差

(A と B はレンズの両端)、位相差 2π で P' に達する場合である。それは、QA と QB の距離の差が、液体中の一波長 $\lambda' = \lambda/n$ に等しいことにほかならない。右図で、レンズの直径 AB にくらべて PQ = Δx がずっと小さいことを用いると、

$$QA - QB = (QA - PA) + (PB - QB) \approx 2\Delta x \sin\epsilon$$

がわかるので、分解能は

$$\Delta x \approx \frac{\lambda'}{2\sin\epsilon} = \frac{\lambda}{2n\sin\epsilon}$$

となる。すなわち分解能はほぼ光の波長に等しく、$1\,\mu\mathrm{m}$(ミクロン)程度である。それより小さな物体は、光学顕微鏡では見ることができず、電子顕微鏡に頼らねばならない。物体とレンズの間の空間をシダー油($n = 1.5$)などの液体で満たすと、分解能がいくらか上がる。(ぼやけていた像が、シダー油を一滴たらすと、とたんに鮮明になることがある。)

4.5 ドップラー効果

音源が出す一定の高さの音を聞く場合，音源も人も静止していれば同じ高さの音として聞こえるが，音源と人が近づいているときには元より高い音として聞こえ，音源と人が遠ざかっているときには元より低い音として聞こえる．これを**ドップラー効果**という．その理由を考える前に，まず，音源の振動数 ν は，音源が単位時間に出す波の（波長単位の）個数であり，人が聞く音の振動数 ν' は，耳に単位時間に到達する波の個数であることを注意しておく．以下では音速を v で表す．

音源が時間間隔 T で信号音を出すとする．音源も人も静止していれば，信号はもちろん間隔 T で耳に達する．音源が速度 u で人に近づいているときには，第一の信号を出してから第二の信号を出すまでに，音源は距離 uT だけ動いている．したがって第二の信号は，第一の信号よりも進むべき距離が uT 少なくてすみ，耳に達するのにかかる時間は，音源が静止しているときにくらべて uT/v だけ短い．ゆえに二つの信号が耳に達する時間間隔は

$$T' = \left(1 - \frac{u}{v}\right) T \tag{4.29}$$

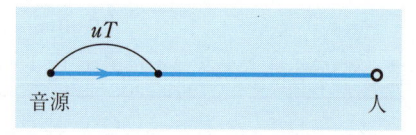

図 **4.46** 音源が動く

に縮む．振動数で言えば

$$\nu' = \frac{1}{1 - u/v} \nu \tag{4.30}$$

音源が遠ざかるときには $u < 0$ とすればよい．

音源は静止し，人が音源に速度 u で近づくときには，二つの信号を受け取る時間間隔 T' の間に，人は距離 uT' 動くので，上と同じように考えれば $T' = T - uT'/v$，すなわち

$$T' = \frac{1}{1 + u/v} T \tag{4.31}$$

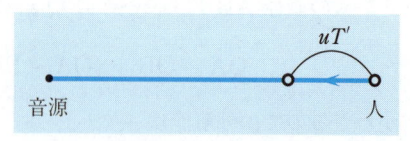

図 **4.47** 人が動く

で，振動数は

$$\nu' = \left(1 + \frac{u}{v}\right) \nu \tag{4.32}$$

となる．音源と人のどちらが動いても，近づくときには音は高くなり，遠ざかるときには低くなるが，振動数の変化の仕方が上のように少し異なる．

4.5 ドップラー効果

―― 例題 20 ――――――――――――――――――――― 走る電車の警笛の高さ ――

電車が振動数 $\nu = 500\,\text{Hz}$ の警笛を発しながら，時速 $u = 60\,\text{km}$ で駅を通過する．駅のホームにいる人に聞こえる警笛の音の高さは，電車が通過する前後で何 Hz 変化するか．音速を $v = 340\,\text{m}\cdot\text{s}^{-1}$ とする．

[解答] 電車が近づく速度は $u = 100/6 = 16.67\,\text{m}\cdot\text{s}^{-1}$ で，$u/v = 0.049$ だから，聞こえる警笛の振動数は

$$\nu' = \frac{1}{1 - (u/v)}\nu = 526\,\text{Hz}$$

遠ざかるときは $u/v = -0.049$ で，聞こえる音の振動数は $477\,\text{Hz}$．それゆえ，通過の前後で振動数は $49\,\text{Hz}$ 下がる．

問 題

20.1 どちらも時速 $72\,\text{km}$ で走る 2 台の電車がすれちがうとき，一方の電車が発する振動数 $500\,\text{Hz}$ の警笛は，他方の電車に乗っている人には何 Hz の音に聞こえるか．すれちがう前後について考えよ．

――― 光のドップラー効果 ―――

ドップラー効果は光でも起こるが，音のドップラー効果と異なり，光源が速度 u で人に近づいても，人が速度 u で光源に近づいても結果は同じで，人が観測する光の振動数は，光速を c として

$$\nu' = \sqrt{\frac{1 + (u/c)}{1 - (u/c)}}\,\nu$$

二つの場合で差がないのは，静止している人が見ても，速度 u で動いている人が見ても，光速は同じ c であるという，相対性原理の帰結である．

光のドップラー効果は，天文学で重要な役割を果たす．遠い天体から来る光に含まれるいろいろな元素のスペクトルは，地球上で観測される同じ元素のスペクトルとくらべて，振動数が低い方や高い方にずれていることが多い．これはその天体が，地球から見て遠ざかったり近づいたりしていることによるドップラー効果であり，振動数のずれから，その天体の速度を知ることができる．とくに，遠方の銀河から来る光では，振動数はほとんどの場合低い方にずれている．すなわちこれらの銀河は，我々の銀河から遠ざかっている．1929 年にハッブルは，これらの銀河の速度が銀河までの距離にほぼ比例することを発見し，宇宙が膨張を続けているという理論に観測からの支持を与えた．

5 電気と磁気

5.1 静電場

● **クーロンの法則** ● 物体が帯びている電気を**電荷**と呼ぶ．正電荷と正電荷，負電荷と負電荷の間には斥力が働き，正電荷と負電荷の間には引力が働く．この力を**クーロン力**または**静電気力**という．間隔 r 離れた二点にある電荷 Q と q の間に働く力の大きさ f は r^2 に反比例し，

$$f = \frac{1}{4\pi\epsilon_0}\frac{Qq}{r^2} \tag{5.1}$$

と表される（**クーロンの法則**）．SI（国際単位系）では，まず電流の単位 A（アンペア）を電流間に働く力を用いて定義し，次に 1 A の電流で 1 秒間に流れる電気量を 1 C（クーロン）と定義する：C = A·s．この単位系では，上式の比例定数の大きさは

$$\frac{1}{4\pi\epsilon_0} = 10^{-7} c^2 \approx 9 \times 10^9$$

（$c \approx 3 \times 10^8$ m·s^{-1} は真空中の光速度）．

● **静電エネルギー** ● クーロン力と重力（万有引力）はどちらも r^2 に反比例するので，クーロン力は重力の場合と同じ形のポテンシャルエネルギー（位置エネルギー）

$$V(r) = \frac{1}{4\pi\epsilon_0}\frac{Qq}{r} \tag{5.2}$$

を持つ．これは，Q と q を無限遠から間隔 r まで近づけるときに，外力がする仕事に等しい．

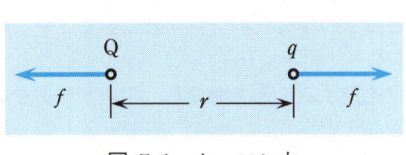

図 5.1　クーロン力

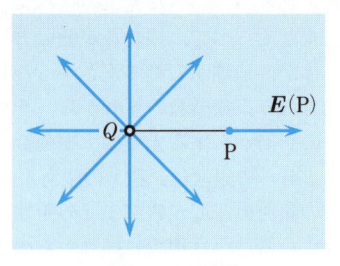

図 5.2　電場

5.1 静電場

●**電場**● 近接作用の見方では,電荷 Q と q の間に直接クーロン力が働くとみる代わりに,一方の電荷 Q が周囲の空間に**電場**(**電界**)をつくり,その電場が他方の電荷 q に力を及ぼすと考える.任意の点 P における電場 $\boldsymbol{E}$(P) は,この点に電荷 q の粒子を置くときにそれに働く力 $\boldsymbol{F}$ から

$$\boldsymbol{F} = q\boldsymbol{E}(\text{P}) \tag{5.3}$$

によって定義される.すなわち $\boldsymbol{E}$(P) は,点 P に置いた単位電気量の試験電荷に働く力である.力 $\boldsymbol{F}$ はベクトルだから $\boldsymbol{E}$ もベクトルである.クーロンの法則を電場の言葉に言い直せば,原点 O にある電荷 Q は,座標 $\boldsymbol{r}=(x,y,z)$ の点 P に電場

$$\boldsymbol{E}(\text{P}) = \frac{1}{4\pi\epsilon_0}\frac{Q}{r^2}\hat{\boldsymbol{r}} \tag{5.4}$$

をつくる($\hat{\boldsymbol{r}}$ は $\boldsymbol{r}$ 方向の単位ベクトル).電場の単位は,定義 (5.3) によれば $\text{N}\cdot\text{C}^{-1}$ であるが,これを電位の単位 V(ボルト)を用いて $\text{V}\cdot\text{m}^{-1}$ と表すこともできる.この言い方がふつう用いられる.

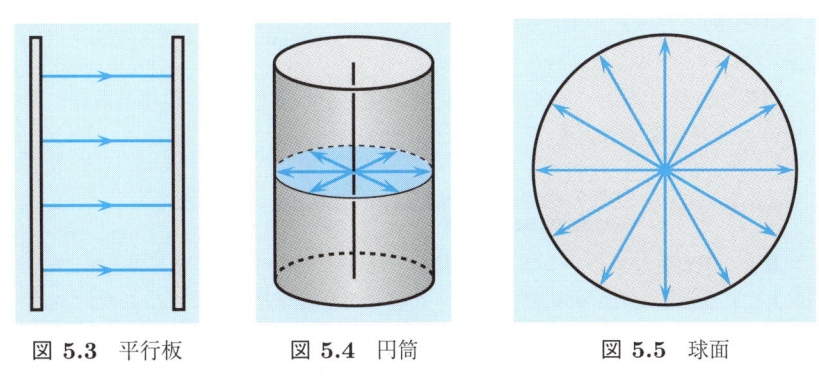

図 5.3 平行板   図 5.4 円筒   図 5.5 球面

●**電気力線**● 空間の各点にその点の電場 $\boldsymbol{E}$ を描き,それをつなぐと曲線群ができる.それが**電気力線**である.電気力線の接線の方向は,その点の $\boldsymbol{E}$ の方向を表す.クーロン電場の電気力線は正電荷から出て負電荷に入る.

●**電気力線と流線の類推**● 大きさが点源からの距離 r の二乗に反比例して小さくなるベクトル場は,流体,熱,光の流れのような,保存する量(途中でなくならない量)の流れが共通に持つ普遍的な形である.そこで電気力線を,わき出しから流れ出して吸い込みに流れ込む,流体の流線に対比させることができる.図 5.3 は二枚の平行な平面上に一様に分布する正負の電荷がつくる電気力線,図 5.4 は円筒の中心軸上に一様に分布する正電荷と円筒面上に一様に分布する負電荷がつくる電気力線,図 5.5 は球面の中心に正の電荷があり,球面上にそれと同じ量の負の電荷が一様に分布する

場合の電気力線であるが，正電荷をわき出し，負電荷を吸い込みで置き換えて，これらの電気力線を流線とみてもよい．実際，上の電荷分布がつくる電場は，流速の場との類推で求めることができる．それには，わき出しの強さ（単位時間にわき出しから流れ出す流体の体積）に電荷を対応させ，流速ベクトル v にベクトル $\epsilon_0 E$ を対応させればよい（例題 1，例題 2 参照）．

注意　図 5.3 は平行板コンデンサーの内部の電場，図 5.4 は電気集塵機やガイガーミュラー計数管の内部の電場である．

● **ガウスの法則** ●　任意の閉曲面 S から単位時間に外に流れ出す流体の総量は，単位時間に S の内部でわきだす流体の総量に等しい．このことを電場と電荷で言い換えた式

$$\epsilon_0 \int_S E_n dS = Q \qquad (5.5)$$

をガウスの法則という．（E_n は S 上の電場 E の外向き法線方向成分，Q は S 内部の電荷の総量．）ガウスの法則を用いて電場を求めることは，電場と流速の場の類推を用いることと同等である．

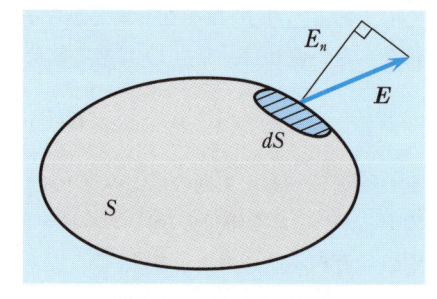

図 5.6　ガウスの法則

空気の絶縁耐力

　　身近な静電気現象の一つは，冬の乾燥した日に，ドアのノブなどの金属に触れようとするときに飛ぶ火花であろう．衣服との摩擦などで人体に生じた電気は，ふつうは空気中や地面に逃げるが，空気が乾燥していて，かつ絶縁性のよい靴を履いていたり，床に絶縁性のよい絨毯が敷いてあったりするときには，そのまま人体に帯電する．その結果，人体と大地の間の電位差は容易に 3000 V くらいまで上がる．ノブに手を近づけると，静電誘導によって，人体に帯電する電荷と反対符号の電荷がノブに集まる．

　　空気はよい絶縁体であるが，ある強さ以上の電場がかかると絶縁が壊れ，放電が起こる．その限界の電場は空気の**絶縁耐力**と呼ばれ，3 万 $V \cdot cm^{-1}$ 程度とされている．1 cm あたり 30,000 V の電位差は 1 mm あたりでは 3,000 V だから，人体とノブの間の電位差が 3,000 V ならば，指先をノブから 1 mm まで近づけると，指先とノブの間の空間の電場は絶縁耐力を超える．その結果，放電が起きて電流が流れ，人体に帯電した電荷は中和される．いわば小さな落雷が起きたわけで，それが火花である．

5.1 静 電 場

─ **例題 1** ──────────────────── 平面上のわき出しと吸い込み ──

平行な二平面上にそれぞれ面密度（単位面積あたりの電荷）$+\sigma$ および $-\sigma$ で電荷が一様に分布している（図5.3）．電場と流速の場の類推を用いて電場を求めよ．

[解答] 流体が一方の平面上の単位面積あたり σ のわき出しから流れだし，他方の平面上の単位面積あたり $-\sigma$ の吸い込みに流れ込むとき，その流線は，対称性から平面に直交する図5.3の形を持ち，流速 v は至る所一定である．流体は単位時間に距離 v だけ進むので，平面上の単位底面積を底面とする高さ v の柱を考えると，その中の体積 v の流体は，単位時間に単位面積からわき出した体積 σ の流体にほかならない（図5.7）．したがって $v = \sigma$ が成り立つ．

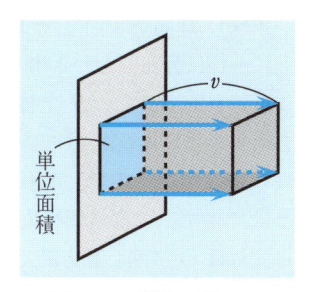

図 **5.7** 単位面積から流れ出す流体

以上を電場に翻訳すれば，電場が存在するのは二つの平面の間の空間だけで，電気力線は平面と直交し，電場は一様で，その大きさは $E = \sigma/\epsilon_0$ である，ということになる．

問 題

1.1 無限に広い平面上に，面密度 σ で電荷が一様に分布するとき，どのような電場ができるか．

1.2 間隔 1 cm へだてて，どちらも質量 0.1 g の二つの微小な導体がある．両者に同符号で同じ大きさ q の電荷を与えたところ，導体間に，導体の重さと同じ大きさの（すなわち 0.1 gw の）斥力が働いた．電荷 q は何 C か．

参考 図5.8の箔験電器の導体板 A に電荷を近づけると，A と導体棒 B でつながっている二枚の金属箔 C が帯電してその間にクーロン斥力が働き，金属箔が開く．開く方向は，金属箔に働くクーロン力と重力の合力の方向である．

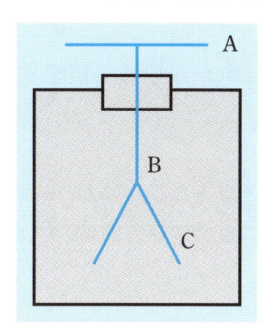

図 **5.8** 箔験電器

1.3 半径 a の円筒の中心軸上に，正電荷が電荷線密度（単位長さあたりの電気量）λ で一様に分布し，円筒面上には，これと同量の負電荷が一様に分布している（図5.4）．どのような電場ができるか．

例題 2 ── 球面上のわき出し

半径 a の球面 S の上に，電荷 Q が一様な電荷密度で分布している．S の内側および外側には，どのような電場ができるか．

[解答] 球面 S の中心を O とする．まず，S 上に一様に分布したわき出しから流れ出す，流体の流れを考える．S 全体から単位時間にわき出す流体の体積が Q である．S の内側には吸い込みがないので，流れは内側に向かうことはできず，全部外側に向かう．球対称性から流れは O に関し等方的で，O を中心とする球面の上では，流速はどこでも同じ大きさをもつ．半径 r の球面 S_r の上での流速を $v(r)$ とする．ある時刻に S_r の上にいた流体は，微小時間 dt の間に微小距離 $dr = v(r)\,dt$ だけ

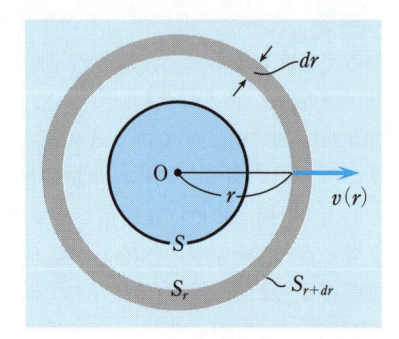

図 5.9 球面上の電荷がつくる電場

進んで，半径 $r + dr$ の球面 S_{r+dr} の上にいる（図 5.9）．二つの球面 S_r と S_{r+dr} の間の，体積 $4\pi r^2 dr = 4\pi r^2 v(r)\,dt$ の流体が，時間 dt の間に S_r を通過したわけであるが，これは一方，同じ時間内にわき出す流体の体積 $Q\,dt$ に等しくなくてはならない．したがって

$$4\pi r^2 v(r)\,dt = Q\,dt$$

これから O から距離 r の点の流速が

$$v(r) = \frac{Q}{4\pi r^2}$$

と得られる．以上の結果を電場に翻訳すると，球面 S の内側には電場はなく，外側では電場は等方的で，O から距離 r の点の電場の強さは

$$E(r) = \frac{Q}{4\pi \epsilon_0 r^2} \quad (r > a)$$

すなわち S の外側の電場は，電荷 Q が中心 O にあるときの電場と一致する．

問題

2.1 半径 a の球内に電荷が球対称な電荷密度で分布している．その全電荷を Q とする．球の外部にできる電場は，球内の全電荷が中心に集中したときの電場と一致することを説明せよ．

5.1 静電場

―― 例題 3 ――――――――――――――――――――――――― 円輪上の電荷分布 ――

半径 a の円輪上に，電荷 Q が一様な線密度で帯電している．円輪のまわりの電場の，電気力線の概形を描け．とくに，円輪の中心軸上で，円の中心から距離 z 離れた点 P の電場の強さを，クーロンの法則から求めよ．

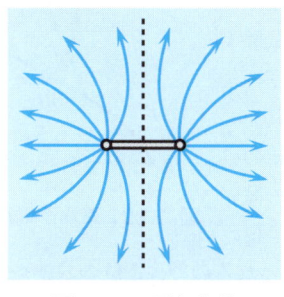

図 5.10 電気力線

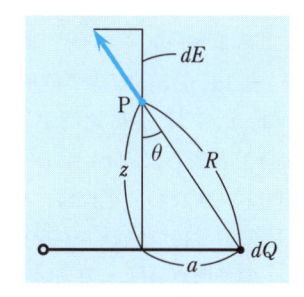

図 5.11 中心軸上の電場

[解答] わき出しが円輪上に一様に分布するとし，それから流れ出す流れとの類推を考えれば，電気力線が図 5.10 のような形を持つことがわかる．中心軸上の点 P の電場を求めるには，まず，円輪の微小部分の電荷 dQ が P につくる電場を考える．（微小部分の長さを dl とすれば $dQ = Q\,dl/2\pi a$．）dQ は P に図 5.11 のような電場をつくるが，そのうち中心軸と垂直な成分は，円輪全体からの寄与の和をとると対称性から打ち消されるので，中心軸の方向の成分だけを考えればよい．それを dE とすれば，

$$dE = \frac{dQ}{4\pi\epsilon_0 R^2}\cos\theta = \frac{dQ}{4\pi\epsilon_0 R^2}\frac{z}{R}$$

ここで R は円輪上の点と P の距離 ($R = \sqrt{a^2 + z^2}$)，θ は図 5.11 に示す角である．円輪全体について和をとると，dQ が Q に置き換わる：

$$E(\mathrm{P}) = \frac{Q}{4\pi\epsilon_0}\frac{z}{R^3}$$

[注意] 十分遠方では $R \approx z$ だから

$$E(\mathrm{P}) \approx \frac{Q}{4\pi\epsilon_0}\frac{1}{z^2}$$

すなわち遠方では，電場は点電荷 Q の電場に近づく．遠方からは円輪と点の区別はつかないのである．

問題

3.1 無限に長い直線が，一様な電荷線密度（単位長さあたりの電荷）λ で帯電している．直線のまわりにできる電場を，クーロンの法則から直接求めよ．

5.2 電　位

●**電位**　クーロン電場の中に置いた試験電荷（電場から力を受けるが，自分自身は電場の源とならない仮想的な荷電粒子）は，位置エネルギー（ポテンシャルエネルギー）を持つ．電気量 q の試験電荷が点 $r = (x, y, z)$ で持つ位置のエネルギー $U(r) = U(x, y, z)$ は q に比例するので，これを $U(r) = q\phi(r)$ と表し，$\phi(r) \equiv \phi(x, y, z)$ をその点の**電位**と呼ぶ．すなわち電位は，単位電気量の試験電荷が電場の中で持つ位置エネルギーである．位置エネルギーの基準点（$U = 0$ の点）は任意にとれるので，電位の基準点（$\phi = 0$ の点）も任意である．ふつうは無限遠点または大地の電位をゼロに選ぶ．

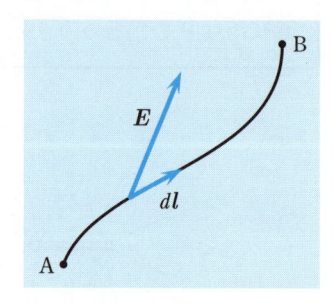

図 **5.12**　電場が電荷にする仕事

　電場から直接決まるのは二点間の**電位差**である．二点 A, B の間の電位差 $\phi(\mathrm{A}) - \phi(\mathrm{B})$ は，単位試験電荷を B から A まで運ぶときに外力がする仕事に等しい．言い換えれば，単位試験電荷が A から B まで動く間に電場が電荷にする仕事に等しい：

$$\phi(\mathrm{A}) - \phi(\mathrm{B}) = \int_\mathrm{A}^\mathrm{B} \boldsymbol{E} \cdot d\boldsymbol{l} \tag{5.6}$$

この線積分の値は両端 A, B だけで決まり，A と B をつなぐ道のとり方にはよらない．とくに接近した二点 $r + \Delta r$ と r の間の電位差は

$$\phi(\boldsymbol{r} + \Delta\boldsymbol{r}) - \phi(\boldsymbol{r}) = -\boldsymbol{E} \cdot \Delta\boldsymbol{r} = -(E_x \Delta x + E_y \Delta y + E_z \Delta z)$$

で，これから電位と電場の関係

$$E_x = -\frac{\partial \phi}{\partial x}, \quad E_y = -\frac{\partial \phi}{\partial y}, \quad E_z = -\frac{\partial \phi}{\partial z} \tag{5.7}$$

が導かれる．（Δr は任意だから，たとえば $\Delta r = (\Delta x, 0, 0)$ ととれば上の第一式が出る．）電場 $\boldsymbol{E}(\boldsymbol{r})$ は等電位面と直交し，電位の下り勾配の方向を向く．

　電位の単位は V（ボルト）：$\mathrm{V} = \mathrm{J} \cdot \mathrm{C}^{-1}$．

●**電子ボルト**　電子が電位差 1 V の区間を走るときに電場から受ける仕事を 1 eV（電子ボルト）と呼び，ミクロの物理で，エネルギーの単位として広く用いられる．電子の電荷は $-q_\mathrm{e} = -1.6 \times 10^{-19}$ C だから，

$$1\,\mathrm{eV} = 1.6 \times 10^{-19}\,\mathrm{J}$$

5.2 電 位

――例題 4 ――――――――――――――――――――――――――――――電子線の偏向――

陰極線管のフィラメント F を出た電子を，まず V_0 の電位差で加速し，次に電位差 V をかけた偏向板（二枚の電極板）の間を通す．偏向板の間隔を d，長さを l とする．偏向板に電子が入射する方向に x 軸，それと垂直に y 軸をとると，偏向板を通る間，電子は y 方向に加速されるので，偏向板を出る電子は入射方向から曲げられている．その曲げの角を θ とする．

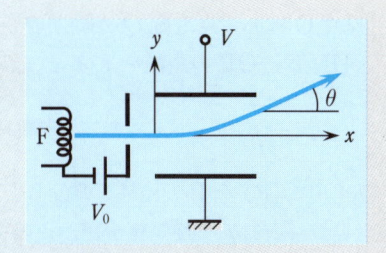

図 5.13 電子線の偏向

(イ) 電子が偏向板に入射する速度 v_x を求めよ．電子の質量を m_e，電荷を $-q_e$ とする．
(ロ) 偏向板の間を通る間，電子が y 方向に持つ加速度 a_y を求めよ．
(ハ) 偏向板を出るときに電子が持つ速度の y 成分 v_y を求めよ．
(ニ) $\tan\theta$ を表す式を求めよ．
(ホ) $V_0 = 5000\,\text{V}$，$V = 500\,\text{V}$，$d = 2\,\text{cm}$，$l = 5\,\text{cm}$ のとき，曲げの角 θ はどれだけか．

解答 (イ) 電位差 V_0 の区間を通るとき，電子は電場から仕事 $q_e V_0$ を受け，それが運動のエネルギー $\frac{1}{2}m_e v_x^2$ になるので，

$$v_x^2 = \frac{2q_e V_0}{m_e}$$

(ロ) 偏向板の間の（$-y$ 方向を向く）電場の大きさは $E = V/d$ で，電子は y 方向に力 $q_e E$ を受けるので，加速度は

$$a_y = \frac{q_e E}{m_e} = \frac{q_e V}{m_e d}$$

(ハ) 偏向板を通過するのに要する時間は $t = l/v_x$ で，その間の加速で電子が得る y 方向の速度は

$$v_y = a_y t = \frac{a_y l}{v_x}$$

(ニ) 上の結果から

$$\tan\theta = \frac{v_y}{v_x} = \frac{a_y l}{v_x^2} = \frac{l}{2d}\frac{V}{V_0}$$

(ホ) 数値を代入すれば $\tan\theta = 1/8$ だから，$\theta = 7.1°$．

---例題 5--------------------------------点電荷がつくる電場の電位---

原点 O にある点電荷 Q が周囲の空間につくる電場の, 任意の点 P における電位 $\phi(\mathrm{P})$ は, OP の距離を r とし, 無限遠の電位をゼロにとれば,

$$\phi(\mathrm{P}) = \frac{1}{4\pi\epsilon_0}\frac{Q}{r}$$

(イ) $\phi(\mathrm{P})$ を P の座標で微分して, クーロン電場が再現されることを確かめよ.
(ロ) 電荷 q を持つ粒子が, このクーロン電場から力を受けながら点 P から無限遠まで動くとき, その間に粒子が電場から受ける仕事は $q\phi(\mathrm{P})$ に等しいことを確かめよ.

[解答] (イ) 以下では比例定数 $1/(4\pi\epsilon_0)$ は省略する. $r = \sqrt{x^2+y^2+z^2}$ だから r の x による偏微分は

$$\frac{\partial r}{\partial x} = \frac{x}{\sqrt{x^2+y^2+z^2}} = \frac{x}{r}$$

したがって r の関数 $\phi(r)$ の x による偏微分は, 合成関数の微分法により

$$\frac{\partial \phi}{\partial x} = \frac{d\phi}{dr}\frac{\partial r}{\partial x} = \frac{d\phi}{dr}\frac{x}{r}$$

として計算すればよい. 今の例では $\phi(r) = Q/r$ だから, 電場の x 成分は

$$E_x = -\frac{\partial \phi}{\partial x} = \frac{Q}{r^2}\frac{x}{r}$$

となる. y, z 成分も同様に計算できるので, 結果はまとめて

$$\boldsymbol{E} = (E_x, E_y, E_z) = \frac{Q}{r^2}\left(\frac{x}{r}, \frac{y}{r}, \frac{z}{r}\right)$$

と表される. 最後の括弧の中のベクトルは, 動経 $\boldsymbol{r}$ の方向の単位ベクトルであるから, 確かに点電荷によるクーロン電場 (5.4) が再現される.

(ロ) 原点 O から点 P までの距離を r とする. 粒子が動経 OP を延長した直線に沿って無限遠まで動くとし (図 5.14), 途中の位置を O からの距離 r' で表せば, 粒子が r' から $r'+dr'$ まで進む間にクーロン力 $f(r') = qQ/r'^2$ がする仕事は $f(r')\,dr'$ だから, それを経路全体について加えれば, 電場がする仕事が

$$W = \int_r^\infty f(r')\,dr' = qQ\int_r^\infty \frac{1}{r'^2}\,dr' = \frac{qQ}{r}$$

と得られ, $W = q\phi(\mathrm{P})$ が確かめられる. 粒子が P から任意の経路 C に沿って無限

遠に行く場合も（図 5.15），C を動径方向の道とそれと垂直な方向の道のくり返しからなる，ギザギザな道で近似すれば，動径と垂直な方向に進む間は電場は粒子に仕事をしないので，結局，仕事は上で計算したものに帰着する．一般に，電場が荷電粒子にする仕事は，道の始点 A と終点 B から $q(\phi(\mathrm{A}) - \phi(\mathrm{B}))$ と決まり，途中の道のとり方によらない．

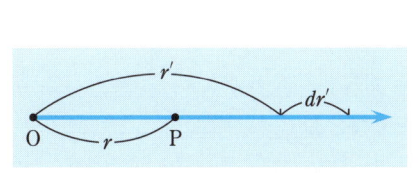

図 5.14 動径方向の道

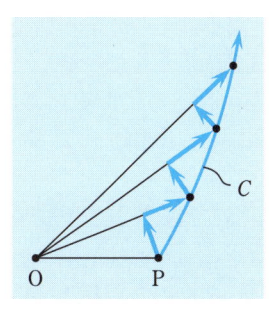

図 5.15 任意の道 C

問題

5.1 一様な電場 $\boldsymbol{E}$ の中に図 5.16 のように二点 A, B をとり，その間の電位差を，図に示す二つの道 C_1 および C_2 に沿って電場を線積分することにより計算せよ．C_1 は点 A, B を直線で結ぶ道，C_2 はまず点 A から電場と平行に点 C まで行き，ついで電場と垂直に点 B に達する道である．AC の長さを L とする．

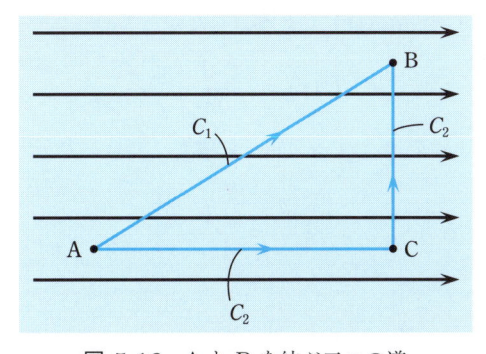

図 5.16 A と B を結ぶ二つの道

―― 例題 6 ――――――――――――――――――――――――――――――― 水素原子 ――

水素原子は，正電荷 $+q_e$ を持つ陽子と，負電荷 $-q_e$ を持つ電子が，クーロン引力で引きあって結合している系である（$q_e = 1.6 \times 10^{-19}$ C）．陽子の質量は電子の質量 m_e の約 1800 倍だから，太陽系における太陽と地球の場合のように，陽子は一点に静止し，そのまわりを電子が運動するとみなしてよい．いま，電子は陽子を中心とする半径 r の等速円運動をすると仮定し，水素原子のエネルギーを計算しよう．

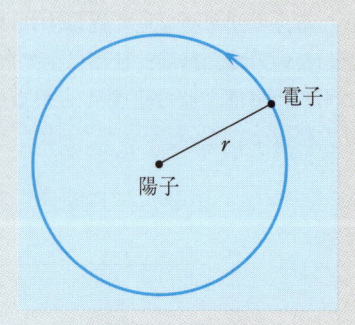

図 5.17 水素原子

（イ） 電子のポテンシャルエネルギー $U(r)$ を表す式を書け．ただし r が無限大のときのポテンシャルエネルギーをゼロとおく．

（ロ） 円運動の向心力は，電子に働くクーロン力である．そのことから，円運動をする電子の運動エネルギーとポテンシャルエネルギーの間に，簡単な関係があることを示せ．

（ハ） この運動の全エネルギー E を r で表す式を書け．

（ニ） ボーアは 1913 年に，理論的考察から，原子半径として $r = 0.53 \times 10^{-10}$ m という値を導いた．この値に対応する E の値を，電子ボルト単位で計算せよ．

（ホ） この水素原子から電子をはぎとる（原子をイオン化する）には，どれだけのエネルギーが必要か．

[解答] （イ） 原点にある電荷 q_e がつくるクーロン電場の電位を $\phi(r)$ とすれば，この電場の中に置かれた電荷 $-q_e$ の粒子が，原点から距離 r の点で持つポテンシャルエネルギーは $U(r) = -q_e \phi(r)$ である．したがって

$$U(r) = -\frac{1}{4\pi\epsilon_0} \frac{q_e^2}{r}$$

（ロ） 等速円運動の速度を v とする．電子に働くクーロン力が円運動の向心力になっているのだから

$$\frac{m_e v^2}{r} = \frac{1}{4\pi\epsilon_0} \frac{q_e^2}{r^2}$$

両辺に $r/2$ をかけて

$$\frac{1}{2} m_e v^2 = \frac{1}{4\pi\epsilon_0} \frac{q_e^2}{2r} = -\frac{1}{2} U(r)$$

すなわち，円運動の運動エネルギーは，ポテンシャルエネルギーの絶対値の 1/2 に等しい．

（ハ）　上の関係を用いれば，円運動をする電子の全エネルギーは

$$E = \frac{1}{2} m_\mathrm{e} v^2 + U(r) = \frac{1}{2} U(r) = -\frac{1}{4\pi\epsilon_0} \frac{q_\mathrm{e}^2}{2r}$$

（ニ）　電位差 ϕ ボルトの区間を電荷 q_e クーロンの粒子が通るときに粒子が得るエネルギーは $q_\mathrm{e}\phi$ ジュール $= \phi$ 電子ボルト である．したがってエネルギー E の値を eV 単位で求めるには，E/q_e を V 単位で求めればよい．結果の数値がそのまま eV 単位で表した E の数値になる．（ハ）の式から E/q_e を計算すれば

$$\frac{E}{q_\mathrm{e}} = -\frac{1}{4\pi\epsilon_0} \frac{q_\mathrm{e}}{2r} = -\frac{9 \times 10^9 \times 1.6 \times 10^{-19}}{2 \times 0.53 \times 10^{-10}} = -13.6 \,\mathrm{V}$$

となるので，E の値は $-13.6\,\mathrm{eV}$ である．

（ホ）　電子が到達できる範囲は運動エネルギーが正の範囲，すなわち $E > U(r)$ の範囲であり，無限遠でのポテンシャルエネルギーはゼロであるから，$E > 0$ の電子は，陽子から受ける引力を振り切って遠方に飛び去ることができる．それには電子に $13.6\,\mathrm{eV}$ のエネルギーを与えればよい．

問題

6.1 テレビのブラウン管やパソコン端末の CRT （陰極線管）では，熱したフィラメント F を出た電子に，$10\,\mathrm{kV}$ 以上の高電圧をかけた区間を走らせ，電場で加速する．加速前の電子の速度はほとんどゼロと考えてよい．

（イ）　加速する区間の電位差 V が $10\,\mathrm{kV}$ の場合には，加速により，電子の運動エネルギー E は何 eV になるか．

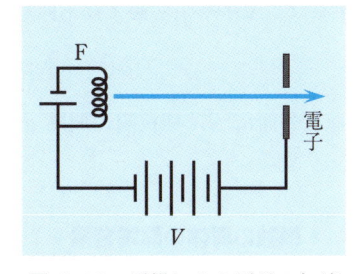

図 5.18 電場による電子の加速

（ロ）　電子の質量を m_e とするとき，$m_\mathrm{e} c^2$ はエネルギーの次元を持つ量で，相対性理論ではこれを電子の静止エネルギーと呼ぶ．その値は $m_\mathrm{e} c^2 = 0.51\,\mathrm{MeV}$ （M（メガ）$= 10^6$）．このことを用いて，加速された電子の速度 v と光速度 c の比 v/c を求めよ．

5.3 導　　体

● **導体**　　金属や電解質溶液のような**導体**では，その内部に多数の自由に動ける電荷（電子やイオン）があり，電場から力を受けると，それらの電荷が電場の方向に動いて電流となる．導体中に電流が流れていないときには，導体内部に電場はなく（したがって一つの導体は全体が等電位），電荷密度もゼロである．導体に余分な電荷を与えたとき，電荷の居場所は導体の表面だけで，その分布の仕方は，導体内部で電場がゼロになるという条件から，一意的に定まる．

● **静電誘導**　　帯電していない導体を外部電場の中に置くと，導体中の電荷が外部電場から力を受けて短時間移動する．その結果導体表面に正負の電荷が現れる．この表面電荷は，それがつくる電場が導体内部で外部電場を打ち消すように分布する．この現象を**静電誘導**という．

● **静電遮蔽**　　ある領域を導体で囲うと，その領域は導体の内部と同じで，外部の電場はそこに入り込めない．これを**静電遮蔽**といい，外部のノイズを遮断するために用いられる．

● **コンデンサー**　　接近して置かれた二つの導体が**コンデンサー**（あるいは**キャパシター**）で，二つの導体を電極といい，電荷をたくわえるのに用いられる．電極に帯電している電荷を $\pm Q$，そのときの電極間の電位差を V とすれば，Q と V は比例する：

$$Q = CV. \tag{5.8}$$

比例定数 C をコンデンサーの**静電容量**という．容量の単位は F（ファラッド）：$F = C \cdot V^{-1}$．μF および pF もよく用いられる．

$$\mu(\text{マイクロ}) = 10^{-6}, \quad p(\text{ピコ}) = 10^{-12}$$

極板の面積 S，極板間の間隔 d の平行板コンデンサーの容量は

$$C = \epsilon_0 \frac{S}{d} \tag{5.9}$$

● **単独の導体の静電容量**　　導体に帯電する電荷 Q と，その導体が無限遠に対して持つ電位 V は比例する：$Q = CV$．比例定数 C を導体の静電容量という．これは，その導体と無限遠を一つのコンデンサーの両極とみるときの，コンデンサーの静電容量にほかならない．

● **静電エネルギー**　　帯電しているコンデンサーには

$$U = \tfrac{1}{2}QV = \tfrac{1}{2}CV^2 \tag{5.10}$$

のエネルギーがたくわえられる．これは，この電荷分布をつくりあげるために外力がした仕事に等しい．

● **電場のエネルギー密度** ● 電場が存在する空間には，エネルギーが電場と共に分布する．その**エネルギー密度**（単位体積あたりのエネルギー）は

$$u = \frac{\epsilon_0}{2} \boldsymbol{E}^2 \tag{5.11}$$

コンデンサーの静電エネルギーも電極間の電場にたくわえられる．

● **誘電体** ● コンデンサーの電極の間に**誘電率**（厳密には相対誘電率）κ の**誘電体**（絶縁体）をつめると，コンデンサーの静電容量は κ 倍になる．これは誘電体中で分極が起こり，誘電体の表面に，コンデンサーの電極の電荷と反対符号の分極電荷が現れるためである．

● **絶縁破壊** ● 電場をかけても内部に電流が流れない物質が絶縁体であるが，電場の強さが大きすぎると，絶縁が破れ放電が起こる．そのためコンデンサーには，かけてよい電位差の最大値が決まっている．気体はよい絶縁体であるが，気体の圧力を減らしていくと共に絶縁性が悪くなる．（気体の圧力を極端に小さくしたときに起こる放電が，蛍光灯などで用いられる真空放電である．）

電気ショック

コンデンサーに不用意に手を触れると，帯電している電荷の放電で，人体がショックを受けることがある．（それを防ぐため，触れる前にコンデンサーをショートしておく必要がある．）人体を通る放電で 0.25 J 程度のエネルギーが放出されると，ショックはかなり強いと言われている．容量が $C = 1\mu\text{F}$ のコンデンサーを例にとると，放出されるエネルギー（すなわちコンデンサーにたくわえられている静電エネルギー $U = \frac{1}{2}CV^2$）がこの値になるのは，帯電電圧が $V \approx 700$ V の場合である．

誘電体が電場から受ける力

紙や毛髪がテレビの画面に引きつけられるのはなぜだろうか．ブラウン管の蛍光面には絶えず電子があたるので，蛍光面は負に帯電している．紙や毛髪は誘電体で，それ自体は帯電していないが，蛍光面の負電荷がつくる電場の中で誘電分極を起こし，蛍光面に近い側の表面には正の分極電荷が，反対側の表面には負の分極電荷が現れる．この分極電荷と蛍光面の負電荷の間に引力や斥力が働くが，正の分極電荷の方が蛍光面にわずかに近いので，引力が斥力に勝って，蛍光面に引きつけられる．蛍光面が汚れやすいのも，空気中の微粒子を同じ理由で引きつけるからである．

例題 7 ─────────── 平行板コンデンサーの電場 ───

平行板コンデンサーの二つの極板が，それぞれ電荷 Q と $-Q$ を帯電している．このときできる電場を求めよ．極板の面積を S とする．極板の端の影響は無視して考えよ．

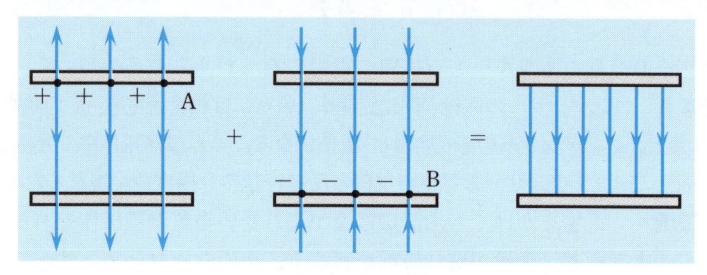

図 5.19 電場の重ね合せ

[解答] 導体を含む問題の難しさは，導体に与えた電荷が，導体表面上でどう分布するか，あらかじめ知ることができない点にある．導体中に電場がある限り，電気力線に沿って電荷が移動し続けるので，移動が終わった後は，導体内部には電場は存在しない．すなわち，移動が終わった後の表面の電荷分布は，導体中に電場をつくらないような電荷分布で，それは一通りしか存在しない．しかしそれがどのような電荷分布であるかは，問題が解けた後でしかわからないし，問題を解く万能の方法もない．よく用いられる解法は，適当な電荷分布を仮定して，それがつくる電場を求め，導体中の電場を調べる方法である．もし導体中に電場が存在しなければ，仮定した電荷分布が正しかったことになる．

今の例では，$\sigma \equiv Q/S$ として，二つの極板の内側の表面に，それぞれ面密度 σ および $-\sigma$ で，電荷が一様に分布すると仮定してみる．極板が無限に広い場合には，これが正しい電荷分布であることが，次のようにしてわかる．図の A 面の電荷分布だけがあるとすれば，問題 1.1 により，A 面の両側に大きさ $\sigma/2\epsilon_0$ の外向きの電場ができる．同様に，B 面の電荷分布だけがあれば，B 面の両側に大きさ $\sigma/2\epsilon_0$ の内向きの電場ができる．A, B 両面の電荷分布があるときの電場は，上の結果の重ね合せで得られる．すなわち，A 面と B 面の間の空間には，A から B へ向く，大きさ

$$E = \frac{\sigma}{\epsilon_0}$$

の電場ができ，A 面および B 面の外側の電場は打ち消されてゼロになる．この外側の領域には，極板の内部も含まれるので，これが正しい電場であることがわかる．

[注意] 現実には極板の面積は有限だから，上の結果は端の近くでは成り立たない．

5.3 導体

例題 8 ───────────────────── 二枚の平行導体板 ─

十分に広い二枚の平行な導体板 A, B に，それぞれ単位面積あたり σ_A および σ_B の電荷を帯電させる．どのような電場ができるか．

[解答] 導体板 A, B の外側の表面には，どちらも電荷密度 σ_1 の電荷が分布すると仮定すれば，この電荷分布は A, B の外部にだけ大きさ σ_1/ϵ_0 の外向きの電場をつくる．また A, B の内側の表面には，それぞれ電荷密度 $+\sigma_2, -\sigma_2$ の電荷が分布すれば，この電荷分布は A と B の間の空間にだけ，大きさ σ_2/ϵ_0 の A から B へ向く電場をつくる．σ_1 と σ_2 は，条件

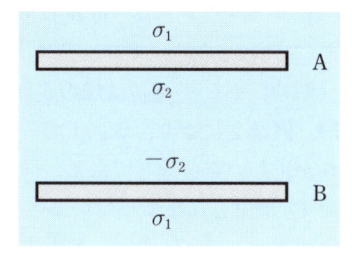

図 5.20 導体板上の電荷密度

$$\sigma_1 + \sigma_2 = \sigma_A, \quad \sigma_1 - \sigma_2 = \sigma_B$$

から，

$$\sigma_1 = \tfrac{1}{2}(\sigma_A + \sigma_B), \quad \sigma_2 = \tfrac{1}{2}(\sigma_A - \sigma_B)$$

と決まる．こうして，与えられた条件を満たし，かつ導体中ではゼロになる電場が一つ得られたので，電場の一意性により，これが求める結果である．すなわち，A, B の外側には，外向きの電場

$$E_{\text{out}} = \frac{\sigma_A + \sigma_B}{2\epsilon_0}$$

ができ，A, B の間の空間には，A から B に向く電場

$$E_{\text{in}} = \frac{\sigma_A - \sigma_B}{2\epsilon_0}$$

ができる．外側からみれば，与えられた電荷分布は，電荷密度 $\sigma_A + \sigma_B$ の，一枚の平面上の電荷分布と区別できないことに注意しよう．

問題

8.1 平行板コンデンサーで，両極板の間が空気の場合には，極板間で放電を起こさずにたくわえることのできる電荷の最大値は，$1\,\text{cm}^2$ あたり約何 C か．

8.2 一様な外部電場 E_0 の中に，二枚の広い平行な導体板を電場と垂直に置き，導体板の間を導線で結ぶ．どのような電場ができるか．

8.3 自動車の車内は，激しい雷雨の中を走るときにも安全とされている．なぜか．

例題 9 ────────────────────────── 帯電した金属球

半径 a の金属球に電荷 Q が帯電している.
(イ) 表面のすぐ外側の電場の強さ E はどれだけか.
(ロ) 金属球と無限遠の間の電位差 V はどれだけか.
(ハ) この金属球の静電容量 C はどれだけか.

[解答] (イ) 電荷は球の表面に,一様な電荷面密度 $\sigma = Q/4\pi a^2$ で分布する.実際,例題 2 により,球面上の一様な電荷分布は球の内部に電場をつくらないので,それが正しい電荷分布である.同じ例題で,この電荷分布が球外につくる電場は,全電荷 Q が中心に集まっているときと同じ電場であることを学んだ.すなわち,中心から距離 r の点 ($r \geq a$) の電場の強さは

$$E(r) = \frac{1}{4\pi\epsilon_0}\frac{Q}{r^2}$$

したがって表面のすぐ外の電場は

$$E(a) = \frac{1}{4\pi\epsilon_0}\frac{Q}{a^2}$$

一般に任意の形の導体で,表面上の任意の点 P で,その点の電荷面密度 $\sigma(\mathrm{P})$ とすぐ外の電場 $E(\mathrm{P})$ の間に $E(\mathrm{P}) = \sigma(\mathrm{P})/\epsilon_0$ の関係があるが,上の結果はその具体例である.

(ロ) 球外の電場は,中心にある点電荷 Q による電場と同じだから,球外の電位も,点電荷の場合の電位と同じである.すなわち中心から距離 r の点の電位は

$$\phi(r) = \frac{1}{4\pi\epsilon_0}\frac{Q}{r}$$

無限遠の電位をゼロにとっているので,表面と無限遠の電位差 V は表面の電位に等しい.すなわち

$$V = \phi(a) = \frac{1}{4\pi\epsilon_0}\frac{Q}{a}$$

(ハ) 導体に電荷 Q が帯電するときの,無限遠との電位差が V なら,静電容量は $C = Q/V$ である.したがって(ロ)の結果から

$$C = 4\pi\epsilon_0 a$$

問題

9.1 例題 9 で,金属球に帯電している電荷が持つ静電エネルギー U はどれだけか.

例題 10 ──────────────────── 電場のエネルギー密度 ──

ファラデーによれば，静電エネルギーは，電場 E が存在する空間にエネルギー密度（単位体積あたりのエネルギー）$u = \frac{1}{2}\epsilon_0 E^2$ で分布すると解釈できる．半径 a の導体球に電荷 Q が帯電している場合について，それを確かめよ．

[解答] 導体球の外部の電場の大きさは，中心から距離 r の点では

$$E(r) = \frac{1}{4\pi\epsilon_0}\frac{Q}{r^2}$$

したがってその点のエネルギー密度は

$$u(r) = \frac{1}{2}\epsilon_0 E^2 = \frac{1}{32\pi^2\epsilon_0}\frac{Q^2}{r^4}$$

導体球の外部の空間を，同心球面からなる薄い層に分ける．中心からの距離が r と $r+dr$ の間の層に含まれるエネルギー dU は，この層の体積が $4\pi r^2\, dr$ だから

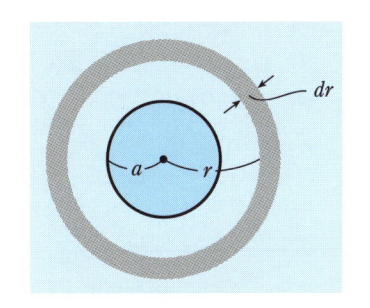

図 **5.21** 薄い層

$$dU = u(r)4\pi r^2\, dr = \frac{1}{8\pi\epsilon_0}\frac{Q^2}{r^2}\, dr$$

したがって球外部の全空間に含まれるエネルギーは

$$U = \int_a^\infty u(r)4\pi r^2\, dr = \frac{Q^2}{8\pi\epsilon_0}\int_a^\infty \frac{dr}{r^2} = \frac{Q^2}{8\pi\epsilon_0}\left[-\frac{1}{r}\right]_a^\infty = \frac{1}{8\pi\epsilon_0}\frac{Q^2}{a}$$

となり，問題 9.1 の結果と一致する．

問題

10.1 半径 $a = 10\,\text{cm}$ の金属球が空気中にあるとき，この球が帯電できる電荷の最大値 Q は，ほぼどれだけか．そのときの球の電位（無限遠との電位差）V および静電エネルギー U はどれだけか．

[注意] 空気の絶縁耐力（約 3 万 $\text{V}\cdot\text{cm}^{-1}$）より大きな電場があると，そこでコロナ放電という局所的な放電が起こる．

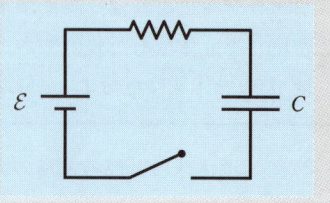

例題 11 ────────────────── コンデンサーの充電 ──

静電容量 $C = 1\,\mathrm{pF}$ のコンデンサーを図のように起電力 $\mathcal{E} = 1.5\,\mathrm{V}$ の電池につなぎ，スイッチを入れる．回路には短時間だけ電流が流れ，コンデンサーが充電される．
(イ) 電流が流れなくなったとき，コンデンサーはどれだけの電気量を帯電しているか．
(ロ) その間に電池はどれだけの仕事をしたか．
(ハ) コンデンサーにたくわえられているエネルギーはどれだけか．
(ニ) 上の(ロ)と(ハ)の差のエネルギーはどこへ行ったか．

図 5.22 コンデンサー

──────────────────────────

[解答] (イ) 電流が流れなくなった状態では，コンデンサーの極板間の電位差 V は電池の起電力 $\mathcal{E}$ に等しいので，帯電する電荷は $Q = CV = 1.5 \times 10^{-12}\,\mathrm{C}$.
(ロ) 電池の起電力は，そこを通過する 1 C の電荷に電池がする仕事を表す．いまは上の電荷 Q が通過したのだから，電池がした仕事は $W = Q\mathcal{E} = 2.25 \times 10^{-12}\,\mathrm{J}$.
(ハ) コンデンサーの静電エネルギーは $U = \frac{1}{2}QV = \frac{1}{2}Q\mathcal{E} = 1.125 \times 10^{-12}\,\mathrm{J}$.
(ニ) 電流が流れている間，回路の電気抵抗でジュール熱が発生する．この熱に変わったエネルギーが上の(ロ)と(ハ)の差である．

問 題

11.1 半径 $a = 10\,\mathrm{cm}$ の金属球を起電力 $\mathcal{E} = 100\,\mathrm{V}$ の電池の一つの極につなぎ，電池のもう一方の極は接地する (図 5.23)．金属球には何 C の電荷が帯電するか．

11.2 落雷のモデルを考える．高度 1000 m にある雷雲の底を，一辺 3 km の正方形とみなし，雷雲と地表の間の電位差を 1 億 V とする．
(イ) 雷雲と地表を平行板コンデンサーとみなし，その容量，帯電する電荷，たくわえられているエネルギーを計算せよ．
(ロ) このコンデンサーの放電が落雷である．落雷の際に流れる電流の平均の強さを 3 万 A とすれば，稲妻が続く時間はどれほどか．

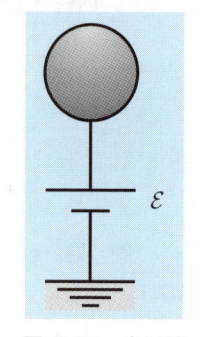

図 5.23 金属球

5.4 電　流

●**オームの法則**●　電線のような細長い導体を流れる電流を考える．電線の断面を単位時間に通過する電気量を，**電流の強さ**（あるいは単に**電流**）という．単位は A（アンペア）：$A = C \cdot s^{-1}$．断面積 S の電線中を強さ I の電流が流れるとき，単位断面積あたりの電流 $j = I/S$ を**電流密度**という．電荷が導体中を動けるのは，電場から力を受けるときだけである．したがって電流が流れているときには，導体中に電流の方向の電場が存在する．ある場所の電場を E，そこを流れる電流の密度を j とすれば，j は E に比例する：

$$j = \sigma E \tag{5.12}$$

σ は電流の流れやすさを表す物質定数で**電気伝導度**といい，その逆数 $\rho = 1/\sigma$ を**電気抵抗率**という．電流は電場の方向に流れるので，導体中の電位は電流に沿って下がる．電流 I に沿って二点 A，B をとり，二点の電位差を $V = \phi(A) - \phi(B)$ とすれば，V は I に比例する：

$$V = RI \tag{5.13}$$

比例定数 R を A，B 間の**電気抵抗**という．抵抗の単位は Ω（オーム）：$\Omega = V \cdot A^{-1}$．断面積 S の電線の場合には，A，B 間の間隔を l とすれば抵抗は

$$R = \rho \frac{l}{S} \tag{5.14}$$

(5.12) および (5.13) を**オームの法則**と呼ぶ．

●**抵抗率の温度による変化**●　純粋な金属の抵抗率は，絶対温度にほぼ比例して増大する．

●**ジュール熱**●　導体中の電流に電場がする仕事は，熱や光のエネルギーに変わる．これを**ジュール熱**という．電流回路の中の，ある区間の電気抵抗を R，そこを流れる電流を I，区間の両端の電位差（電圧降下）を V とすれば，その区間で単位時間に発生するジュール熱 P は

$$P = VI = I^2 R = \frac{V^2}{R} \tag{5.15}$$

回路を電流が流れ続けるには，回路の中に含まれる電池のような仕事源が，ジュール熱として失われるエネルギーを補給する必要がある．

●**起電力**●　定常電流（時間的に一定の電流）は閉じた回路を流れる．（定常でない電流の例には，帯電したコンデンサーの両極を導線で結ぶときに流れる，放電電流な

どがある．コンデンサーを含む回路は閉じていない．）電流として流れる電荷は，電場から力を受けながら，電位の下り勾配の方向に進む．しかし回路を一周すれば電位は元の値に戻るので，回路のどこかに電位が上がる場所があるはずで，そこを通るときには，電荷は電場と逆方向に進まねばならない．それには電池などの仕事源が，電位の上り勾配に沿って電荷を押し上げる必要がある．電池などを通る1Cの電荷に仕事源がする仕事 $\mathcal{E}$ を，**起電力**（emf）という．$\mathcal{E}$ の単位はV．この仕事源を通ると電位は $\mathcal{E}$ だけ上がる．仕事源を電流 I が通るとき，仕事源が単位時間にする仕事（すなわち仕事率）は $\mathcal{E}I$ である．仕事率の単位はW（ワット）：$W = J \cdot s^{-1}$．起電力と電位差は異なる概念だが，電流回路を扱う際には，どちらも電圧と呼ばれることが多い．

● **合成抵抗** ● 直列に結んだ二つの抵抗 R_1, R_2 は，一つの抵抗

$$R = R_1 + R_2 \tag{5.16}$$

と同じ働きをする．並列に結んだ二つの抵抗 R_1, R_2 は，

$$\frac{1}{R} = \frac{1}{R_1} + \frac{1}{R_2} \tag{5.17}$$

で決まる一つの抵抗 R と同じ働きをする．並列の場合には，合成抵抗 R は R_1, R_2 のどちらよりも小さいことに注意．

> ### 電位差と電圧
>
> 実用上は，電位差の代わりに**電圧**という言葉がよく用いられる．両者はほとんど同義語だが，ニュアンスがいくらか異なる．英語の voltage を，水流に対する水圧との類推から，電圧と意訳したのは名訳である．実際，電圧には電流を流す圧力という意味あいがある．だから，電位の異なる二点間を導線で結ぶとき電流が流れるならば，二点の電位差を電圧と言い換えてもよいが，電流が流れないときには，この言い換えはしない．たとえば二種類の金属 A, B を接触させると，一方から他方に多数の電子が移り，接触面に図のような正負の電荷分布ができる．そのため，コンデンサーの場合と同じように，二つの金属の間には電位差が生じる．これを**接触電位差**というが，A と B を導線で結んでも，導線と A および導線と B の間に電位差が生じるだけで，導線自体は全体が等電位に保たれ，電流は流れない．それゆえ，接触電位差は電圧とは言わない．
>
> 図 5.24 接触電位差

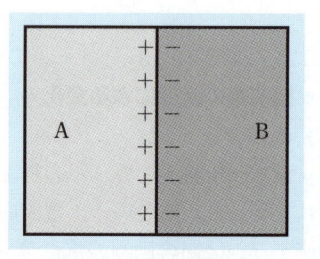

例題 12 ─────────────────── 電流回路

図は電流回路の一部で，抵抗の値は $R_1 = 2\,\Omega$, $R_2 = 10\,\Omega$, $R_3 = 40\,\Omega$, $R_4 = 20\,\Omega$ である．R_1 には電流 $I_1 = 1\,\mathrm{A}$ が流れている．

(イ) R_2 を流れる電流 I_2 はどれだけか．

(ロ) AB 間の電圧はどれだけか．

(ハ) R_4 を流れる電流 I_4 はどれだけか．

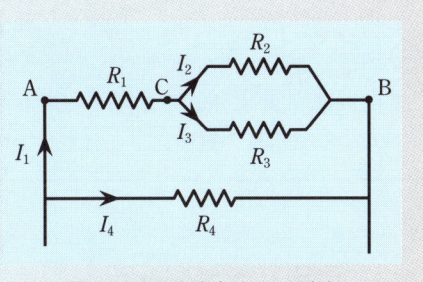

図 5.25 回路を流れる電流

[解答] (イ) CB 間の電位差は $R_2 I_2 = R_3 I_3$ で，$I_1 = I_2 + I_3$ だから，I_1 が I_2 と I_3 に $R_3 : R_2 = 4 : 1$ の割合で分かれる．したがって $I_2 = 0.8\,\mathrm{A}$．

(ロ) $\phi(\mathrm{A}) - \phi(\mathrm{B}) = I_1 R_1 + I_2 R_2 = 10\,\mathrm{V}$．

(ハ) $\phi(\mathrm{A}) - \phi(\mathrm{B}) = I_4 R_4$ より $I_4 = 0.5\,\mathrm{A}$．

問題

12.1 直径 $1\,\mathrm{mm}$，長さ $100\,\mathrm{m}$ の銅線の電気抵抗はどれだけか．室温における銅の抵抗率は $\rho = 1.69 \times 10^{-8}\,\Omega\cdot\mathrm{m}$．

12.2 同一の抵抗 r を n 個並列に結んだものの，合成抵抗はどれだけか．

12.3 電池内部の電解質溶液や極板は，わずかな電気抵抗を持つ．これをまとめて一つの抵抗とみなし，電池の**内部抵抗**と呼ぶ．起電力 $\mathcal{E}$ の電池の内部抵抗を r とする．

(イ) 図 5.26 の電池の両極 A, B の間に回路をつないでいないときには，端子電圧（両極間の電位差）はどれだけか．

(ロ) 両極間に抵抗 R をつなぐと，端子電圧はどれだけに下がるか．

(ハ) 起電力 $\mathcal{E} = 12\,\mathrm{V}$，内部抵抗 $r = 0.01\,\Omega$ の自動車用の電池から，電流 $I = 50\,\mathrm{A}$ を流す．電池の端子電圧はどれだけか．

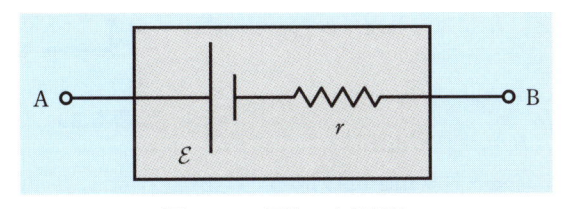

図 5.26 電池の内部抵抗

── 例題 13 ──────────────────────────── 電池の接続 ──

起電力 $\mathcal{E}$, 内部抵抗 r_1 の電池と, 起電力は同じだが内部抵抗が r_2 のもう一つの電池を並列に結んで, 抵抗 R につなぐ.
(イ) 抵抗 R に流れる電流 I はどれだけか.
(ロ) それぞれの電池にはどれだけの電流が流れるか.

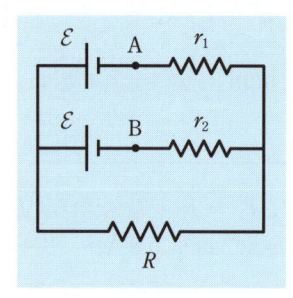

図 5.27 並列に結んだ電池

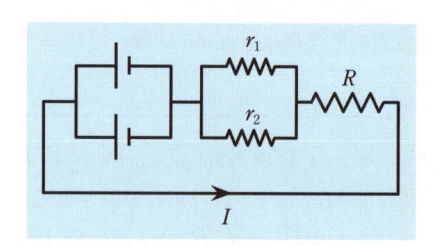

図 5.28 等価な回路

解答 (イ) 図 5.27 の A と B の電位は同じだから, そこを結んでも A, B 間に電流は流れない. その結果は r_1 と r_2 を並列につなぎ, それに R を直列につないだ図 5.28 の回路になるので, R を流れる電流は

$$I = \mathcal{E} \Big/ \left(R + \frac{r_1 r_2}{r_1 + r_2} \right)$$

(ロ) r_1 と r_2 を流れる電流を I_1, I_2 とすれば, $I_1 r_1 = I_2 r_2$. したがって

$$I_1 = \frac{r_2}{r_1 + r_2} I, \quad I_2 = \frac{r_1}{r_1 + r_2} I$$

注意 等価な回路という考えを使わなくても, $I_1 r_1 = I_2 r_2$ に注意すれば I が得られる.

問題

13.1 起電力 $\mathcal{E}$, 内部抵抗 r の電池が二つある.
(イ) この二つの電池を直列に結んで抵抗 R につなぐと, R にはどれだけの電流が流れるか (図 5.29).
(ロ) 二つの電池を並列に結んで R につなぐ場合には, R に流れる電流はどれだけか.
(ハ) 一般に複数個の電池を直列あるいは並列に結んで用いるのは, どのような目的のためか.

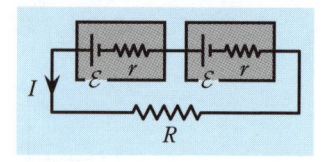

図 5.29 直列に結んだ電池

例題 14 ─────────────────────── テスター ─

図はテスターの回路の原理図で，Ⓐは $100\,\mu\mathrm{A}$ まで測れる電流計，R は $R = 10\,\mathrm{k\Omega}$ の抵抗で，端子 A，B を短絡したときに電流計の針がいっぱいに振れるように（すなわち電流 $I = 100\,\mu\mathrm{A}$ が流れるように）可動接点 P の位置を調整する．いま A，B 間に未知の抵抗 R_x をつないだところ，電流 $I_x = xI$ $(0 < x < 1)$ が流れた．R_x の値を与える式を導け．

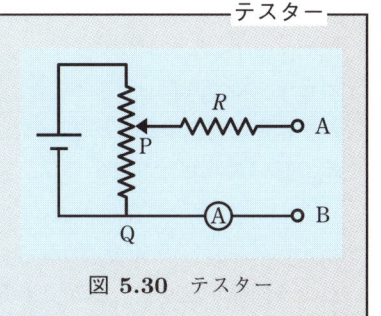

図 5.30 テスター

[解答] PQ 間の電位差を V とする．オームの法則は $V = (R + R_x)I_x$．とくに $R_x = 0$ のときは $V = RI$ だから，$(R + R_x)I_x = RI$ で，これから

$$\frac{R_x}{R} = \frac{I}{I_x} - 1 = \frac{1}{x} - 1$$

たとえば $x = 1/3$ ならば $R_x = 2R = 20\,\mathrm{k\Omega}$．

[注意] 電流計の内部抵抗の影響が，大きな抵抗 R を直列に入れることで，無視できるようになることが工夫である．なお厳密に言えば，AB 間を短絡したときと，抵抗 R_x をつないだときでは，電位差 V は変わるが，PQ 間の抵抗 r が $r \ll R$ ならば，その変化は小さい．

問題

14.1 図のⒶは電流計，Ⓥは電圧計を示す．図のように，電流計は，電流を測定したい線（図の AB）に直列に挿入して用い，電圧計は，電位差を測定したい二点（図の A と B）の間に並列につないで用いる．電流計と電圧計は基本的には同じ計器で，磁場が電流に及ぼす力などを用いて電流値を測る．電圧計の場合には，それに計器自身の電気抵抗の値をかけて電位差に換算する．計器自身の電気抵抗は，電流計ではできるだけ小さく，電圧計ではできるだけ大きく設定してある．なぜそうするのか．

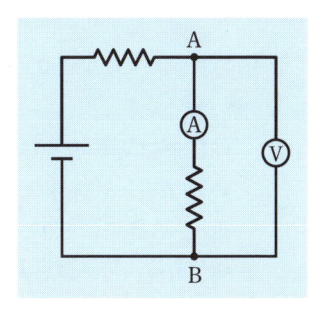

図 5.31 電流計と電圧計

例題 15 — ホイートストン・ブリッジ

図に，ホイートストン・ブリッジと呼ばれる回路を示す．検流計Ⓖは，そこに電流が流れるかどうかを精密に判定することを目的とする電流計である．Ⓖに電流が流れないのは，抵抗の間に

$$\frac{R_1}{R_2} = \frac{R_3}{R_4}$$

という関係が成り立つときであることを示せ．

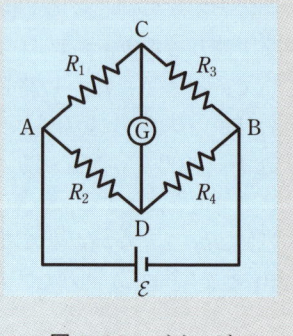

図 5.32 ブリッジ

[解答] 図 5.32 の回路の節点 A，B 等の電位を ϕ_A, ϕ_B などで表すことにする．検流計Ⓖに電流が流れないときには C と D に電位差はない：$\phi_C = \phi_D$．そのとき ACB を流れる電流を I_1，ADB を流れる電流を I_2 とすれば，A, B 間の電位差は起電力 $\mathcal{E}$ に等しいので，

$$I_1 = \frac{\mathcal{E}}{R_1 + R_3}, \quad I_2 = \frac{\mathcal{E}}{R_2 + R_4}$$

したがって A, C 間および A, D 間の電位差はそれぞれ

$$\phi_A - \phi_C = I_1 R_1 = \frac{R_1}{R_1 + R_3}\mathcal{E}, \quad \phi_A - \phi_D = I_2 R_2 = \frac{R_2}{R_2 + R_4}\mathcal{E}$$

であるが，C と D の電位は等しいので，この二つの電位差は等しく，これから

$$\frac{R_1}{R_1 + R_3} = \frac{R_2}{R_2 + R_4}$$

の関係が出る．これを書き直せば $R_1/R_2 = R_3/R_4$ となる．

問題

15.1 図は未知抵抗 R の値を測定するためのブリッジ回路で，R_0 は $1\,\Omega$ の抵抗，AB は長さ $1\,\mathrm{m}$ の一様な抵抗線である．可動接点 P を AB に沿ってすべらせたところ，$AP = 20\,\mathrm{cm}$ のとき，検流計Ⓖを流れる電流はゼロになった．抵抗 R の値はどれだけか．

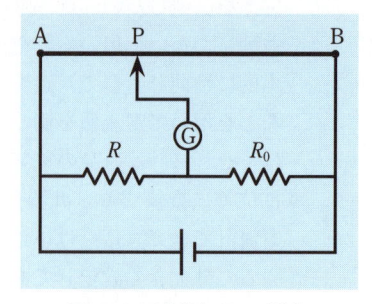

図 5.33 抵抗 R の測定

---**例題 16**----------------------------------**電気抵抗の温度変化**---

100 V, 100 W の電球を考える．
(イ) 電球が点灯しているとき，タングステンのフィラメントを流れている電流はどれだけか．
(ロ) このときの，フィラメントの電気抵抗はどれだけか．
(ハ) 点灯しているときのフィラメントの温度は 3000K に近い（K は絶対温度，0°C = 273.15K）．絶対温度 T に対して，タングステンの電気抵抗率はほぼ $T^{1.2}$ に比例して変化する．したがって室温（27°C とする）では，抵抗は点灯時にくらべずっと小さい．その値を求めよ．
(ニ) スイッチを入れた直後には，電球にはどれだけの電流が流れるか．その瞬間のジュール熱はどれだけか．

[解答] (イ) フィラメントの抵抗を R，フィラメントにかかる電圧を V，流れる電流を I，発生するジュール熱を P とすれば，$P = VI$ で，$P = 100$ W，$V = 100$ V より $I = 1$ A．
(ロ) $V = IR$ より $R = 100\,\Omega$．
(ハ) 室温での抵抗 R' は $R' = (300/3000)^{1.2} R = 6.31\,\Omega$．
(ニ) スイッチを入れた直後はフィラメントの抵抗が R' だから，流れる電流 I' とジュール熱 P' は

$$I' = V/R' = 16\,\text{A}, \quad P' = VI' = 1600\,\text{W}$$

問題

16.1 "電気抵抗を電流が流れるとき，抵抗値 R が大きいほど，そこで発生するジュール熱 P は大きい" という言い方は正しいか．

16.2 ニクロム線を用いる 100 V, 600 W の電熱器を考える．ニクロムはニッケルとクロムを主成分とする合金で，その抵抗率 ρ の値は温度にはあまり依存しない．ここでは $\rho = 10^{-6}\,\Omega\cdot\text{m}$ とする．
 (イ) この電熱器のニクロム線の抵抗はどれだけか．
 (ロ) ニクロム線の直径を 1 mm とすれば，その長さはどれだけか．

16.3 (イ) 100 V, 500 W の電熱器のニクロム線の長さを半分に縮めると，発熱量は何 W になるか．
 (ロ) 実際にこんなことをしては危険である．なぜか．

16.4 電球が切れるのは，ほとんどの場合，スイッチを入れた直後である．その理由を考えよ．

例題 17 ──────────────────────────── アース

電気器具の絶縁劣化による感電を防止するため,大型の電気器具には**アース**(接地)をつけることが推奨される.なぜアースは感電防止に役立つのだろうか.アースをしておけば,感電事故は起こらないだろうか.

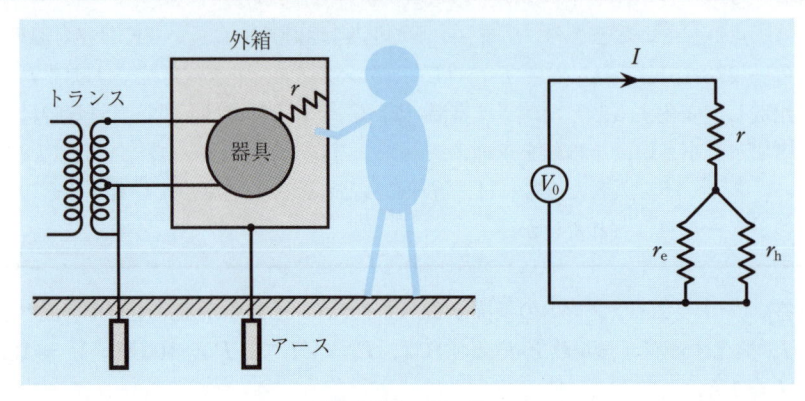

図 5.34 アース

[解答] 電気器具の外箱は,人が触れても安全なように,内部の電流回路と絶縁されている.その絶縁が劣化して,外箱が内部の回路と電気的につながってしまうと,感電の危険性が生じる.ここでまず,電線にとまる鳥は,たとえ電線が裸線であっても感電しないのに,人が絶縁不良の電気器具に触れると感電するのはなぜか,という疑問に答えておこう.感電の原因は,電柱の上にあるトランス(変圧器)の一点(中性点)が,接地されていることにある.家庭などに引き込まれる二本の電力線は,トランスの中性点から引いた電線(中性線)と,それに対し 100 V の電圧を持つ電線からなる.器具の回路が外箱に接触し,それに人が触れると,図のように人と地面とトランスの接地線を通る閉じた回路ができて,それに電流が流れる.(だからゴム長靴などを履いて,人体が地面と十分に絶縁されていれば,感電は起きない.)

では,器具の外箱の接地は,どのような働きをするのだろうか.ちょっと考えると,外箱をアースすれば,外箱は地面と等電位になり,人が外箱に触れても地面との電位差はないので,人体に電流は流れないと思える.しかしこの考えは単純すぎる.導線でつないだ二つの導体が等電位になるのは,電流が流れていないときのことで,電流が流れているときは,電流に沿って電位差がある.そこで,オームの法則を用いてきちんと考えてみよう.外箱が内部の回路と絶縁されていれば,電源と外箱の間の抵抗は無限大である.絶縁不良により,その抵抗が r になったとする.人体の抵抗を r_h とすれば,外箱に触れた人に流れる電流 $\tilde{I}_h$ は,電源電圧を V_0 とすれば

$$\tilde{I}_\mathrm{h} = \frac{V_0}{r+r_\mathrm{h}}$$

ここで外箱にアースをつけると，人体を通る道とアースを通る道が並列にできるので，アースの抵抗を r_e とすれば，電源から外箱に流れる全電流 I は

$$I = \frac{V_0}{r + \dfrac{r_\mathrm{h} r_\mathrm{e}}{r_\mathrm{h}+r_\mathrm{e}}}$$

これが並列の r_h と r_e に分かれるので，人体を通る電流 I_h は

$$I_\mathrm{h} = \frac{r_\mathrm{e}}{r_\mathrm{h}+r_\mathrm{e}} I = \frac{r_\mathrm{e}}{rr_\mathrm{h} + rr_\mathrm{e} + r_\mathrm{h} r_\mathrm{e}} V_0$$

となる．少し整理すると，アースをつける前と後の，人体を通る電流 $\tilde{I}_\mathrm{h}$ と I_h の関係が

$$I_\mathrm{h} = \frac{1}{1+\dfrac{r}{r+r_\mathrm{h}}\dfrac{r_\mathrm{h}}{r_\mathrm{e}}} \tilde{I}_\mathrm{h}$$

と表される．これからわかるように，アースをつけると，確かに人体を通る電流は減少する．その理由を言葉で言えば，アース抵抗 r_e を人体 r_h と並列に入れると，合成抵抗は r_h より小さくなり，電源から外箱へ流れる電流 I が増す．それにより電圧降下 Ir が増すので，人体 r_h にかかる電圧 $V_0 - Ir$ は減り，I_h が減るのである．とくに $r_\mathrm{e} \ll r_\mathrm{h}$ なら $I_\mathrm{h} \ll \tilde{I}_\mathrm{h}$ で，アースをつけた目的は達せられる．

ただ例外は，絶縁不良部分の抵抗 r が小さい場合で，このときは上で言った電圧降下が小さいので，アースをつけても I_h はあまり減らない．極端な場合は $r=0$ のときで，人体を流れる電流はアースの有無には無関係に $I_\mathrm{h} = V_0/r_\mathrm{h}$ となる．これは，電源に直接手を触れた場合と同じだから当然である．このような場合があるため，アースをつけても感電の危険性はゼロにはならない．

なお上でアース抵抗 r_e と呼んだものは，外箱からアースを通ってトランスに到る道の全抵抗で，それに実質的に寄与するのは，外箱のアース極とトランスのアース極の間の，大地の抵抗である．その主な部分は，アース極の付近の大地の抵抗なので，それを減らすにはできるだけ大きな導体を，アース極として地面に埋める必要がある．電線に釘をつけて埋めたくらいでは，アースの役割はほとんど果たせないことを記憶しておこう．

問題

17.1 家庭用のふつうの電気器具の出力の上限はほぼ $1.2\,\mathrm{kW}$ で，それ以上出力の大きな器具を用いるときには，特別なコンセントを用意しなければならない．なぜか．

---例題 18---　　　　　　　　　　　　　　　　　　　　　　---コンデンサーの放電---

電位差 V_0 に帯電している，容量 C のコンデンサーの両極を抵抗 R を通して結ぶと，正の電極から負の電極に電流が流れて，電極の電荷がなくなる．この放電電流の時間変化を調べよ．

ヒント　時刻 t に極板に帯電している電荷を $\pm Q(t)$ とすれば，単位時間あたりの $Q(t)$ の減少分が放電電流 $I(t)$ に等しいので，$I(t) = -\dfrac{dQ(t)}{dt}$ という関係が成り立つ．

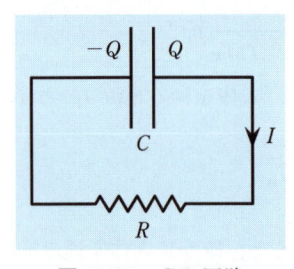

図 5.35　CR 回路

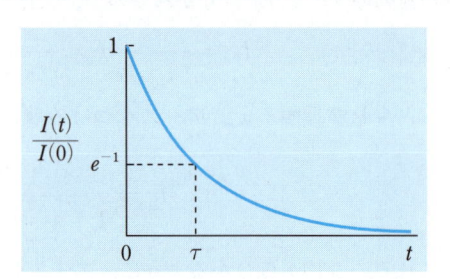

図 5.36　放電電流

[解答]　時刻 t の電極間の電位差は $V(t) = Q(t)/C$ だから，オームの法則 $V = RI$ は $Q(t)/C = RI(t)$．これに ヒント の関係を入れれば，

$$\frac{dQ(t)}{dt} = -\frac{1}{CR}Q(t)$$

この微分方程式の解は，初期条件を $Q(0) = Q_0$ とすれば $Q(t) = Q_0 e^{-t/CR}$．したがって放電電流 $I(t)$ は

$$I(t) = -\frac{dQ}{dt} = \frac{Q_0}{CR} e^{-t/CR} = \frac{V_0}{R} e^{-t/CR}$$

ただし $Q_0 = CV_0$ を用いた．$I(t)$ は図 5.36 のように指数関数的に減少する．$I(t)$ が $t = 0$ の値の $e^{-1} = 0.3679$ に減少するまでの時間 $\tau = CR$ を **時定数** という．

問題

18.1 テレビの受像器の内部に，テレビが動作中のときには 30 kV 程度の高電圧に帯電する，コンデンサーがある．このコンデンサーの両極は，安全のため，1 MΩ 程度の抵抗を通してつないである．テレビのスイッチを切り，コンデンサーに電荷が供給されなくなると，この抵抗を通る電流によってコンデンサーは放電する．

　　(イ)　コンデンサーの容量が $10\,\mu\mathrm{F}$ なら，時定数はどれだけか．
　　(ロ)　電極間の電位差が 3 V に減るには，何秒かかるか．

5.5 ローレンツの力，磁場が電流に及ぼす力

●**ローレンツの力**● 磁場 B は，その中で動く荷電粒子に力を及ぼす．荷電粒子の電荷を q，速度を v とし，v と B の間の角を θ とすると，磁場 B が粒子に及ぼす力 f の大きさは

$$f = qvB\sin\theta \tag{5.18}$$

力 f の方向は v と B が張る面と垂直で，q が正の場合の f の向きは v から B にまわる右ネジが進む向きである．ベクトル積の記号を用いれば，これは

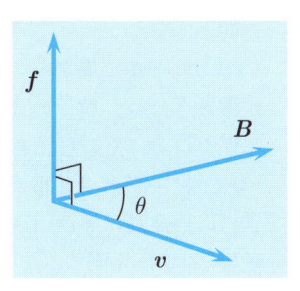

図 5.37 ローレンツの力

$$f = qv \times B \tag{5.19}$$

と表される．この力を**ローレンツの力**という．とくに速度 v と磁場 B が平行なときには，$\theta = 0$ だから力は働かない．v と B が直交するときには，v と B の方向をそれぞれ右手系の x 軸と y 軸の方向とすれば，f は z 軸の方向を向く．力が速度と直交するので，ローレンツの力は粒子に仕事をしない．磁場 B のほかに電場 E もあれば，粒子には力

$$f = q(E + v \times B) \tag{5.20}$$

が働く．

磁場 B（正式の名前は**磁束密度**）の単位は T（テスラ）：$\mathrm{T} = \mathrm{V} \cdot \mathrm{m}^{-2} \cdot \mathrm{s}$．$1\,\mathrm{T} = 10^4\,\mathrm{gauss}$ の関係にある gauss（ガウス）もよく使われる．

●**磁場が電流に及ぼす力**● 電流は一方向に動く電荷の集まりだから，磁場は電流に力を及ぼす．電流 I が流れる導線の，長さ dl の部分に働く力の大きさは

$$df = IB\sin\theta\,dl \tag{5.21}$$

で（θ は導線と磁場の間の角），導線と磁場の両方に垂直な方向を向く．これもベクトル積を用いれば

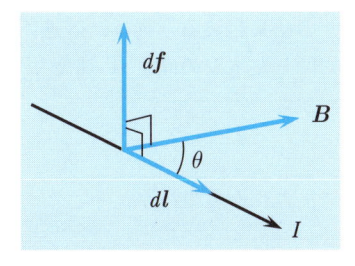

図 5.38 磁場が電流に及ぼす力

$$df = I\,dl \times B \tag{5.22}$$

と表せる．

── 例題 19 ──────────────────────────── 荷電粒子の円運動 ──

一様な磁場 B の中で，質量 m，電荷 q の荷電粒子が行う運動を考える．磁場の方向を z 方向とする．

(イ) 粒子が磁場からの力だけを受けて運動するときには，粒子の運動エネルギーは一定に保たれる．その理由を説明せよ．

(ロ) 粒子が磁場と垂直な面内で運動するときには，運動は等速円運動で，その半径 r は磁場 B に反比例することを示せ．

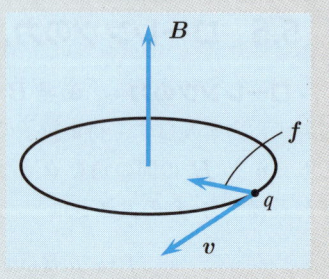

図 5.39 磁場中の円運動

(ハ) この円運動の角速度 ω（したがって周期 T）は，粒子の速度にはよらないことを示せ．

(ニ) 10 keV の運動エネルギーを持つ電子に半径 1 cm の円運動をさせるには，どれだけの磁場をかける必要があるか．

[解答] (イ) 磁場が荷電粒子に及ぼすローレンツの力は，粒子の速度と垂直な方向に働く．したがって粒子の加速度は，速度と直交する．このような加速度は速度の方向を変えるだけで，速度の大きさは変えない．それゆえ，粒子の運動エネルギーは一定に保たれる．粒子を加速する（運動エネルギーを増加させる）ためには，電場をかける必要がある．

(ロ) 粒子の速度 v が磁場 B の方向の成分を持たないときには，ローレンツの力の大きさは $f = qvB$ で，v は一定だから，f も一定である．大きさ一定の力 f が常に速度と直交する方向に働けば，その方向に大きさ一定の加速度 $a = f/m$ が生じる．その結果起こる運動は，等速円運動である．（円運動の向きは，$q > 0$ のときは，B に関し左ネジの向き．）速度 v，半径 r の等速円運動の加速度の大きさは $a = v^2/r$ だから，

$$\frac{qvB}{m} = \frac{v^2}{r}$$

で，これから半径が

$$r = \frac{mv}{qB}$$

と決まる．

(ハ) $v = r\omega$ より

$$\omega = \frac{qB}{m}$$

すなわち，一定磁場の中の円運動の角速度は，粒子の種類だけで決まり，速度にはよらない．この ω は，**サイクロトロン角振動数**と呼ばれる．

(ニ) 上の(ロ)より

$$B = \frac{mv}{qr} = \frac{mv^2}{qvr}$$

$\frac{1}{2}mv^2 = 10\,\text{keV}$ より $\frac{1}{2}mv^2/q = 10\,\text{kV}$．運動エネルギー $10\,\text{keV}$ の電子の速度 v は，問題 6.1 の結果から $v = 5.9 \times 10^6\,\text{m}\cdot\text{s}^{-1}$．以上の数値と $r = 10^{-2}\,\text{m}$ を上式に代入すれば

$$B = \frac{2 \times 10^4}{5.9 \times 10^6 \times 10^{-2}} = 0.34\,\text{T} = 3400\,\text{gauss}$$

問題

19.1 テレビのブラウン管（陰極線管）では，陰極（加熱したフィラメント）から出た電子に電場をかけて加速し（ここまでの部分を電子銃という），次に進行方向と垂直な磁場の中を通して電子の方向を曲げる（図 5.40）．磁場の強さを B，磁場が存在する区間の（進行方向の）長さを L，電子の速度を v，電子が磁場の中を通ることによって進行方向が曲げられる角度を θ とする．

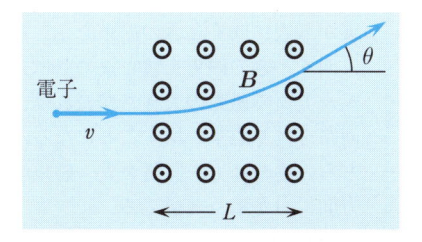

図 5.40 磁場による電子線の偏向

(イ) 電子は磁場の中で円弧に沿って動く（例題19参照）．その半径 r と，L および θ の間の関係を求めよ．
(ロ) 運動エネルギー $10\,\text{keV}$ の電子が区間の長さ $L = 1\,\text{cm}$ の磁場の中を通った結果，進行方向が $\theta = 45°$ 曲がるためには，何ガウスの磁場 B をかける必要があるか．

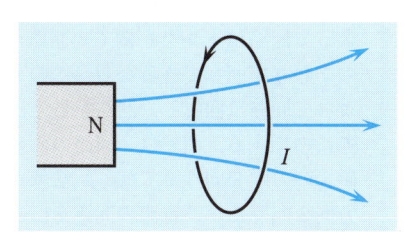

図 5.41 磁石が回路に及ぼす力

19.2 図 5.41 のように磁石の N 極の近くに回路があるとき，電流に働く力の合力はどちらを向くか．電流の向きが図と反対のときはどうか．

磁場が電流に及ぼす力の方向

力の方向を，公式 (5.19) から直接考えるのはわずらわしいものだが，次のように覚えておけば，それが簡単にわかる．

環状の回路に電流が流れているとき，電流の向きにまわる右ネジが進む方向を，回路を縁とする面の法線方向と決め，法線が向く側を面の表側とする．図 5.42 のように磁場が回路の裏から表へ向くときには，磁場が回路に及ぼす力は，回路を広げる方向を向く．仮に回路がゴムひものように伸び縮みするものであれば，この力で回路が広がり，回路を貫く磁束（磁力線の数）が増すことになる．それに対し，図 5.43 のように磁場が回路の表から裏に向くときには，力は回路を縮める方向を向く．磁場が回路の裏から表に向くときの磁束を正，表から裏に向くときの磁束を負と決めれば，回路が縮んで負の磁束の大きさが減れば，やはり回路を貫く磁束が増すことになる．結局どちらの場合にも，回路を貫く磁束を増やす方向に力が働くと言える．

図 5.44 のように回路の面の法線が磁場に対し傾いているときには，磁場からの力によって回路にトルクが働く．回路が軸 AB のまわりで回転できるなら，このトルクによって回路は回転し，回路を貫く磁束が実際に増加する．回転は，回路の面の法線が磁場の方向を向くまで続く．法線が磁場の方向を向くたびに電流の向きを切り替えれば，回転は継続する．これが直流モーターの原理である．

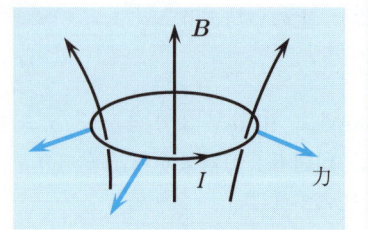

図 5.42 回路を広げる

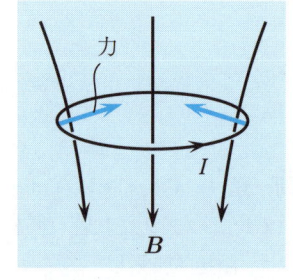

図 5.43 回路を縮める

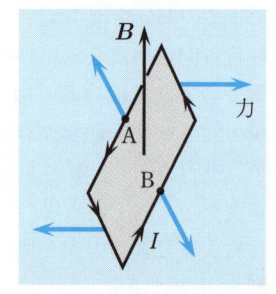

図 5.44 回路を回転させる

電流回路に働く力の合力をみるためのもう一つの便法は，回路を等価な板磁石で置き換える見方である．回路が張る面の表側と裏側に，それぞれ N と S の磁極が一様に分布した板磁石を考えると，この板磁石が磁場から受ける合力やトルクは，元の電流回路が磁場から受ける合力やトルクと一致する．

5.6 電流がつくる磁場

● **直線電流がつくる磁場** ● 直線電流 I は、そのまわりに右ネジ向きの渦状の磁場をつくる。直線電流から距離 d 離れた点にできる磁場の大きさは

$$B = \frac{\mu_0}{4\pi}\frac{2I}{d} \qquad (5.23)$$

SI（国際単位系）では、上式の比例定数の値を次のように定義する：

$$\frac{\mu_0}{4\pi} = 10^{-7}$$

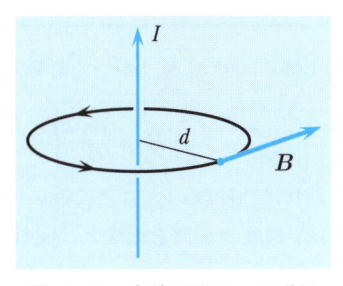

図 5.45 直線電流による磁場

● **ビオ・サバールの法則** ● 一般の形の回路 C を流れる電流 I が、任意の点 P につくる磁場 $\boldsymbol{B}$ は、回路の微小要素 $I d\boldsymbol{l}$ が P につくる磁場 $d\boldsymbol{B}$ の重ね合せで表される。$d\boldsymbol{B}$ は $d\boldsymbol{l}$ を通る直線を軸とする渦状の磁場で、$d\boldsymbol{l}$ から P へのベクトルを $\boldsymbol{R}$、$d\boldsymbol{l}$ と $\boldsymbol{R}$ の間の角を θ とすれば、$d\boldsymbol{B}$ の大きさは

$$dB = \frac{\mu_0}{4\pi}\frac{I\sin\theta}{R^2}dl \qquad (5.24)$$

ベクトル積の記号を用いれば、方向まで含めて

$$d\boldsymbol{B} = \frac{\mu_0}{4\pi}\frac{I d\boldsymbol{l}\times\hat{\boldsymbol{R}}}{R^2} \qquad (5.25)$$

と表される（$\hat{\boldsymbol{R}}$ は $\boldsymbol{R}$ 方向の単位ベクトル）。式 (5.24), (5.25) をビオ・サバールの法則という。

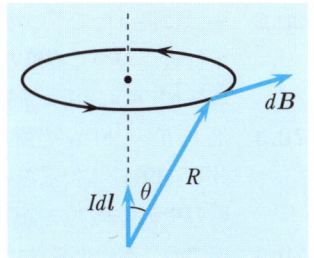

図 5.46 回路の微小要素がつくる磁場

● **環状電流と等価な板磁石** ● 電流回路の磁場は、回路を縁とする板磁石の磁場と（ほとんど）同等である。板磁石の両面の磁極が、磁気のクーロンの法則に従ってつくる磁力線は、回路を流れる電流が、ビオ-サバールの法則に従ってつくる磁力線と同じ形を持つ。磁場の大きさまで一致させるには、回路を流れる電流を I、回路が張る面の面積を S、板磁石の両面の磁気量を $\pm M$、板磁石の厚さを d とするとき、

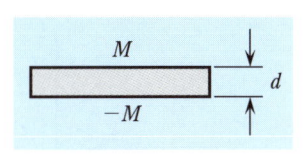

図 5.47 板磁石

$$IS = Md \qquad (5.26)$$

の関係が成り立てばよい。上式の左辺を電流回路の**磁気モーメント**、右辺を板磁石の磁気モーメントという。

例題 20 ─────直線電流の磁場

電線に $I = 1\,\mathrm{A}$ の電流が流れている．電線から $d = 1\,\mathrm{cm}$ 離れた点の磁場 B の大きさはどれだけか．

解答 直線電流がつくる磁場の表式に $I = 1\,\mathrm{A}$, $d = 0.01\,\mathrm{m}$ を代入すれば，

$$B = \frac{\mu_0}{4\pi}\frac{2I}{d} = \frac{10^{-7} \times 2}{0.01} = 2 \times 10^{-5}\,\mathrm{T} = 0.2\,\mathrm{gauss}$$

これは地磁気の大きさに近いので，方位磁針（コンパス）のすぐ近くに電線を張り，1A 程度の電流を流すと，磁針が振れるのが見られる．

問題

20.1 電線を南北に水平に張り，電線の真下で電線から $2\,\mathrm{cm}$ 離れたところに磁針を置く（図 5.48）．電線に電流が流れているとき，磁針の N 極は北西を指した．電流の強さはどの程度か．地磁気の水平分力はほぼ $0.5\,\mathrm{gauss}$ である．

20.2 平行に張った二本の電線を，同じ大きさの電流が反対向きに流れている．この平行電流がつくる磁力線の概形を描け．

ヒント 環状電流と等価な板磁石の磁場を考えるとわかりやすい．

20.3 地上 $h = 20\,\mathrm{m}$ の所に，間隔 $d = 50\,\mathrm{cm}$ で二本の平行な電線が張ってある（図 5.49）．この電線に，反対向きに $I = 100\,\mathrm{A}$ ずつの電流が流れるとき，電線の中央の真下の地点 P にはどれだけの磁場ができるか．

20.4 前問の二本の電線は，互いに斥力を及ぼし合う．電線 $1\,\mathrm{m}$ あたりに働く力はどれだけか．

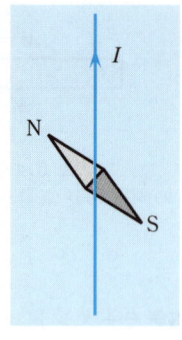

図 5.48 直線電流による磁場   図 5.49 電線の真下の磁場

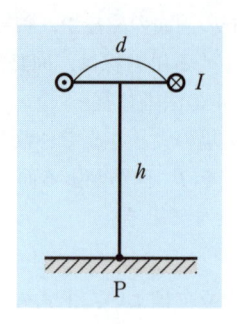

5.7 電磁誘導

● **磁束** ● "回路 (ループ) を貫く磁力線の数"を定量的に表す量が磁束である. 回路 C が張る面を S とし, 面 S の面積も S で表す. 回路 C を一周する向きを任意に決め, 面 S の裏表 (すなわち S の法線 n の向き) を, C の向きとの右ネジの関係で決める. 磁場 B の中に C があるとき, B と n のなす角が θ ならば,

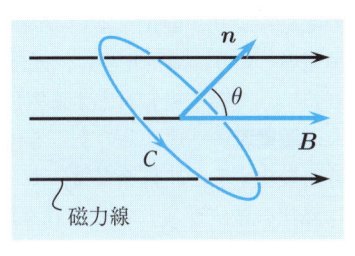

図 5.50 磁束

$$\Phi = BS\cos\theta \tag{5.27}$$

を C を貫く**磁束**と呼ぶ. B と n の方向が一致するときは $\Phi = BS$. 導線を円筒に何回も巻いたソレノイドのように, 回路が一平面上にない場合もあるが, そのような一般の場合にもあてはまる磁束の定義は

$$\Phi = \int_S B_n \, dS \tag{5.28}$$

ここで B_n は, 面 S の微小部分 dS の法線 n の方向への B の成分, 積分は面 S の上での面積分. 磁束の単位は Wb (ウェーバー): $\text{Wb} = \text{T} \cdot \text{m}^2 = \text{V} \cdot \text{s}$.

● **電磁誘導の法則** ● 回路 C を貫く磁束 Φ が時間変化するとき, C には起電力が生じている. この現象を**電磁誘導**という. 発生する**誘導起電力** $\mathcal{E}$ と磁束 Φ の時間変化率の関係は

$$\mathcal{E} = -\frac{d\Phi}{dt} \tag{5.29}$$

(**ファラデーの法則**). この起電力により C に電流が流れると, その電流がつくる磁場は, はじめの磁束変化を部分的に打ち消す (**レンツの法則**).

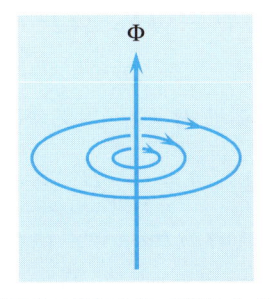

図 5.51 誘導電場の電気力線 (磁束 Φ が増加中の場合)

●**誘導電場**● 回路 C を貫く磁束の時間変化が, 磁場の中で C が動くために生じる場合には, 誘導起電力の原因はローレンツの力である. それに対し, 磁場自身が時間変化する場合には, それと共に空間に図 5.51 に示す渦状の電場ができていて, その電場により, 静止している回路 C にも誘導起電力が生じる. この渦状の電場を**誘導電場**という. 誘導電場は, 電荷がつくるクーロン電場とは性質の異なる電場である. とくに, 誘導電場に対応する電位は存在しない.

●**渦電流**● 広がりのある導体を貫く磁場が時間変化すると, 誘導電場により, 導体の内部に渦状の電流が流れる. これを**渦電流**という. 一様でない磁場の中を導体が動く場合にも, 導体を貫く磁束が時間変化するため導体中に渦電流が生じ, これに磁場が力を及ぼして導体の運動を減速させる.

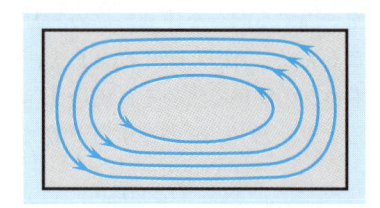

図 5.52 渦電流

●**インダクタンス**● 回路 C を電流が流れるとき, 電流がつくる磁場の磁力線は C 自身とからむので, C を磁束が貫く. その磁束 Φ は電流 I に比例する:

$$\Phi = LI \tag{5.30}$$

比例定数 L は回路の形や電線の太さで決まる定数で, 回路の**自己インダクタンス**と呼ばれる. インダクタンスの単位は H (ヘンリー):$H = Wb \cdot A^{-1}$. 回路 C を流れる電流 I が時間変化するとき, 磁束 Φ の時間変化に伴い, C に誘導起電力

$$\mathcal{E}_b = -\frac{d\Phi}{dt} = -L\frac{dI}{dt} \tag{5.31}$$

が生じる. $\mathcal{E}_b$ を**逆起電力**という.

●**磁場のエネルギー**● 回路の電流をゼロから I まで立ち上げるには, 逆起電力を打ち消す外部の起電力が必要で, その起電力がする仕事が, 電流の磁気的エネルギー

$$U = \tfrac{1}{2}\Phi I = \tfrac{1}{2}LI^2 \tag{5.32}$$

としてたくわえられる.

●**磁場のエネルギー密度**● 磁場 B が存在する空間には, エネルギー密度

$$u = \frac{1}{2\mu_0}B^2 \tag{5.33}$$

のエネルギーが分布する. 電流回路のエネルギー (5.32) も, そのように解釈することができる.

5.7 電磁誘導

---- 例題 21 ---- 交流発電機の原理 ----

一様な磁場 B の中で，B と垂直な軸のまわりで，面積 S の回路（コイル）が角速度 ω で回転する．
(イ) 回路には，角振動数（角周波数）ω で時間変化する誘導起電力 $\mathcal{E}(t)$ が生じることを示せ．
(ロ) $B = 0.1\,\mathrm{T}$, $S = 100\,\mathrm{cm}^2$ とし，回転数を毎秒 50 回転とすれば，$\mathcal{E}(t)$ の最大値（振幅）はどれだけか．

[解答] (イ) 回路が張る面の法線ベクトル $\boldsymbol{n}$ の向きを定めておく．時刻 t に $\boldsymbol{n}$ が磁場 $\boldsymbol{B}$ となす角を $\theta(t)$ とすれば，回路を貫く磁束は

$$\Phi(t) = BS \cos\theta(t)$$

回路は角速度 ω で回転するので $\theta(t) = \omega t$．したがって回路に発生する誘導起電力は

$$\mathcal{E}(t) = -\frac{d\Phi}{dt} = -BS\frac{d}{dt}\cos\omega t = BS\omega \sin\omega t$$

すなわち角周波数 ω の交流起電力が発生する．

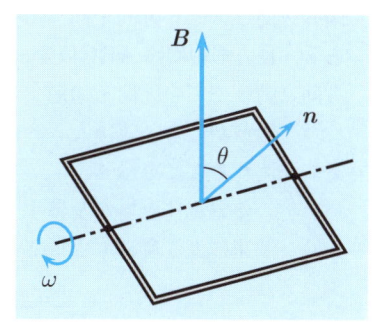

図 **5.53** 磁場の中で回転する回路

[注意] $\mathcal{E}(t) = \mathcal{E}_0 \sin\omega t$ の形で正弦振動する交流起電力に対し，$\mathcal{E}_0/\sqrt{2}$ を起電力の**実効値**と呼ぶ．交流で電圧というのはふつう実効値を指す．

(ロ) $\omega = 2\pi \times 50$, $S = 0.01\,\mathrm{m}^2$ だから，$\mathcal{E}(t)$ の振幅は

$$\mathcal{E}_0 = BS\omega = 0.1 \times 0.01 \times 50 \times 2\pi = 0.314\,\mathrm{V}$$

問題

21.1 円形回路の中心軸上に図のように棒磁石を置き，これを回路に近づけていく．
(イ) 回路にはどちら向きの電流が流れるか．
(ロ) この電流は，棒磁石の磁場からどのような向きの力を受けるか．

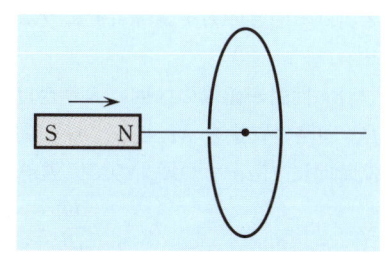

図 **5.54** 磁石を回路に近づける

例題 22 ────────────────────── 磁場中を動く導体に働く力 ──

磁場の中で回路が運動し，回路を貫く磁束が時間変化すると，回路に誘導電流が流れ，磁場がそれに力を及ぼして回路の運動を減速させる．(この力は，流体がその中で動く物体に及ぼす，粘性力に対比できる．) これはレンツの法則の一つの現れである．以下では，それを具体的に示す，簡単なモデルを考える．

図の区間 L に x 方向を向く一様な磁場 B がある．長方形の回路 ABCD が，yz 平面内で y 方向に動いてこの区間を通過する．

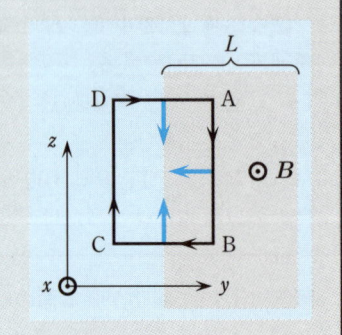

図 5.55 磁場を通過する回路

(イ) 回路がこの区間に入るとき，およびこの区間から出るときに，回路に誘導電流が流れることを示せ．
(ロ) この電流に磁場が及ぼす力は，回路を減速させることを示せ．
(ハ) 減速による運動エネルギーの減少と，回路に発生するジュール熱の関係を調べよ．

[解答] (イ) 回路の一部が磁場の区間に入りかけると，回路を貫く磁束の増加に伴い，図 5.55 の向きの誘導起電力が回路に発生し，その向きに電流が流れる．回路全体が区間に入ってしまえば，それ以上回路が動いても磁束は変化せず，誘導起電力もなくなる．回路の一部が区間から出かけると，回路を貫く磁束が減少し，前とは反対の向きに誘導起電力が生じ，その向きに電流が流れる．

(ロ) 回路が磁場の区間に入りかけるときは，磁場は誘導電流に図の向きのローレンツ力を及ぼす．誘導電流の向きから見ると，磁場は回路の表から裏へ通っているので，磁場が電流に及ぼす力は，回路を縮めるように働くのである．その中で線分 AB に働く力が，回路を減速させる．回路が磁場の区間から出かけているときは，磁場は回路を広げる向きの力を誘導電流に及ぼし，その中で線分 CD に働く力が，回路を減速させる．

(ハ) 回路が磁場の区間に入りかけるときを考える．AB の長さを a，回路の抵抗を R，回路の質量を M とし，ある瞬間の回路の速度を v とする．回路を貫く磁束は単位時間に Bav ずつ増すので，誘導起電力 $\mathcal{E}$ と誘導電流 I は

$$\mathcal{E} = -\frac{d\Phi}{dt} = -Bav, \quad I = \frac{\mathcal{E}}{R} = -\frac{Bav}{R}$$

線分 AB に流れる電流 I に磁場 B が及ぼす力は

5.7 電磁誘導

$$F = BIa = -\frac{(Ba)^2}{R}v$$

このような，速度と反対方向を向き，速度に比例する力は，広い意味の粘性力（摩擦力）である．回路の運動エネルギー $K = \frac{1}{2}Mv^2$ の時間変化率は，運動方程式

$$M\frac{dv}{dt} = F$$

を用いれば

$$\frac{dK}{dt} = Mv\frac{dv}{dt} = Fv = -\frac{(Bav)^2}{R} = -I^2R$$

これは，粘性力 F を受けて減少した運動エネルギーが，ジュール熱になることを示す．電車の発電ブレーキは，本質的にはこのような仕組みで，運動エネルギーを熱に変える（例題 25 参照）．

問 題

22.1 z 方向を向く一様な磁場 B の中に，長さ l の導体棒を x 方向に向けて置き，これを y 方向に一定速度 v で動かす（図 5.56）．このとき棒の両端には電位差が生じる．その理由を説明し，電位差の大きさを求めよ．

22.2 図 5.57 のように棒状の鉄芯に巻いたコイルの両端を電池につなぎ，鉄芯の一端の近くに金属の円輪をつるす．
（イ）図のスイッチ S を入れた瞬間，円輪にはどちら向きの電流が流れるか．
（ロ）円輪はどちら向きに動くか．
（ハ）スイッチを切る瞬間には，円輪はどちら向きに動くか．

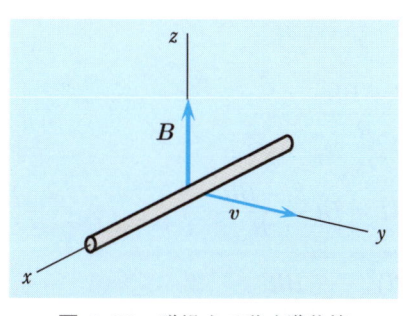

図 5.56 磁場中で動く導体棒　　図 5.57 コイルと円輪

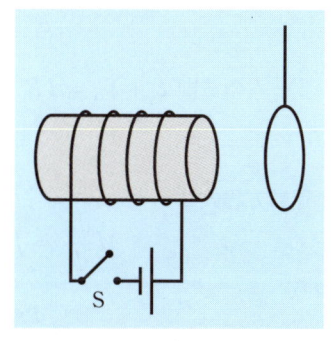

―例題 23― ―――――――――――――――――――――――直流モーターの動作―

直流モーターの働き方を理解するために，次のようなモデルがよく使われる．鉛直上向きの一様な磁場 B の中に，間隔 l で二本の平行な導線を水平に置き，一方の端に，図のような向きに起電力 $\mathcal{E}$ の電池と抵抗 R をつなぐ．平行導線の上に質量 M の導体棒をわたすと閉回路ができ，電流が流れて，その電流が磁場から力を受ける．導体棒が導

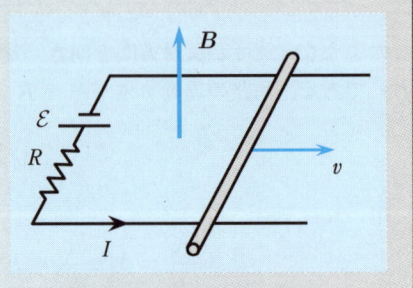

図 5.58 モーターのモデル

線上を滑ることができるなら，棒は磁場から力を受けて動きだす．棒が動くと回路の面積が増すので，回路を貫く磁束が変化し，それに伴い回路に誘導起電力（逆起電力）が生じる．

(イ) 回路に流れる電流が I のときに，棒に働く力 f を求めよ．力はどちら向きか．
(ロ) 棒の速度が v のときに，回路に生じる逆起電力 $\mathcal{E}_b$ を求めよ．
(ハ) そのとき回路に流れる電流 I を求めよ．
(ニ) 棒の運動方程式を書き，それを解いて棒の速度の時間変化を求めよ．
(ホ) 電流はどのような時間変化をするか．

[解答] (イ) 電流が磁場から受ける力は単位長さあたり IB だから，$f = IBl$ の力が，図の右向きに働く．回路を流れる電流の向きに対して，磁場は回路を裏から表に貫いているので，磁場が電流に及ぼす力は，回路を広げる向きに働くのである．

(ロ) 微小時間 δt の間に回路の面積は $lv\,\delta t$ 増し，磁束は $\delta\Phi = Blv\,\delta t$ 増すので，

$$\mathcal{E}_b = -\frac{d\Phi}{dt} = -Blv$$

(ハ) オームの法則 $\mathcal{E} + \mathcal{E}_b = IR$ より

$$I = \frac{\mathcal{E} - Blv}{R}$$

(ニ) 運動方程式は

$$M\frac{dv}{dt} = f = BlI = Bl\frac{\mathcal{E} - Blv}{R}$$

すなわち

$$M\frac{dv}{dt} + \frac{(Bl)^2}{R}v = \frac{Bl\mathcal{E}}{R} \tag{5.34}$$

これは非斉次の線形微分方程式で，その一般解 v は，この方程式の特解 v_1 と，随伴する斉次微分方程式の一般解 v_0 の和 $v = v_0 + v_1$ として得られる．特解はどんな解を選んでもよいので，時間によらない解 $v_1 = \mathcal{E}/Bl$ をとるのが簡単である．斉次微分方程式（(5.34) の右辺をゼロにした方程式）の一般解は

$$v_0(t) = C \exp\left(-\frac{(Bl)^2}{MR} t\right)$$

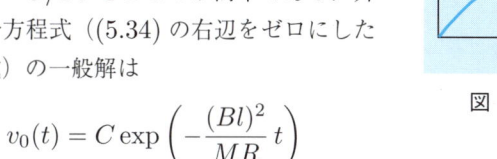

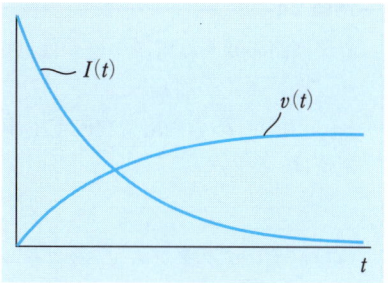

図 5.59 導体棒の速度 v と回路を流れる電流 I

だから（C は任意定数），元の方程式の一般解は

$$v(t) = C \exp\left(-\frac{(Bl)^2}{MR} t\right) + \frac{\mathcal{E}}{Bl}$$

初期条件として $v(0) = 0$ を置けば C が決まり，棒の速度の時間変化は

$$v(t) = \frac{\mathcal{E}}{Bl} \left[1 - \exp\left(-\frac{(Bl)^2}{MR} t\right)\right]$$

(ホ) 上の $v(t)$ の表式を(ハ)の式に代入すれば，

$$I(t) = \frac{\mathcal{E}}{R} \exp\left(-\frac{(Bl)^2}{MR} t\right)$$

図 5.59 に $v(t)$ と $I(t)$ を示す．

問 題

23.1 上の例題のモデルでは，導体棒に働く力は，棒が静止しているときにもっとも大きい．これは直流モーターの一般的な性質であり，その利点のため，電車の動力には直流モーターが用いられる．（車軸と軸受けの間の摩擦は，回転を始めるときにもっとも大きいので，電車は発車の際に，最大のトルクを必要とする．）一方，電車の速度は，目的の値に達するまで，一定の加速度で加速されることが望ましい．それを実現するには，速度が増すにつれて，回路の抵抗を減らしていけばよい．（電車ではこれをノッチの切り替えという．）上の例題の場合には，速度 v と共に抵抗 R をどのように変えれば，棒の速度が $v(t) = at$ の形で一定加速度 a で増加するか．

例題 24 ─────── 交流回路の要素

直流回路の要素は電源のほかは抵抗だけであるが，交流回路ではそれにコンデンサーとコイルが加わる．

(イ) 抵抗 R の両端に交流電圧 $V(t)=V_0\cos\omega t$ がかかるとき，抵抗に流れる電流は
$$I(t)=\frac{V_0}{R}\cos\omega t$$

(ロ) インダクタンス L のコイルの両端に上と同じ電圧がかかるとき，コイルに流れる電流は
$$I(t)=\frac{V_0}{L\omega}\sin\omega t=\frac{V_0}{L\omega}\cos\left(\omega t-\frac{\pi}{2}\right)$$

(ハ) 容量 C のコンデンサーの両端に上と同じ電圧がかかるとき，コンデンサーに流れ込む電流は
$$I(t)=-C\omega V_0\sin\omega t=C\omega V_0\cos\left(\omega t+\frac{\pi}{2}\right)$$

以上のように，抵抗 R に対応するものは，コイルでは $L\omega$，コンデンサーでは $1/(C\omega)$ で，これらはそれぞれコイルおよびコンデンサーのインピーダンスと呼ばれる．さらに，電圧に対する電流の位相を，コイルは $\pi/2$ 遅らせ，コンデンサーは $\pi/2$ 進める．
上の各場合の電流の表式を導け．

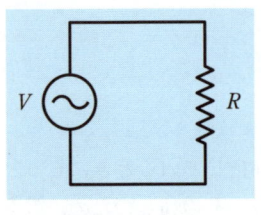

図 5.60 抵抗 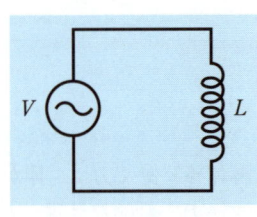　　図 5.61 コイル 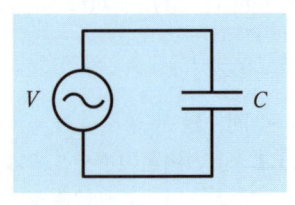　　図 5.62 コンデンサー

[解答] (イ) これはオームの法則にほかならない．
(ロ) コイルにかかる電圧 $V(t)$ とコイルに発生する誘導起電力がつり合うように，電流 $I(t)$ が時間変化する．すなわち
$$L\frac{dI}{dt}=V_0\cos\omega t$$
この微分方程式の解が(ロ)の $I(t)$ である．

（ハ）コンデンサーには，極板間の電位差 $Q(t)/C$ が $V(t)$ とつり合うように電荷 $\pm Q(t)$ が帯電する．したがって

$$Q(t) = CV_0 \cos\omega t$$

極板に流れ込む電流 $I(t)$ は

$$I(t) = \frac{dQ}{dt} = -C\omega V_0 \sin\omega t$$

参考 電流と電圧の位相の関係は，力学との類推を用いるとわかりやすい．電流 $I(t)$ は物体の速度に，電圧 $V(t)$ は物体に働く外力に対応する．インダクタンス L は物体の質量に，容量の逆数 $1/C$ はバネ定数に，抵抗 R は速度に比例する粘性力の係数にそれぞれ対応する．物体のふつうの運動は(ロ)の場合で，外力から決まるのは物体の加速度だから，加速度が外力と同位相で，速度は慣性のため遅れて変化するので，位相は $\pi/2$ 遅れる．しかし粘性の大きな流体の中での運動では，粘性力と外力がつり合う状態で運動が進むので，速度が外力と同位相となる．これが(イ)の場合である．また(ハ)は質量の無視できる物体がバネにとりつけられている場合にあたり，バネからの力と外力がつり合うように物体の位置が決まるので，位置が外力と同位相になり，速度の位相は $\pi/2$ 進む．

問題

24.1 図のようにインダクタンス L のコイル，抵抗 R，一定の起電力 $\mathcal{E}$ の電源からなる回路を考える．時刻 $t=0$ にスイッチを入れるとして，電流 $I(t)$ を求め，結果を図示せよ．

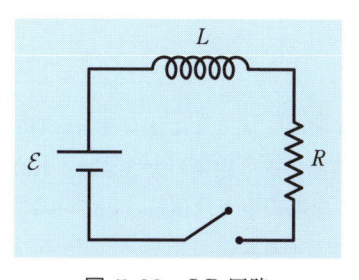

図 5.63 LR 回路

例題 25 ──────────────────────────── 発電ブレーキ

図は電車のモーターの回路を図式的に表したものである．モーターの回転軸は歯車を通して車軸とつながっている．スイッチをaの側につなぐと，電源からの電流によりモーターが回転し，車軸を回転させる．一方スイッチをbの側に切り替えると，モーターは発電機として働き，車軸の回転を減速させる．(これを発電ブレーキという.) 以上のことを説明せよ．

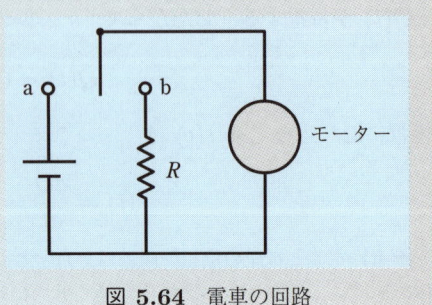

図 5.64 電車の回路

[解答] スイッチがa側のときは，電源電圧によりモーターのコイルに電流が流れ，モーターの磁場がこの電流に及ぼすトルクがコイルを回転させる．磁場の中でコイルが回転するため，コイルには誘導起電力（逆起電力）が発生し，電源電圧を一部打ち消すので，回転速度が上がるにつれ，電流は減少する．

スイッチをbの側に切り替えると電源は切れるが，電車は慣性で走り続け，車輪とコイルはまわり続ける．コイルの誘導起電力のため，aの場合とは逆向きの電流が抵抗 R を通して流れ（運転台の電流計を見ていると電流の向きの反転がわかる），この電流にモーターの磁場が及ぼすトルクが，コイルの回転を減速させ（レンツの法則），ブレーキとして働く．

実際の運転では，この発電ブレーキを用いて電車を減速し，停止まぎわに機械的ブレーキ（空気ブレーキ）に切り替える．その理由は，コイルに働くブレーキ力は回転速度に比例する粘性力で（例題22参照），回転速度が小さくなると効かなくなるからである．この発電ブレーキでは，電車の運動エネルギーは R で発生するジュール熱に変わるが，これはエネルギーの損失なので，エネルギーを電源側に戻す回生ブレーキも用いられる．

問題

25.1 小さな永久磁石の磁極付近の磁場の大きさは，100 gauss 程度のことが多い．

(イ) 100 gauss の磁場の中で，体積 $1\,\mathrm{cm}^3$ 中にはどれだけの磁場のエネルギーがたくわえられているか．

(ロ) これと同じエネルギー密度を持つような電場の大きさはどれだけか．

6 熱

6.1 熱平衡状態

- **温度** 摂氏温度と絶対温度の関係：$0°\text{C} = 273.15\,\text{K}$（K は絶対温度を表す記号）．
- **熱の単位** 熱はエネルギーの出入りの一つの形だから，単位はエネルギーと同じく J（ジュール）であるが，実用上は cal（カロリー）も使われる．両者の関係は

$$1\,\text{cal} = 4.186\,\text{J}$$

- **熱容量，比熱** 物体の温度を $1°\text{C}$ 上げるのに必要な熱量を**熱容量**といい，単位質量の物質の熱容量を**比熱**という．熱容量の単位は $\text{J}\cdot\text{deg}^{-1}$．（$\text{J}\cdot\text{K}^{-1}$ とも書く．deg は度．）比熱の単位は $\text{J}\cdot\text{deg}^{-1}\cdot\text{kg}^{-1}$ であるが，$\text{cal}\cdot\text{deg}^{-1}\cdot\text{g}^{-1}$ という単位も，水の比熱がほぼ $1\,\text{cal}\cdot\text{deg}^{-1}\cdot\text{g}^{-1}$ なので便利である．

- **モル** ある物質の分子量を M とするとき，その物質 M グラムを 1 モルの物質と呼ぶ．たとえば酸素分子の分子量は 32 だから，酸素 1 モルは 32 g．1 モルの物質には $N_\text{A} \approx 6.0 \times 10^{23}$ 個の分子が含まれる．N_A を**アボガドロ数**という．1 モルの気体は，標準状態（$0°\text{C}$，$1\,\text{atm}$）で，ほぼ $22.4\,\ell$（リットル）の体積を持つ．

- **状態量** 温度 T，体積 V，圧力 P，内部エネルギー U，エントロピー S など，熱平衡状態にある物質について意味を持つ物理量を，**状態量**という．一定量（たとえば 1 モル）の一種類の物質からなる系では，二つの状態量だけが独立で，あとの量は独立な状態量から決まる．ふつうは T, V, P の中の二つを，熱平衡状態を指定する独立な変数にとる．T, V, P の間の関係を**状態方程式**という．

- **理想気体** 一定温度の下でボイルの法則 $PV = \text{const}$ が成り立ち，かつ内部エネルギー U が温度のみに依存する気体を**理想気体**という．温度として絶対温度 T を用いれば，n モルの理想気体の状態方程式は $PV = nRT$ と表される．R は**気体定数**：

$$R = 8.315\,\text{J}\cdot\text{mol}^{-1}\cdot\text{deg}^{-1} = 1.987\,\text{cal}\cdot\text{mol}^{-1}\cdot\text{deg}^{-1}$$

理想気体の定積モル比熱（1 モルの熱容量）C_V と定圧モル比熱 C_P の間には，次の**マイヤーの関係**が成り立つ：

$$C_P - C_V = R \tag{6.1}$$

例題 1 ───────────────────────── 温度変化

魔法瓶のような熱を通さない容器に，温度 20°C の 1 kg の水と，温度 0°C の 100 g の氷を入れる．氷が全部とけたとき，水の温度は何度になるか．氷の融解熱は 1 g あたり 80 cal である．

[解答] 最終温度を t °C とする．水の比熱を c cal·deg^{-1}·g^{-1} とすれば，100 g の氷が t °C の水になる際に吸収する熱は $100 \times (80 + ct)$ cal，一方 1000 g，20°C の水の温度が t °C に下がる際に放出する熱は $1000 \times c(20 - t)$ cal で，両者は等しくなければならないから

$$1000 \times c(20 - t) = 100 \times (80 + ct)$$

$c = 1$ cal·deg^{-1}·g^{-1} とすれば，$t = 10.9$°C．

問題

1.1 出力 500 W の電子レンジで 2 ℓ の水を加熱し，温度を 10° 上げるには，どれだけの時間を要するか．W（ワット）= J·s^{-1} は仕事率の単位，すなわち 1 秒間に 1 J のエネルギーを発生する出力が 1 W である．

　参考 実際には，電子レンジの公称出力はこの時間の実測から決める．入力（消費する電力）は出力のほぼ 2 倍に近いので，出力 500 W の電子レンジは，約 1 kW の電気器具とみなす必要がある．

1.2 時速 200 km で走っている総質量 1000 トンの電車が停車するとき，ブレーキで発生する熱量はどれだけか．

1.3 1000°C に熱した 2 kg の鉄塊を，20°C，1 ℓ の水に入れると，結果はどうなるか．水の比熱を 1 cal·deg^{-1}·g^{-1}，鉄の比熱を 0.1 cal·deg^{-1}·g^{-1}，水の蒸発熱を 540 cal·g^{-1} とする．

1.4 統計力学によれば，N_2 や O_2 のような二原子分子からなる理想気体の定積モル比熱 C_V は，$C_V = 5R/2$ という普遍的な値を持つ（R は気体定数）．
　（イ）この気体の定圧モル比熱 C_P および比熱比 $\gamma \equiv C_P/C_V$ を求めよ．
　（ロ）1 g の気体酸素の定積比熱 c_V および定圧比熱 c_P はそれぞれどれだけか．

1.5 統計力学によれば，単体の固体（元素の固体）の 1 モルあたりの比熱は，高温では $3R$ という値に近づく（R は気体定数）．これをデューロン・プティの法則という．この理論によると，鉄 1 g あたりの比熱はどれだけになるか．鉄の原子量は 55.8.

例題 2 ——————————————————————————————— 気球

内部にヘリウムガスを詰めた気球の，上昇の始まりから終わりまでの過程について考察せよ．気球はナイロンなどで作られていて，表面積はほぼ一定だが，形は自由に変形できるとする．

解答 気球はまわりの空気から浮力を受ける．浮力が気球の重さを上まわる間は，気球は上昇する．（気球の質量にはヘリウムの質量も含まれるが，大部分は気球本体と吊っているゴンドラの質量と考えてよい．）浮力は，気球と同体積の空気の重さに等しい．気球内部のヘリウム気体の圧力は（平衡により）外部の大気圧と等しい値をとるので，詰めたヘリウムの量からその体積（したがって気球の体積）が決まり，それから浮力が決まる．

上昇し始めるときは，気球は図のような形をとる．気球の高度が上がると，まわりの空気の圧力と密度が減少していく．そのため浮力が減りそうに思えるが，実際にはヘリウム気体の圧力が空気の圧力と平衡を保って減り，その結果ヘリウムの体積が増加して気球がふくらむので，空気の密度の減少の効果が気球の体積の増加で相殺され，浮力はあまり変わらない．しかし気球がふくらんで形が球になると，それ以上は体積が増加できないので（一定の表面積を持つ形の中で体積最大のものは球），さらに高度が上がると浮力は減る．こうして気球がある高度に達すると，浮力と気球の重さがつり合い，上昇は止まる．

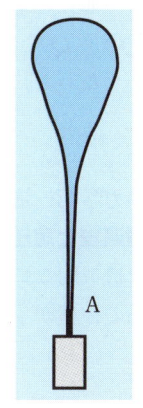

図 6.1 気球の地上での形．上空では A までふくらんで球形になる．

問題

2.1 空気の主成分は酸素と窒素で，そのモル数の比はほぼ $1:4$ である．酸素と窒素の分子量をそれぞれ $32, 28$ として，$0°C$，1 気圧における空気の密度を概算せよ．

2.2 (イ) 温度 $27°C$，圧力 1 気圧の下で，体積 1ℓ を持つ理想気体のモル数はどれだけか．
(ロ) この気体が空気ならば，その定積熱容量はどれだけか．

2.3 液体の水と気体の水蒸気について，分子間の平均間隔を概算してみよ．

6.2 熱力学第一法則

● **熱力学第一法則** ● 熱と仕事は，エネルギーが系に出入りするときの形である．系の二つの熱平衡状態を結ぶ過程で，系が吸収する熱 Q と，系が外にする仕事 A は，どちらも一般には過程の道筋に依存し，始めと終わりの状態だけからは決まらない．しかしその差 $Q - A$ は，エネルギーの保存則により，始めと終わりの状態だけから決まる．すなわち，系の内部エネルギーの増加を ΔU とすれば，

$$\Delta U = Q - A \tag{6.2}$$

これを**熱力学第一法則**と呼ぶ．

● **定積過程と定圧過程** ● 定積過程（体積 V が一定に保たれる過程）では，系は外部に（機械的な）仕事をしない：$A = 0$．定圧過程（一定の外圧 P の下での過程）では，系の体積が ΔV 増すとき，系は外部に仕事

$$A = P\Delta V \tag{6.3}$$

をする．すなわち定積過程と定圧過程では，系がする仕事 A は，途中の道筋には無関係に，始めと終わりの状態だけから決まる．その結果，系が吸収する熱 Q もまた，途中の道筋にはよらない．水などの系を加熱すると，系の内部では熱伝導や対流などが起き，加熱の途中の状態は熱平衡状態とはほど遠いが，それでも系が吸収する熱は，始めと終わりの状態の温度差と，系の熱容量だけから決まる．

● **一般の過程で系がする仕事** ● 外圧 P が一定でない場合には，ある過程で系が外にする仕事は，過程の道筋に沿う積分

$$A = \int P\,dV \tag{6.4}$$

で与えられる．この値は道筋によって変わる．

● **断熱過程** ● $Q = 0$ より $\Delta U = -A$ だから，系が膨張をすれば，その間に系が外部にする仕事 A の分だけ内部エネルギー U が減少し，温度が下がる．理想気体の**断熱可逆過程**では

$$TV^{\gamma-1} = \text{const}, \quad PV^{\gamma} = \text{const}, \quad \frac{T^{\gamma}}{P^{\gamma-1}} = \text{const} \tag{6.5}$$

という関係が成り立つ．ここで γ は比熱比すなわち $\gamma = C_P/C_V$．二原子分子の気体では $\gamma \approx 1.4$．

例題 3 ─────────────────── 気体が外部にする仕事

外部から 1 気圧の圧力がかかっている容積可変の容器に，1 モルの気体窒素が入っている．
(イ) はじめ温度は 27°C であった．体積はどれだけか．
(ロ) 気体を加熱したところ，体積が 10% 増加した．この間に加えた熱量はどれだけか．
(ハ) 気体が外部にした仕事はどれだけか．
(ニ) 気体の内部エネルギーはどれだけ増加したか．

[解答] (イ) 理想気体で近似すれば，状態方程式 $PV = RT$ が示すように，P 一定の下では，体積 V は絶対温度 T に比例する．$T = 0°C = 273\,\mathrm{K}$ における体積は $22.4\,\ell$ だから，$T = 27°C = 300\,\mathrm{K}$ では

$$V = \frac{300}{273} \times 22.4 = 24.6\,\ell$$

(ロ) 絶対温度 T も 10% 増加するから $\Delta T = 30\,\mathrm{K}$．定圧モル比熱は $C_P = \frac{7}{2}R$ だから，温度上昇に要する熱量は

$$Q = C_P \Delta T = \tfrac{7}{2} R \times 30 = 873\,\mathrm{J}$$

(ハ) 体積が ΔV 増加する間に気体が外部にする仕事は

$$A = P\Delta V = PV\frac{\Delta V}{V} = RT\frac{\Delta V}{V} = 8.315 \times 300 \times 0.1 = 249\,\mathrm{J}$$

(ニ) 吸収した熱と外へした仕事の差は内部エネルギーの増加 ΔU となる：

$$\Delta U = Q - A = 624\,\mathrm{J}$$

理想気体の内部エネルギーは温度にのみ依存するので，$\Delta U = C_V \Delta T$ として計算してもよい．

問題

3.1 次に述べてあることは正しいか，誤っているか．
(イ) 外部から熱を与えなくても，系の温度が上がる過程がある．
(ロ) 外部から熱を与えても，系の温度が上がらない過程がある．
(ハ) 気体の体積が膨張するときには，気体は必ず外部に仕事をする．
(ニ) 気体が外部にする仕事の式 (6.4) は，可逆過程にだけあてはまる．
(ホ) 気体の 1 モルあたりの内部エネルギーは，温度だけで決まり体積には依存しない．

---例題 4---――――――――――――――――――気体の断熱可逆膨張―

n モルの理想気体が断熱可逆膨張をした結果,温度が T_1 から T_2 に下がった. この間に気体が外部にした仕事 A を,次の二つの方法で計算しよう. この気体の定積モル比熱は,温度に依存しない一定の値 C_V を持つとする.
(イ) 断熱過程で系が外部に仕事をすれば,その分だけ系の内部エネルギーは減少する. このことから仕事 A を求めよ.
(ロ) 仕事の公式 (6.4) を用いて A を直接計算し,結果が上と一致することを確かめよ.

[解答] (イ) 理想気体の内部エネルギー U は温度 T だけで決まり,比熱が温度によらないとすれば,$U(T) = nC_V T + \text{const}$ という形を持つ. したがって膨張の結果 U は $nC_V(T_1 - T_2)$ だけ減少する. これは外への仕事に使われたはずだから,

$$A = nC_V(T_1 - T_2)$$

(ロ) 断熱膨張の前後の気体の体積を V_1, V_2,圧力を P_1, P_2 とする. 理想気体の断熱可逆過程では $PV^\gamma = \text{const}$ という関係が成り立つので ($\gamma = C_P/C_V$),仕事は

$$A = \int_{V_1}^{V_2} P\,dV = \text{const} \int_{V_1}^{V_2} \frac{dV}{V^\gamma} = \frac{\text{const}}{\gamma - 1}\left(\frac{1}{V_1^{\gamma-1}} - \frac{1}{V_2^{\gamma-1}}\right)$$

ここで

$$PV^\gamma = \text{const} = P_1 V_1^\gamma = P_2 V_2^\gamma$$

に注意すれば,上式は

$$A = \frac{1}{\gamma - 1}(P_1 V_1 - P_2 V_2) = \frac{nR}{\gamma - 1}(T_1 - T_2)$$

と書ける. さらにマイヤーの関係 (6.1) により

$$\gamma - 1 = \frac{C_P - C_V}{C_V} = \frac{R}{C_V}$$

であるから,$A = nC_V(T_1 - T_2)$ となり,(イ) の結果と一致する.

問題

4.1 温度 15°C の地表付近の大気が,高度 1000 m まで上昇する. 地表の気圧を 1013 hPa (h (ヘクト) =100),高度 1000 m の気圧を 900 hPa とし,上昇が断熱可逆的に起こると仮定すれば,大気の温度は何度に下がるか.

6.3 熱力学第二法則，エントロピー

●**エントロピー**● 系が熱平衡状態を保ちながらゆっくりと行う変化を，**可逆的**（あるいは**準静的**）な過程という．温度 T にある系が微小な可逆的過程を行い，その間に熱 dQ を吸収すれば，系のエントロピー S は

$$dS = \frac{dQ}{T} \tag{6.6}$$

だけ増す．どんな系にも，この性質を持つ状態量 S が存在するという主張が，**熱力学第二法則**の一部である．温度 T の等温可逆過程では，系のエントロピーの変化 ΔS は，その間に系が吸収する熱を Q とすれば

$$\Delta S = \frac{Q}{T} \quad \text{（可逆等温過程）} \tag{6.7}$$

断熱可逆過程では系のエントロピーは変化しない：

$$\Delta S = 0 \quad \text{（可逆断熱過程）} \tag{6.8}$$

一般の（温度が一定でない）可逆過程では

$$\Delta S = \int \frac{dQ}{T} \tag{6.9}$$

●**エントロピー増大の法則**● 不可逆断熱過程（外部との熱の交換をしない不可逆過程）では，系のエントロピーは増大する：

$$\Delta S > 0 \quad \text{（不可逆断熱過程）} \tag{6.10}$$

熱源と熱のやりとりをする一般の不可逆過程の場合には，系のエントロピーと熱源のエントロピーの和を S_{tot} とおけば，

$$\Delta S_{\text{tot}} > 0 \tag{6.11}$$

●**理想気体のエントロピー**● 温度 T，体積 V の n モルの理想気体のエントロピーは

$$S(T, V) = n \left(C_V \log T + R \log \frac{V}{n} + \text{const} \right) \tag{6.12}$$

ここで R は気体定数，C_V は定積モル比熱．状態を指定する変数を温度 T と圧力 P にとれば，定積モル比熱を C_P として

$$S(T, P) = n \left(C_P \log T - R \log P + \text{const} \right) \tag{6.13}$$

── 例題 5 ────────────────────────────── 気体の自由膨張 ──

断熱壁でできた体積の等しい二つの容器 A と B を，栓のついた管でつなぐ．はじめは栓を閉め，容器 A に 1 モルの理想気体を入れる．容器 B の内部は真空である．ここで栓を開くと，気体は二つの容器全体に広がる．このときエントロピーはどれだけ増加するか．

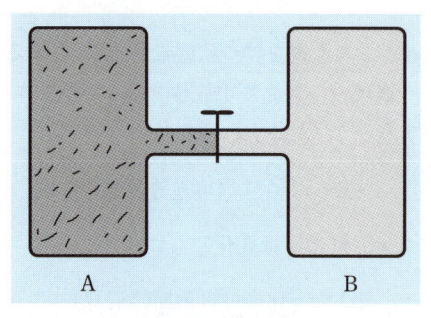

図 6.2　自由膨張

[解答]　これは気体の**自由膨張**で，理想気体の場合には温度は変化しない．膨張前と後の体積を V_1, V_2 とすれば，1 モルの理想気体のエントロピーの式

$$S = R\log V + f(T)$$

から

$$\Delta S = R(\log V_2 - \log V_1) = R\log\frac{V_2}{V_1}$$

で，$V_2/V_1 = 2$ より $\Delta S = R\log 2$．

[注意]　自由膨張のような不可逆過程では，その過程自身からエントロピーの変化を求めることはできない．一般には，始めと終わりの状態を結ぶ別の可逆過程を考え，それを用いてエントロピー変化を計算するのだが，理想気体の場合には，任意の状態のエントロピーの表式がわかっているので，それを用いたのである．

―― 問　題 ――――――――――――――――――――――――――――

5.1　室温（27°C とする）にある空気を，体積が半分になるまで断熱可逆的に圧縮すると，温度はどれだけになるか．このときエントロピーはどれだけ変化するか．

6.3 熱力学第二法則，エントロピー

---例題 6---エントロピーの増加---

温度 10°C と 30°C の水がそれぞれ 1 リットルずつある．これを一緒にすると，全体のエントロピーはどれだけ増加するか．外部との熱の出入りはないものとする．

[解答] 混合は不可逆過程だから，この過程自身からエントロピーの変化 ΔS を計算することはできない．始めと終わりの状態を結ぶ可逆過程を考え，それから ΔS を求める．1ℓ の水の熱容量は $C \approx 1 \text{kcal} \cdot \deg^{-1}$．終わりの状態は，20°C の水 2ℓ．

容器の左半分と右半分に，それぞれ 10°C および 30°C の水 1ℓ ずつをいれ，間を断熱壁でしきる．まず左半分を加熱して温度を 10°C から 20°C に上げる．そのときのエントロピー変化は $\Delta S_L = C \log(283/273)$（問題 6.1 参照）．次に右半分を冷却して温度を 30°C から 20°C に下げる．それによるエントロピー変化は $\Delta S_R = C \log(283/293)$．最後に断熱壁を取り去るが，両側の温度が同じだから何も起こらず，エントロピー変化はない．結局始めと終わりの状態のエントロピーの差は

$$\Delta S = \Delta S_L + \Delta S_R$$
$$= C \left(\log \frac{283}{273} - \log \frac{293}{283} \right) = C \times 1.25 \times 10^{-3} = 1.25 \, \text{cal} \cdot \text{K}^{-1}$$

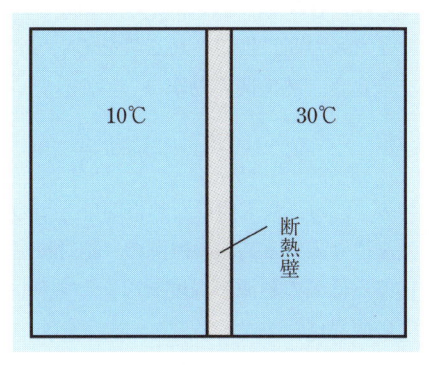

図 6.3 温度の異なる水の混合

問 題

6.1 熱容量 C の物体を加熱したところ，その温度が絶対温度で T_1 から T_2 に変化した．物体のエントロピーはどれだけ変化したか．

6.2 混合のエントロピー　断熱壁でできた容器をしきりで二つの部分に分け，それぞれの部分に，異なる種類の理想気体 A と B を入れる．気体 A のモル数 n_A と気体 B のモル数 n_B の比は二つの部分の体積の比に等しく，また両方の気体の温度は共通で，したがって圧力も共通とする．ここでしきりを取り去ると，両方の気体は混合する．混合の前後でのエントロピーの増加は，次の式で表されることを示せ．

$$\Delta S = R \left(n_A \log \frac{n_A + n_B}{n_A} + n_B \log \frac{n_A + n_B}{n_B} \right)$$

6.4 熱機関

●**熱機関の効率**● 系の始めと終わりの状態が一致する過程を**サイクル**という．燃料などから熱エネルギーが供給されるとき，その一部を仕事に変えるサイクルを**熱機関**という．1サイクルの間に供給される熱を Q_1，外部にする仕事を A とするとき，熱機関の**効率**は

$$\eta = \frac{A}{Q_1} \qquad (6.14)$$

で表される．最も簡単な熱機関は二つの熱源を用いるもので，熱を取り入れる高温の熱源の（絶対）温度を T_1，残った熱を捨てる低温の熱源の温度を T_2 とすれば，効率の限界は

$$\eta \leq \frac{T_1 - T_2}{T_1} \qquad (6.15)$$

等号は，カルノーサイクルに対して成り立つ．

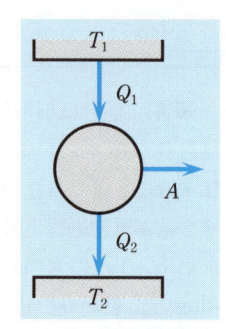

図 **6.4** 熱機関

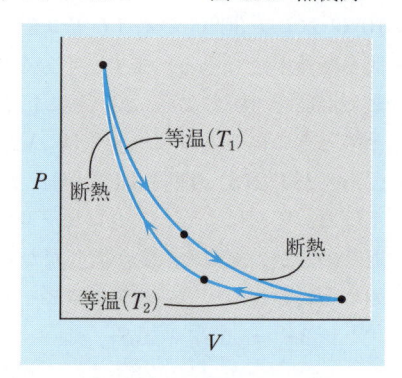

●**カルノーサイクル**● 次の可逆過程から成るサイクルを，**カルノーサイクル**という：

1. 温度 T_1 の高温熱源に接しながら行う等温膨張
2. 断熱膨張
3. 温度 T_2 の低温熱源に接しながら行う等温圧縮
4. 断熱圧縮

カルノーサイクルを熱機関とみるとき，その効率 η は

$$\eta = \frac{T_1 - T_2}{T_1} \qquad (6.16)$$

図 **6.5** カルノーサイクル

●**冷凍機とヒートポンプ**● 外からの仕事の助けにより，低温の熱源から熱を吸収し，高温の熱源に熱を放出する，熱機関の逆サイクル．第二法則から，必要な仕事の最小値が定まる．

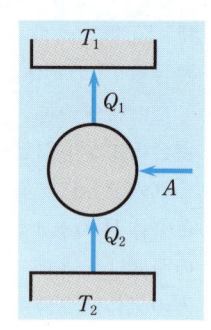

図 **6.6** 冷凍機とヒートポンプ

6.4 熱機関

―例題 7――――――――――――――――――――――――――――効率――

ある火力発電所の蒸気タービンのエンジンは，水蒸気を 600°C に加熱し，タービンをまわした後，余分な熱を 70°C の凝縮器に捨てる．このエンジンの理論上の最高効率はどれだけか．

解答 高温熱源の温度は $T_1 = 873\,\text{K}$, 低温熱源の温度は $T_2 = 343\,\text{K}$ だから，効率は

$$\eta \leq \frac{T_1 - T_2}{T_1} = \frac{873 - 343}{873} = 0.61 = 61\%$$

問題

7.1 蒸気タービンの実際の効率は 40% 程度である．出力 400 MW（40 万 kW）のタービンの運転に際し，取り入れられる熱 Q_1 と排出される熱 Q_2 は，毎秒それぞれ何 J か．

7.2 停止している質量 $m = 1500\,\text{kg}$ の自動車を時速 72 km まで加速する．エンジンの効率を 20% とし，摩擦によるエネルギーの損失は無視すれば，この加速に要するガソリンは何 cc か．ガソリンの燃焼熱を 1 g あたり 50,000 J，ガソリンの密度を $0.7\,\text{g}\cdot\text{cm}^{-3}$ とする．

7.3 1.2 kW の電力を消費する暖房用のヒートポンプがある．外気の温度を $T_2 = 10°\text{C}$，室内機と接している空気の温度を $T_1 = 40°\text{C}$ とすれば，室内に供給できる理論上最大の熱量は，毎秒何 kcal か．

―――熱機関の廃熱―――

上の例題で"余分な熱"という言い方をしたが，熱機関で好んで熱を余しているわけではない．できれば取り入れた熱を全部仕事に変えたいが，それができれば第二種の永久機関になる．それが実現不可能だというのが，熱力学第二法則の元々の出発点であった．熱機関はサイクルで，作業物質をはじめの状態に戻さねばならず，そのため外部への熱の放出をともなう過程が不可欠なのである．カルノーサイクルでは，それは等温圧縮の段階であり，現実の蒸気タービンでは，高温の水蒸気を冷却して水に凝縮させる段階である．飽和水蒸気が凝縮すれば圧力が急激に下がり，水蒸気との圧力差によって水蒸気の高速の流れができて，それがタービンをまわすのである．

6.5 相転移

●**物質の相**● 物質は，温度 T や圧力 P の変化によって，固体，液体，気体と形を変える．このそれぞれを**相**といい，物質が，ある相から別の相へ不連続的に移り変わることを，**相転移**という．T と P を与えたときに物質がどの相にあるかを示すための，T-P 平面上の図を**相図**という．相図で，二相の境界を示す線の上では，二相が熱平衡状態として共存できる．この境界線を $T = T(P)$ あるいは $P = P(T)$ で表す．圧力 P を一定に保

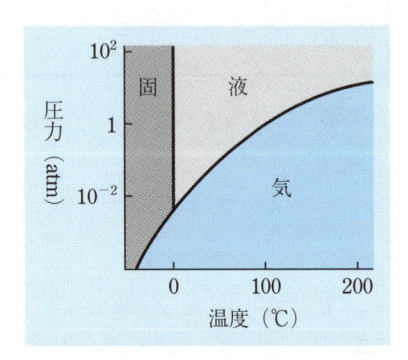

図 **6.7** 水の相図

てば，相転移は温度 $T(P)$ で起こる．固体から液相に融解するときの**融点**，液相から気相に気化（蒸発）するときの**沸点**などがその例である．温度 T を一定に保てば，相転移は圧力 $P(T)$ で起こる．液相と気相の相転移の場合には，$P(T)$ を（飽和）蒸気圧と呼ぶが，その意味は以下のように考えるとわかりやすいだろう．（相という言葉はもっと広い意味で用いられるが，本書では固相，液相，気相の間の相転移だけを考える．）

●**蒸気圧**● 体積一定の容器に液体を入れると，容器の体積に空きがあれば，液体が蒸発し，蒸気が空きの部分を満たす．蒸発はやがて止まり，液体と蒸気が平衡に達するが，そのとき，液体の上の空間が蒸気で**飽和**したといい，そのときの蒸気の圧力 $P_v(T)$ を，温度 T における（飽和）**蒸気圧**という．ここで容器の蓋を可動なピストンで置き換え，それに外から圧力 P をかけるとすれば，最初に述べた T と P を与える場合につながる．すなわち，$P_v(T) < P$ の場合にはピストンは下がり，蒸気は全部液体に戻るし，$P_v(T) > P$ の場合にはピストンは上がり，液体は全部蒸発する．それに対し $P_v(T) = P$ の場合には，液体と蒸気が平衡状態として共存する．こうして蒸気圧 $P_v(T)$ は，相図の液相と気相の境界曲線 $P = P(T)$ にほかならないことがわかるので，以下では $P_v(T)$ を単に $P(T)$ と記す．蒸気圧 $P(T)$ は，圧力 P における沸点 $T(P)$ の逆関数である．

●**クラウジウス・クラペイロンの式**● 温度 T の変化に伴う，蒸気圧 $P(T)$ の変化率は，物質が液相および気相にあるときの1モルあたりの体積 V_l および V_g と，1モルあたりの蒸発熱 λ によって，次のクラウジウス・クラペイロンの式で与えられる：

$$\frac{dP}{dT} = \frac{\lambda}{T(V_g - V_l)} \tag{6.17}$$

6.5 相転移

―例題 8― 蒸気圧の温度による変化―

水の（飽和）蒸気圧は温度 100°C のとき 1 気圧である．温度が 90°C に下がると，蒸気圧はどれほどになるか．水の蒸発熱は 1 g あたり 540 cal である．

ヒント クラウジウス・クラペイロンの式を用いる．

解答 問題 2.3 でみたように，液体の水が水蒸気になると，体積は 1000 倍以上に増える．一般の物質でも $V_l \ll V_g$ だから，V_l は V_g にくらべて安心して無視できる．それにより式 (6.17) は次のように簡単化される．

$$\frac{dP}{dT} = \frac{\lambda}{TV_g}$$

さらに蒸気に 1 モルの理想気体の方程式 $PV_g = RT$ を適用すれば，上式は

$$\frac{dP}{P} = \frac{\lambda}{RT}\frac{dT}{T}$$

と表される．（このような形に書けば，単位の心配もなくなる．）$\lambda = 540 \times 18\,\text{cal}\cdot\text{mol}^{-1}$, $R \approx 2\,\text{cal}\cdot\text{K}^{-1}\cdot\text{mol}^{-1}$, $T = 373\,\text{K}$, $dT = -10\,\text{K}$ を入れれば，

$$\frac{dP}{P} = \frac{540 \times 18}{2 \times 373} \times \frac{-10}{373} = -0.35$$

したがって蒸気圧は 0.65 気圧に下がる．実測値は 0.67 気圧．温度が 10°C 下がっただけで，蒸気圧が 30% 以上も減ることに注意．

問題

8.1 液体を加熱して温度が沸点に達すると，液体は沸騰する．沸騰とはどのような現象で，なぜ起こるかを説明せよ．

8.2 図は CO_2（二酸化炭素）の相図である．固相の CO_2 は，ふつうドライアイスと呼ばれる．この相図から，我々が眼にするドライアイスのふるまいを説明せよ．

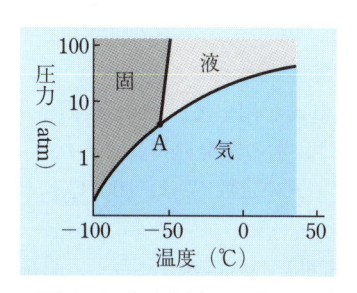

図 6.8 CO_2 の相図．A（三重点）は $(-56.6°C,\ 5.11\,\text{atm})$．

―― 例題 9 ―――――――――――――――――――――― 蒸気圧の温度依存性 ――

例題 8 で用いた式

$$\frac{dP}{P} = \frac{\lambda}{RT^2} dT$$

で，さらに蒸発熱 λ を温度によらない定数と仮定して，$P(T)$ の近似式

$$P(T) = Ce^{-\lambda/RT}$$

を導け（R は気体定数，C は定数）．

[解答]　上に記した式は変数分離型の微分方程式だから，積分できる．とくに λ を T によらない定数と仮定すれば，解は

$$\log P = -\frac{\lambda}{RT} + C'$$

すなわち

$$P = Ce^{-\lambda/RT}$$

（C', C は積分定数）．この特徴ある温度依存性は，実は統計力学のボルツマン原理の反映である（例題 12 参照）．

[参考]　上では λ を温度によらない定数と仮定したが，$\lambda(T) = \lambda_0 - aRT$ という形で温度変化する場合を調べてみると，上の微分方程式の解は

$$P = \frac{C}{T^a} e^{-\lambda_0/RT}$$

となる．このように，$\lambda(T)$ として T の一次の項まで取り入れると，指数関数の前に T のべきがつく．しかし指数関数の T 依存性の方が強いので，λ を定数と近似して得た例題 9 の解でも，$P(T)$ の定性的な様子をよく表すのである．

～～～　問　題　～～～～～～～～～～～～～～～～～～～～～～～～～～～～～～～

9.1　上の例題で導いた近似式を用いて，水の蒸気圧 $P(T)$ を温度 T の関数として表すグラフを書け．水の蒸発熱は 1 g あたり 540 cal，気体定数は $R \approx 2\,\mathrm{cal \cdot deg^{-1} \cdot mol^{-1}}$．式の定数 C は，100°C における水の蒸気圧が 1 atm であることから決める．

9.2　寒い冬の日に混んだ電車やバスに乗り込むと，眼鏡がさっとくもるが，時間がたつとくもりは消える．その理由を説明せよ．

6.5 相転移

例題 10 ────────── 蒸気圧の温度変化の利用

コーヒーの入れ方の一つに，サイフォン式と呼ばれる方法がある．図のフラスコに水を入れ，膜（濾紙など）の上にコーヒーの粉を入れる．フラスコをアルコールランプで熱すると，沸騰した水は，管を通してほとんど全部膜の上のロートに押し上げられ，コーヒーの粉と混ざる．ここでランプを取り去ると，水（コーヒー）はフラスコに勢いよく引き戻される．ここで起きていることを，物理の立場から説明せよ．

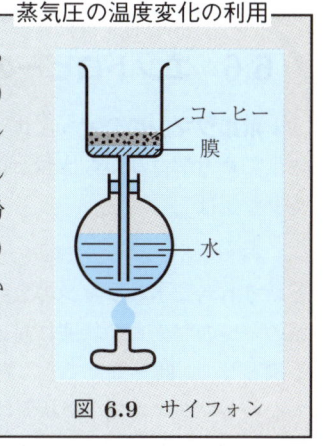

図 6.9 サイフォン

[解答] フラスコ中で，水面の上の空間は，空気と飽和水蒸気で占められる．水が沸騰すると，飽和水蒸気の圧力は 1 気圧になる．空気の圧力を加えれば，全圧力は大気圧を越えるので，水は膜の上に押し上げられる．その状態では，フラスコ内部の大部分は飽和水蒸気である．ランプを取り去り，フラスコ内部の温度が 100°C 以下になると，飽和蒸気圧は急激に下がり，水蒸気が凝結するので，フラスコ内部の圧力は大気圧よりかなり低くなる．そこで今度は，膜の上の水が，大気圧によってフラスコに押し戻される．フラスコに水が吸い込まれる力は，ドリップ式などの場合よりずっと強いので，濃いコーヒーが抽出される．

問題

10.1 湯が沸騰している薬缶の口から出る湯気をよく見ると，口から少し離れたところから湯気が立ち始めている．その理由を説明せよ．
   [ヒント] 湯気は細かい水滴の集まりである．水蒸気は気体なので見えない．

10.2 鍋で湯をわかすとき，鍋の蓋をとって見ても湯気が立っていないのに，そこで火を消すと急に湯気が立ち昇ることがある．これはなぜだろうか．

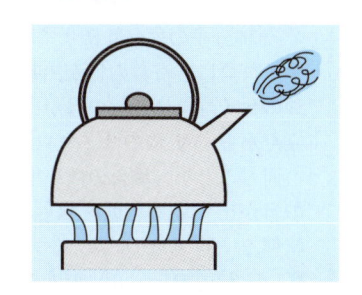

図 6.10 薬缶の口から出る湯気

10.3 熱い吸物を入れたお椀の蓋が，なかなかとれないことがある．そのようなことが起こる理由を考えよ．

6.6 エントロピーの微視的な意味

●ボルツマンの公式● エントロピー S は非常に重要な量だが，その直観的な意味は，熱力学自身からはわからない．それに答えるのが統計力学で，その創始者のボルツマンは

$$S = k_\mathrm{B} \log W \tag{6.18}$$

という有名なボルツマンの公式を提唱した．ここで W は（以下で説明するように），系の一つのマクロの状態に対応する，ミクロの状態の個数を表す．

例として，断熱壁でできた容器中の理想気体を考えると，気体が静止している状態，すなわちマクロの熱平衡状態は，容器の体積 V，気体のモル数 n，内部エネルギー U（あるいは温度 T）で指定される．ところが，気体がマクロには静止していても，気体の分子は複雑な運動を続けている．この気体には総数 $N = nN_\mathrm{A}$ の分子が含まれていて（N_A はアボガドロ数），ある瞬間におけるミクロの状態は，すべての分子の位置と運動量の成分で，すなわち全部で $6N$ 個の変数の値で決まる．分子が動きまわるので，系のミクロの状態は絶えず変化するが，長い時間でみれば，どのミクロの状態も同じ確率で現れる．このような状態が全部で何通り可能か，ということを表すのが，ミクロの状態の個数 W である．もちろん位置や運動量は連続的な値をとるので，個数 W を数えるには工夫が必要である（例題 11 参照）．

確率と場合の数

気体分子の代わりにサイコロを考え，N 個のサイコロをかき混ぜたとき，どのサイコロにも奇数の目が出る確率はどれだけか，という問題を考えてみよう．一つのサイコロに奇数の目が出る確率は 1/2 で，各サイコロの目の出方は互いに独立だから，N 個のサイコロ全部に奇数の目が出る確率は $w = (1/2)^N$ である．

同じことを，**場合の数**を用いて言うと次のようになる．全部のサイコロに奇数の目が出ている状態を状態 1，各サイコロの目の出方がまったく勝手な状態を状態 2 とすると，この二つの状態の起こり方，すなわち場合の数は，それぞれ $W_1 = 3^N$，$W_2 = 6^N$ である．一つ一つの場合は同じ確率で起こるので，サイコロをかき混ぜたとき，たまたま全部の目が奇数になる確率は，場合の数の比により $w = W_1/W_2 = (3/6)^N$ で，上と同じ結果が得られる．N が 10^{23} 程度の大きな数だと，この確率は極端に小さいので，このようなことが起こることは，現実にはあり得ないと言うことができる．

6.6 エントロピーの微視的な意味

―例題 11――――――――――――――――――――気体の断熱自由膨張―

断熱壁でできた体積 V_2 の箱の内部をしきりで二つの部分に分け，その一方の体積 V_1 の部分に n モルの理想気体を入れ，他方は真空に保つ．しきりをはずすと気体は箱全体に広がる．これが自由膨張で，いったん膨張した気体は，外からの助けがなければ，はじめの V_1 の部分に収縮することはない．すなわち自由膨張は不可逆である．その理由をミクロの立場から説明せよ．

[解答] 膨張後の気体では，体積 V_2 の箱の中で $N = nN_A$ 個の分子が動きまわっている．ある瞬間に，ある分子が体積 V_1 の部分にいる確率は V_1/V_2 で，理想気体では分子は互いに独立に運動しているので，全部の分子が同じ瞬間に V_1 の中に集まる確率は $w = (V_1/V_2)^N$ である．分子の個数 N は 10^{23} 程度の大きな数だから，確率 w は極端に小さく，現実には，気体全体が自分で V_1 に収縮することはあり得ない．

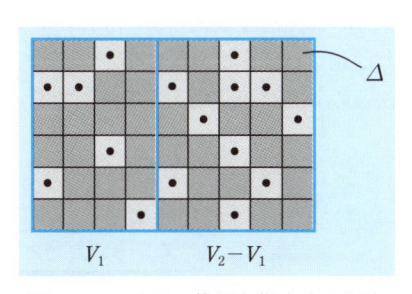

図 6.11 分子の位置を指定する細胞

同じ確率 w を，ミクロの状態の個数 W を用いて計算してみよう．そのための便宜上の手段として，箱を微小な体積 Δ の細胞に分割し，各分子の位置を，分子がどの細胞の中にいるか，ということで表す（図6.11）．箱全体の細胞の数は $M_2 = V_2/\Delta$ だから，一つの分子の位置としては M_2 通りが可能で，N 個の分子の配置は $W_2 = M_2^N$ 通りある．同様に，体積 V_1 中の細胞の数は $M_1 = V_1/\Delta$ だから，全分子が V_1 中にいるときの配置は $W_1 = M_1^N$ 通りある．長い時間でみれば，どの配置も同じ確率で実現されるはずだから，箱の中の全分子がたまたま V_1 中に集まる確率は

$$w = \frac{W_1}{W_2} = \left(\frac{M_1}{M_2}\right)^N = \left(\frac{V_1}{V_2}\right)^N$$

となり，上の結果と一致する．

この確率 w の対数

$$\log w = \log W_1 - \log W_2 = N \log \frac{V_1}{V_2} = nN_A \log \frac{V_1}{V_2}$$

を見ると，これが，気体が V_2 から V_1 へ収縮するときのエントロピー変化

$$\Delta S = S_1 - S_2 = nR \log \frac{V_1}{V_2}$$

に比例していることに気づく．係数まで一致させるには，**ボルツマン定数**

$$k_B \equiv R/N_A$$

をかければよい．すなわち，エントロピー S とミクロな配置の数 W の関係は

$$S = k_B \log W$$

であることが想像できる．これがボルツマンの公式の，この例における意味である．気体の自発的な収縮のような，エントロピーが減少する過程は，上で見たように，それが起こる確率が極端に小さく，現実には起こらない．これが，エントロピー増大の法則のミクロの立場からの解釈である．

> **エントロピーと粒子数**
>
> 例題 11 によれば，体積 V 中の N 個の分子の配置は
>
> $$W = \left(\frac{V}{\Delta}\right)^N \tag{6.19}$$
>
> 通りあり，これから理想気体のエントロピーの，体積に関係する部分が
>
> $$S = k_B \log W = k_B N \log \frac{V}{\Delta}$$
>
> と得られる．気体のモル数 $n = N/N_A$ を用いれば，これは
>
> $$S = nR \log V + \mathrm{const}$$
>
> という見慣れた形になる．ところがこの結果には，一つ問題がある．
>
> いま，体積 V の箱にしきりを入れて，体積 V_1 と V_2 の部分に分け，同じ種類の気体を，密度が等しいように，すなわちそれぞれの部分の分子数 N_1, N_2 が
>
> $$\frac{N_1}{V_1} = \frac{N_2}{V_2}$$
>
> をみたすように，二つの部分に入れる．このときの分子の配置の数 W_a は，それぞれの部分の配置の数の積
>
> $$W_a = \left(\frac{V_1}{\Delta}\right)^{N_1} \left(\frac{V_2}{\Delta}\right)^{N_2}$$
>
> である．ここでしきりをはずしても，両方の密度が等しいので何も起こらない．すなわち，そのままで平衡状態になっているはずである．ところが体積 V 中の

$N = N_1 + N_2$ 個の分子の配置の数は

$$W_b = \left(\frac{V}{\Delta}\right)^N = \left(\frac{V_1 + V_2}{\Delta}\right)^{N_1 + N_2}$$

で，明らかに $W_a < W_b$，したがって $S_a < S_b$ である．これでは，何も変化が起こらないのに，エントロピーが増すことになってしまう．この困難の原因は，系が熱平衡状態にあるときには，系全体のエントロピーは，系の各部分のエントロピーの和に等しいはずなのに，上のエントロピーの表式が，その条件を満たしていないことにある．

この困難は，分子の配置の数の表式 (6.19) を

$$W = \left(\frac{V}{N\Delta}\right)^N \tag{6.20}$$

と変えれば解決する．この表式を用いれば

$$W_a = \left(\frac{V_1}{N_1\Delta}\right)^{N_1} \left(\frac{V_2}{N_2\Delta}\right)^{N_2}$$

となり，

$$\frac{V_1}{N_1} = \frac{V_2}{N_2} = \frac{V_1 + V_2}{N_1 + N_2}$$

であるから

$$W_a = \left(\frac{V_1 + V_2}{(N_1 + N_2)\Delta}\right)^{N_1 + N_2} = \left(\frac{V}{N\Delta}\right)^N = W_b$$

で，問題はなくなる．

配置の数の表式を (6.19) から (6.20) に変えねばならないことは，**ギブスのパラドックス**と呼ばれ，古典物理と量子物理における，粒子に対する見方の根本的な差に原因があるのだが，ここではそれにはふれないでおく．この変更により，理想気体のエントロピーの，体積に依存する部分は

$$S = k_B \log W = k_B N \log \frac{V}{N\Delta} = nR \log \frac{V}{n} + \text{const}$$

となる．これによれば，1 分子あたりのエントロピー S/N あるいは 1 モルあたりのエントロピー S/n は気体の密度 N/V に依存し，密度が小さいほど，すなわち 1 分子が占める体積が大きいほど，大きくなる．このことは，浸透圧（例題 13）や蒸気圧（例題 14）などの議論で重要な意味を持つ．

例題 12 ─────────────────── ボルツマンの原理 ───

温度 T の理想気体が入っている容器の内部が二つの領域に分かれ，気体分子一個あたりのポテンシャルエネルギーが領域 1 では 0，領域 2 では $v(>0)$ だとする．言い換えれば，領域 1 と 2 の境界で，2 から 1 へ向く方向に分子に力が働くため，分子を 1 から 2 へ移すには仕事 v が要るとする．

このようにポテンシャルエネルギーが領域により異なると，分子はポテンシャルエネルギーの低い領域に集まる傾向がある．そのことを定量的に表すのが，領域 1 と 2 における気体分子の数密度 n_1，n_2 の間に成り立つ次の関係である：

$$\frac{n_2}{n_1} = e^{-v/k_{\mathrm{B}} T}$$

(イ) 分子の数密度が $n_1 > n_2$ となる理由を，定性的に説明せよ．
(ロ) 上の式を，エントロピーに対する熱平衡の条件から導け．

注意 上式の右辺は $k_{\mathrm{B}} T \ll v$ では 0 に近づき，$k_{\mathrm{B}} T \gg v$ では 1 に近づく．すなわち絶対温度が低いほど，分子はポテンシャルエネルギーの低い領域に集まるが，高温になると，ポテンシャルエネルギーの差を無視して，分子は全体に一様に分布する．上の関係は，**ボルツマンの原理**と呼ばれる統計力学の大法則の例である．

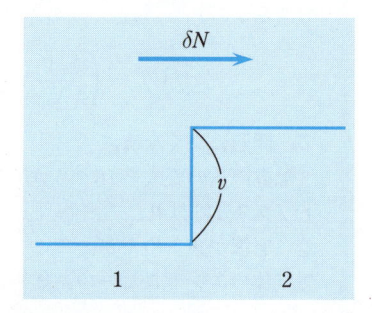

[解答] (イ) 気体内部の分子の熱運動により，領域 1 と 2 の境界面を，分子が両方向に頻繁に通過する．ここで，領域 2 の側から境界面に達した分子はそのまま領域 1 に入り込めるが，領域 1 の側から境界面に達した分子は，その運動エネルギーがポテンシャルの段差 v より大きい場合にだけ，領域 2 に入り込めることに注意する．最初両側の数密度 n_1 と n_2 が等しいとすれば，領域 2 から 1 に移る分子の数が，領域 1 から 2 に移る分子の数より多いため，時間と共に n_1 は増加し，n_2 は減少する．密度の比 n_1/n_2 が（1 より大きい）ある値に達し，単位時間に境界面を両方向に通過する分子の数が等しくなると，それ以後は n_1，n_2 は変化しない．これが熱平衡の状態である．

図 **6.12** 分子のポテンシャルエネルギー

(ロ) 領域 1 と 2 の間の分子の移動を等温過程として扱うために，容器が一定温度 T の熱源と接しているとする．領域 1 と 2 の体積を V_1, V_2，そこにいる分子の個数を N_1, N_2 とする．仮に領域 1 から 2 へ δN 個の分子が移るとして，それによって（熱

源まで含めた）全系のエントロピーが δS だけ変化すれば，$\delta S > 0$ なら実際に 1 から 2 への分子の移動が起こり，$\delta S < 0$ なら逆の方向への移動が起こる．したがって時間がたっても N_1, N_2 が変化しないという熱平衡の条件は，$\delta S = 0$ である．

192 ページのコラムで説明した理想気体のエントロピーの表式

$$S = k_B N \left(\log \frac{V}{N\Delta} + f(T) \right)$$

から，領域 1 の気体のエントロピーの変化は

$$\delta S_1 = k_B \left(\log \frac{V_1}{N_1} - 1 - \log \Delta + f(T) \right) \delta N_1$$

領域 2 についても，添字 1 を 2 に替えた式が書ける．ここで $\delta N_2 = -\delta N_1 \equiv \delta N$ に注意すれば，全領域のエントロピー変化は

$$\delta S_1 + \delta S_2 = k_B \left(\log \frac{V_2}{N_2} - \log \frac{V_1}{N_1} \right) \delta N = k_B \log \frac{n_1}{n_2} \delta N$$

となる．分子一個が領域 1 から 2 へ移るには仕事 v が要るので，分子 δN 個が移るにはエネルギー $v\delta N$ を熱源が供給する必要があり，それによって熱源のエントロピー S_r は

$$\delta S_r = -\frac{v \delta N}{T}$$

だけ変化する．したがって熱平衡の条件

$$\delta S_1 + \delta S_2 + \delta S_r = 0$$

は

$$k_B \log \frac{n_1}{n_2} = \frac{v}{T}$$

となる．これは問題の関係式にほかならない．

参考 この問題の設定は一見人工的にみえるが，P 型と N 型の二種類の領域が接している PN 接合という半導体では，電子やホール（正孔）に対するポテンシャルが領域の境界で不連続に変わるので，二つの領域での電子（またはホール）の密度の比は，上記の形の式で表される．また，重力場の中にある気体の分子には下向きに重力 mg（m は分子の質量）が働くので，分子の密度は下ほど濃く，上に行くと薄くなる．数密度 $n(z)$ の高さ z による変化は，重力のポテンシャルエネルギー mgz によって，

$$n(z) \propto e^{-mgz/k_B T}$$

と表される．上の例題は，このようなポテンシャルエネルギーの連続的な変化を簡単化したモデルとみることもできる．

例題 13 ──────────────────── 浸透圧

砂糖が水に溶けて砂糖水になるように,溶質が溶媒に溶解したものが溶液である.溶液と溶媒が混合すると,溶液は薄まる.溶解や溶液の希釈は不可逆過程で,それを止めるには外から力を加える必要がある.それが以下で扱う浸透圧である.

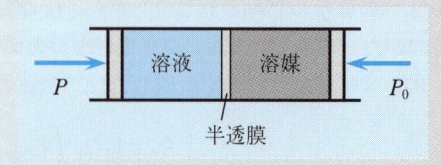

図 6.13 溶媒と溶液にかかる圧力

図のように,管の中央に半透膜(溶媒は通すが溶質は通さない膜)を固定し,その一方の側には溶液,他方の側には溶媒を入れて,両端を可動なピストンで蓋をする.ふつうはどちらのピストンにも外から大気圧 P_0 がかかっているが,それだと溶媒が半透膜を通って溶液の方に移り,溶液を薄めていく.溶媒の移動を止めるには,溶液の側のピストンには,P_0 より高い圧力 P をかける必要がある.すなわち,溶媒と溶液が半透膜をはさんで熱平衡状態にあるときには,溶液の圧力 P は,溶媒の圧力 P_0 よりも,ある値だけ高い値を持つ.熱平衡状態を保つのに必要なこの圧力差 $\Pi = P - P_0$ を,**浸透圧**という.

(イ) 両側のピストンにかかる圧力が同じだと,溶媒が半透膜を通って溶液の方に移っていくのはなぜだろうか.

(ロ) 溶液と溶媒が熱平衡状態にあるとき,溶液が希薄ならば,浸透圧 Π は,溶液の体積 V,溶けている溶質のモル数 n,温度 T によって

$$\Pi = \frac{nRT}{V}$$

という,理想気体の圧力と同じ形に表される.これを説明せよ.

[解答] (イ) 溶媒が溶液の側に入って溶液と混ざれば,混合によって系のエントロピーが増大する.したがってその方向に過程が進む.

(ロ) 稀薄溶液では,溶質分子は溶液の体積 V の中を,気体の分子と同じように動きまわるので,溶質分子は理想気体と同じ圧力を周囲に及ぼす.溶液の圧力は,溶媒の圧力と溶質分子による圧力の和であり,後者が浸透圧 Π にほかならない.

[参考] 同じことを,エントロピーの言葉で考えてみよう.稀薄溶液のエントロピーは,溶媒のエントロピーと溶質のエントロピーの和として表される.溶質分子は気体の分子と同様にふるまうので,溶質のエントロピー S_s のうち体積 V に依存する部分は

$$S_s = nR \log \frac{V}{n}$$

という形を持つ．いま容器の右側から体積 δV の溶媒が左側に入ると，溶液の体積はそれだけ増すので，溶質のエントロピーは

$$\delta S_s = \frac{\partial S_s}{\partial V}\delta V = \frac{nR}{V}\delta V$$

だけ増す．その間，溶液の体積は圧力 P に逆らって δV 増加するので外に仕事 $P\delta V$ をする．また溶媒の体積は圧力 P_0 に押されて δV 減少するので，外から仕事 $P_0\delta V$ をされる．したがって系は差し引き

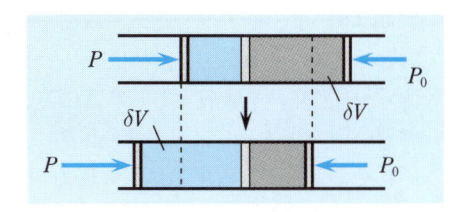

図 **6.14** わずかな希釈

$$(P - P_0)\,\delta V = \Pi\,\delta V$$

の仕事を外にする．温度一定の場合には，このエネルギーは熱 $\delta q = \Pi\,\delta V$ として熱源から取り入れられる．それゆえ熱源のエントロピー S_r は

$$\delta S_r = -\frac{\delta q}{T} = -\frac{\Pi\,\delta V}{T}$$

のように減少する．いまの過程では溶媒のエントロピーの変化はないので，熱源まで含んだ全系のエントロピーの変化は

$$\delta S = \delta S_s + \delta S_r = \left(\frac{nR}{V} - \frac{\Pi}{T}\right)\delta V$$

で，これが正のときは，すなわち溶質のエントロピーの増加が熱源のエントロピーの減少を上まわるときは，実際にこの過程が起こる．溶媒の移動が起こらないのは平衡条件 $\delta S = 0$ が成り立つときで，それは

$$\frac{nR}{V} = \frac{\Pi}{T}$$

のときである．これは浸透圧の表式にほかならない．

例題 14 ─────────────────────────────── 蒸発, 蒸気圧 ─

容器に液体を入れると，液体は少しずつ蒸発して蒸気に変わり，その際，周囲（熱源）から蒸発熱を吸収する．容器に蓋がしてあれば，しばらくして蒸発は止まり，容器の中の液体と蒸気が平衡の状態に達する．それを空間が蒸気で飽和したといい，そのときの容器中の蒸気の圧力が（飽和）蒸気圧である．

(イ) 液体はなぜ蒸発するのか．蒸発の際，蒸発熱が必要なのはなぜか．ミクロの見方から考えよ．

(ロ) 蓋をした容器の内部のように，蒸気が存在できる空間が限られているときには，その空間中の蒸気の密度がある値に達すると，それ以上は蒸発が進まない．それはなぜか．

(ハ) 温度が上がると蒸気圧は増大する．それはなぜか．

[解答] (イ) 分子どうしが近づくと，その間には引力が働くので，分子は一個所に集まる傾向を持つ．その結果できるのが液体や固体の状態である．分子が液体表面から外へ出るには，他の分子から受ける引力に逆らわねばならないから，一定量のエネルギー v が必要である．言い換えれば，液体内部の分子は，気体中の分子にくらべ，負の位置エネルギー $-v$ を持つ．

ところで，液体中でも分子は熱運動をしていて，その運動エネルギーの平均値は，統計力学によれば分子の 1 自由度あたり $\frac{1}{2}k_B T$ であるが（T は系の絶対温度, k_B はボルツマン定数），それはあくまで平均値で，

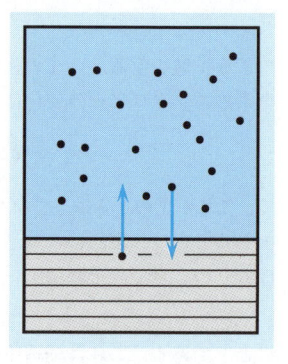

図 6.15 蒸発

それよりずっと大きな運動エネルギーを持つ分子もわずかながらいる．表面近くにいる分子が v より大きな運動エネルギーを持てば，その分子は他の分子からの引力を振り切って，液体から外へ飛び出すことができる．それが蒸発である．

蒸発に際し 1 分子あたり v のエネルギーを使うので，蒸発が進むと液体と蒸気の分子の運動エネルギーは減り，系の温度が下がる．すなわち，分子の運動エネルギーの一部がポテンシャルエネルギーの増加に転化したわけで，それを蒸発熱の吸収と呼ぶのである．系が一定温度の熱源に接している場合には，ポテンシャルエネルギーの増加は熱源から系に流れこむ熱で補われ，系の温度は一定に保たれる．その熱が蒸発熱である．

(ロ) 分子は，液体から外の空間に，一方的に飛び出すだけではない．外の蒸気から

6.6 エントロピーの微視的な意味

液体に飛び込む分子もある．単位時間に，液体の単位表面積から飛び出す分子の数は一定だが，そこに飛び込む分子の数は，外の空間で飛びまわっている蒸気分子の数密度（単位体積中の分子数）に比例して増加する．そこで，蒸発が進み，蒸気分子の数密度が増すと，飛び出す分子と飛び込む分子の数がちょうどつり合うようになる．ここで，見かけ上は分子の行き来が起こらなくなり，蒸発が止まる．これが飽和の状態である．この状態で，蒸気分子の数密度から決まる圧力が，（飽和）蒸気圧である．

(ハ) 温度が上がると，分子の運動エネルギーの平均値が，絶対温度に比例して増加する．それと共に，液体中の分子のなかで，v よりも大きな運動エネルギーを持つものの数も増加し，単位時間に外に飛び出す分子の数が増える．その結果(ロ)で述べたつり合いが破れ，ふたたび蒸発が始まる．そして，蒸気分子の数密度が，前よりも大きなある値に達したところで，飛び出す分子と飛び込む分子の数がふたたびつり合う．このように，前よりも大きな数密度でつり合うので，温度が上がれば蒸気圧が増すのである．

参考 以上が，蒸発の現象の直観的な説明（運動論的な説明という）であるが，熱力学第二法則に即した説明も与えておこう．

第二法則によれば，系と熱源の全体のエントロピーが増加する方向に変化が起こり，これ以上はエントロピーが増加できなくなったところで，系は熱平衡状態に達する．蒸発の問題では，系は，容器の中で接している液体と蒸気である．分子が液体から蒸気に移ると，系のエントロピーは増加する．それは，気体の分子は容器の中を動きまわれるため，ミクロの状態の数が大きいからである．一方，蒸発に際し系は熱源から蒸発熱を吸収するので，熱源のエントロピーは減少する．そこで，系のエントロピーの増加が熱源のエントロピーの減少を上まわる間は，蒸発が続く．

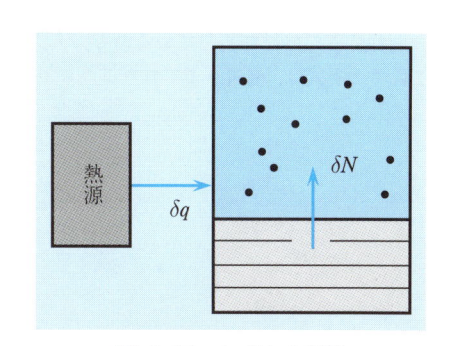

図 **6.16** わずかな蒸発

蒸気分子の数密度が増してくると，分子が液体から蒸気に移る際の，エントロピーの増し方が少なくなる．その理由は，理想気体のエントロピーの式

$$S = k_\mathrm{B} N \left(\log \frac{V}{N\Delta} + f(T) \right)$$

からわかる．（N は蒸気の分子数，V は蒸気が占める体積，Δ は体積の次元を持つ定数．）蒸気の分子数が δN 増すときのエントロピーの増加 δS は（体積に関係する所だけ取り出すと）

$$\delta S = k_\mathrm{B} \left(\log \frac{V}{N\Delta} - 1 \right) \delta N$$

で，N が増し，蒸気の一分子あたりの体積 V/N が減ってくると，δS が少なくなる．

それゆえ, 蒸気の数密度 N/V がある値に達すると, 系のエントロピーの増加 δS が熱源のエントロピーの減少に等しくなり, そこで平衡状態となる. 一分子あたりの蒸発熱を定数 v と仮定すると, δN 個の分子の蒸発に伴い, 熱源から系に熱 $v\delta N$ が流れ込むので, 熱源のエントロピーは $v\delta N/T$ 減少する. したがって平衡条件は

$$k_\mathrm{B}\left(\log\frac{V}{N\Delta}-1\right)=\frac{v}{T}$$

で, これより, 平衡状態における蒸気分子の数密度が

$$\frac{N}{V}=Ce^{-v/k_\mathrm{B}T}$$

と決まる (C は定数). 理想気体の状態方程式 $PV=Nk_\mathrm{B}T$ を用いれば, これを

$$P=CTe^{-v/k_\mathrm{B}T}=CTe^{-\lambda_0/RT}$$

の形に表すことができる. ($\lambda_0=N_\mathrm{A}v$ は 1 モルあたりの (定積) 蒸発熱, $R=N_\mathrm{A}k_\mathrm{B}$ は気体定数.)

上の簡単な議論では, 系のエントロピー変化 δS の中の, エネルギー (したがって温度 T) に関係する部分は無視しているので, 上式の指数関数の外の T にはあまり意味はない. それを除くと上式は, 例題9でクラウジウス・クラペイロンの式から導いた近似式と一致している.

問題解答

1章の解答

問題 1.1 例題 1 の結果に $a=b=100$, $\alpha=45°$ を入れて, $c=185\,\text{km}$, $\theta=22.5°$.

問題 1.2 川の流速を v_1, 舟の速さを v_2 とする. へさきを川上に角 θ 向けてこぐとき, $\sin\theta = v_1/v_2$ ならば, 二つの速度のベクトル和は川の流れと直角な方向を向く. $v_1/v_2 = \frac{1}{2}$ だから $\theta = 30°$.

問題 2.1 (イ) (1,0,0)　(ロ) (1,1,0)　(ハ) (1,1,1)

問題 2.2 面 EDG と面 AFC の方程式はそれぞれ

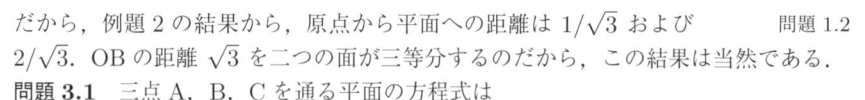

$$x+y+z=1, \quad x+y+z=2$$

だから, 例題 2 の結果から, 原点から平面への距離は $1/\sqrt{3}$ および $2/\sqrt{3}$. OB の距離 $\sqrt{3}$ を二つの面が三等分するのだから, この結果は当然である.

問題 1.2

問題 3.1 三点 A, B, C を通る平面の方程式は

$$x + \frac{y}{3} + \frac{z}{2} = 1$$

この平面の法線ベクトルは $\boldsymbol{N} = (1, \frac{1}{3}, \frac{1}{2}) \propto (6,2,3)$. 原点 O から平面への距離は $\rho = \frac{6}{7}$. 三角形 ABC の面積を S とすれば, 三角錐 ABCO の体積は $V = \frac{1}{3}\rho S$ だが, この体積が $V=1$ であることは図 1.13 からすぐわかるので, $S = \frac{7}{2}$.

問題 3.2 C 原子の位置を原点とし, H 原子の位置ベクトルを $\boldsymbol{r}_1$, $\boldsymbol{r}_2$, $\boldsymbol{r}_3$, $\boldsymbol{r}_4$ とする. 四個の H 原子の重心が原点なので, $\boldsymbol{r}_1+\boldsymbol{r}_2+\boldsymbol{r}_3+\boldsymbol{r}_4=0$. 対称性からどの $\boldsymbol{r}_i$ に対しても $\boldsymbol{r}_i^2 = r^2$ で, またどの $\boldsymbol{r}_i$ と $\boldsymbol{r}_j$ $(i \neq j)$ のスカラー積も $\boldsymbol{r}_i \cdot \boldsymbol{r}_j = r^2\cos\theta$ であるから

$$0 = (\boldsymbol{r}_1+\boldsymbol{r}_2+\boldsymbol{r}_3+\boldsymbol{r}_4)^2 = 4\boldsymbol{r}_1^2 + 12\boldsymbol{r}_1\cdot\boldsymbol{r}_2 = r^2(4+12\cos\theta)$$

したがって $\cos\theta = -\frac{1}{3}$, $\theta = 107.5°$. HH 間の距離 a は

$$a^2 = (\boldsymbol{r}_1-\boldsymbol{r}_2)^2 = 2r^2(1-\cos\theta) = \frac{8}{3}r^2$$

これより $a = \sqrt{8/3}\,r = 1.63r$.

問題 4.1 おもりを下から順に 1, 2 と呼ぶ. おもり 1 に働く力は下向きの重力 mg と上向きの張力 T_1 だから, つり合いの条件から

$$T_1 = mg$$

おもり 2 に働く下向きの力は mg と T_1, 上向きの力は T_2 だから, つり合いから

$$T_2 = mg + T_1 = 2mg$$

張力 T_1 は一個のおもりの重さを支え，T_2 は二個のおもりの重さを支えると考えれば，この結果は自明であろう．

問題 4.2 （イ）オールが水を後ろに押し，反作用で水はオールを前に押す．

（ロ）スクリューの羽根はねじれているので，スクリューが回転すれば羽根は水を後ろに押し，反作用で水は羽根を前に押す．

（ハ）これも（ロ）と同じで，プロペラの羽根が空気を後ろに押し，その反作用が推進力となる．

（ニ）ロケットがガスを後ろに噴き出し，反作用でガスはロケットを前に押す．

問題 4.3 質量 1 kg の物体の重さは地球表面では 1 kgw だから，月面では $\frac{1}{6}$ kgw．質量は物体に固有な量だが，それに働く重力は場所により異なることに注意．

問題 5.1 下の二つの動滑車は四本のロープから合計 $4f$ の上向きの力を受け，それがおもりの重さとつり合うので，$4f = W$．したがって $f = \frac{1}{4}W$．エネルギー保存則を用いて論じるには，おもりを h 引き上げるにはロープを $4h$ 引っ張らねばならないことに注意して，例題 5 と同様に考えればよい．

上の二つの定滑車には，五本のロープから合計 $5f$ の力が下向きに働くので，天井が受ける力は $5f = \frac{5}{4}W$．

問題 5.2 ロープの張力を f とすれば，上向きの二つの張力が重さ W とつり合うので，$f = \frac{1}{2}W$．故に力 $\frac{1}{2}W$ でロープを引けばよい．

問題 7.1 旗と旗竿を系とみる．まず旗に働く重力 W を打ち消すために，手は上向きの力 $Y = W$ を旗竿に及ぼす．さらに，旗の重心と旗竿の間隔を a とすれば，重力は手のまわりに（図で）右まわりのトルク Wa を持つので，それを打ち消す左まわりのトルクを，手は旗竿に及ぼさねばならない．それは図のような偶力（力の対）X によると考えるのが自然である．二つの力の作用点の間隔を b とすれば偶力のトルクは Xb で，トルクのつり合い $Xb = Wa$ から力 X が決まる．$a \gg b$ だから，X は重さ W よりもずっと大きい．このような持ち方をすると手が疲れるのはそのためである．

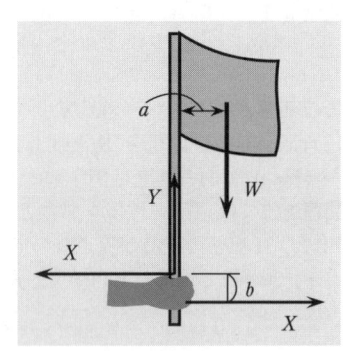

問題 7.1

問題 9.1 （イ）棒を系とみてその平衡の条件を考える．まず外力のトルクのつり合いをみる．棒に働く外力は，重心 G に働く重力 W と，ひもが及ぼす張力 T_A と T_B である．張力はひもの支点 C の方向を向くので，C のまわりのトルクを持たない．したがって重力も C のまわりのトルクを持たないはずで，それには重力の作用線が C を通る必要がある．すなわち G は C の真下にくる．

（ロ）上の三つの外力のつり合いを，例題 7 にならって正弦定理を用いて考えれば

$$T_{\mathrm{A}} = \frac{\sin\beta}{\sin(\alpha+\beta)}W, \quad T_{\mathrm{B}} = \frac{\sin\alpha}{\sin(\alpha+\beta)}W$$

別解 重力は, 図 (a) のように棒の重心 G にまとめて働くとして扱うのがふつうだが, 棒を支えるのが端 A と B に働くひもの張力なのだから, 重力も, A と B に働く二つの (ひもの方向の) 力に分解してみると見通しがいい. それには, 物体に働く力の作用点は, 同一作用線上の別の点に移しても, 物理的な効果は変わらないという事実を用いる. まず重力 W の作用点を重心 G からひもの支点 C に移し, それを, 図 (b) のように CA 方向と CB 方向の二つの力 F_{A} と F_{B} に分解する. この分解は例題 7 の方法ででき, 二つの力の大きさは

$$F_{\mathrm{A}} = \frac{\sin\beta}{\sin(\alpha+\beta)}W, \quad F_{\mathrm{B}} = \frac{\sin\alpha}{\sin(\alpha+\beta)}W$$

最後に図 (c) のように, F_{A} の作用点を C から A に移し, F_{B} の作用点を C から B に移せば, 重力の分解が完成する. 棒の平衡のためには, ひもの張力の大きさが $T_{\mathrm{A}} = F_{\mathrm{A}}$, $T_{\mathrm{B}} = F_{\mathrm{B}}$ でなければならないことは明らかだろう. これがはじめに求めた結果の直観的な意味である.

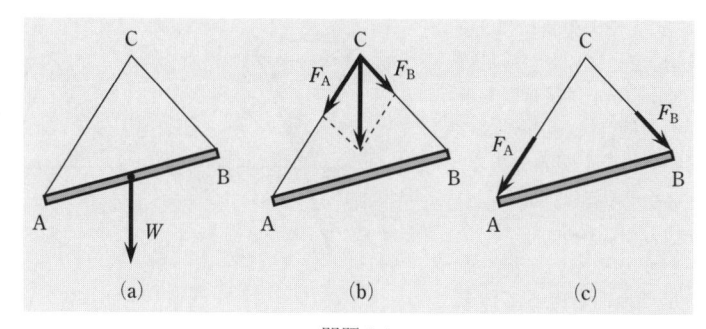

問題 9.1

問題 9.2 立方体の辺の長さを a とする. 立方体に働く外力は, 力 F, 重力 W, および摩擦力だが, 摩擦力は軸 B に関するトルクを持たないので, はじめの二つの力のトルクを考えればよい. 重力は重心に働くとみなせるので, 二つの力の軸 B に関するトルクの和は (次ページの図で右まわりを正として) $N = aF - aW/2$ である. したがって $F > \frac{1}{2}W$ なら, 立方体は転がり始める. 立方体の底が床を離れるにつれて, 必要な水平方向の力は減り, 立方体の重心が軸 B の真上を越えると, 以後は水平方向の力なしで立方体は転がる.

問題 9.3 まず, おもりに働く重力を打ち消すための, 上向きの力 W がいる. さらに, 重力は棒の支点 A に関してトルクを持つので, これを打ち消す A のまわりのトルク Wl を壁が棒に及ぼしている. (この二つの条件は, たとえば次ページの図に示す二つの力 F_1, F_2 を, $F_1 = Wl/l'$, $F_2 = W + F_1$ ととれば満たされる. しかし棒を剛体として扱う範囲では, 壁が棒に及ぼす力の分布は一意的には決まらず, 上の条件が要求されるだけである.)

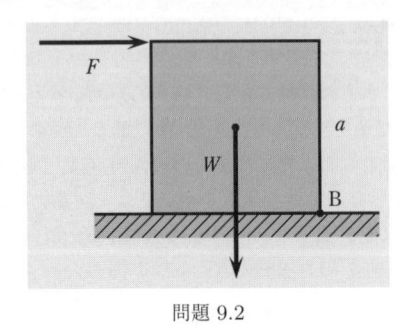

問題 9.2 図／問題 9.3 図

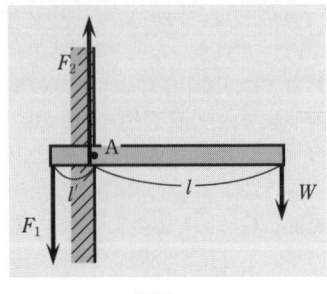

問題 10.1 この場合の外力は重力で，斜面の法線と重力の間の角は，傾斜角 α に等しい．滑らないのは重力の方向が摩擦円錐の内部にあるときだから，滑りだすのは $\alpha = \theta$ のところである．ここで θ は，斜面と物体の間の静止摩擦係数 μ から $\tan\theta = \mu$ で定義される摩擦角である．

問題 10.2 足を表す英語には leg と foot があり，leg はももから足首の上までの部分，foot は足首から下の部分を指す．足首（ankle）はこの二つの部分をつなぐ関節である．歩行について考えるには，足をこの二つの部分に分け，foot だけを系と見るのがわかりやすい．歩くときには後ろ足で地面を蹴って体を前に進めるが，それには図 (a) のように，後ろ足の leg が軸方向の力 f を foot に及ぼす．それでも foot が動かないのは，地面が f を打ち消す力 $-f$（垂直抗力と静止摩擦力の合力）を foot に及ぼすからだが，それには f の方向が地面の摩擦円錐の内部にある必要がある．さもないと foot は後ろに滑ってしまう．

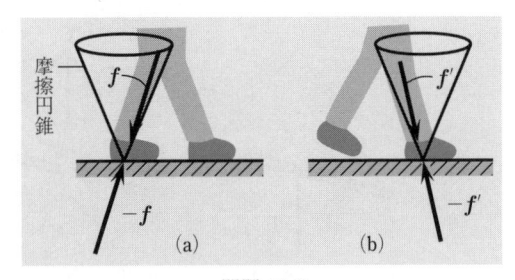

蹴った後ろ足を持ち上げて体を前に移動させる間は，前足の foot が体を支える．このとき前足の leg が図 (b) のように軸方向の力 f' を foot に及ぼすが，ここでも f' の方向が摩擦円錐の内部にあれば，地面が力 $-f'$ を foot に及ぼし，foot は滑らずにすむ．

このように，滑らないためには，両足とも，leg の軸が鉛直となす角 α が摩擦角 θ を超えないように置かなくてはならない．足の裏と地面の摩擦係数を μ とすれば $\tan\theta = \mu$ だから，股下の長さを l とすれば，滑らずに歩ける最大の歩幅 w は

$$w = 2l\sin\theta \approx 2l\tan\theta = 2l\mu$$

で決まる．たとえば股下 80 cm の人では，μ が 0.3, 0.2, 0.1 と減るにつれ，最大の歩幅は 48 cm, 32 cm, 16 cm と減少する．

1章の解答

問題 11.1 下から xL の点に人が立てば，はしごのその点に体重 W がかかる．例題 11 は，本問で $x = \frac{1}{2}$ とおいた場合にほかならない．それゆえ，例題 11 と同じように床と壁がはしごに及ぼす力を定義すれば，それらの大きさは，例題の結果で $\frac{1}{2}$ を x で置き換えれば得られる．すなわち

$$X = X' = xW \tan\alpha, \quad Y = W$$

人がのぼれる範囲は，$X < \mu Y$ から

$$x < \frac{\mu}{\tan\alpha} = \frac{\tan\theta}{\tan\alpha}$$

と決まる（θ は摩擦角）．とくに $\alpha < \theta$ のときは一番上までのぼることができる．

問題 11.2 地面が箱と靴底に及ぼす静止摩擦力の最大値は，それぞれ $\mu_1 W_1$ および $\mu_2 W_2$ である．人が箱を大きさ f の力で押せば，箱は人を同じ大きさの力で押し返す．（図の (a) に箱に働く力，(b) に人に働く力を示す．）f を増していくとき，先に摩擦力が最大静止摩擦力を越えた方が滑る．したがって

$$\mu_1 W_1 < \mu_2 W_2$$

ならば，$\mu_1 W_1 < f < \mu_2 W_2$ の範囲の力 f を加えることにより，箱を動かすことができる．$\mu_1 = \mu_2$ のときは，自分の体重より重い箱は，いくら力の強い人でも動かせない．

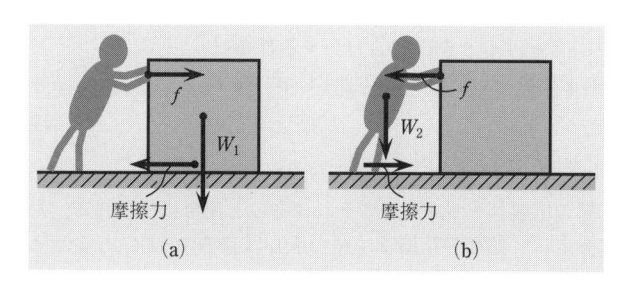

問題 11.2

問題 12.1 面 $z = 0$ を重力の位置エネルギーの基準面とする（図）．すなわち質点がこの面の上にあるときの位置エネルギーをゼロとする．物体を質点の集まりとみなし，質量 m_i の質点の基準面からの高さを z_i とすれば，その位置エネルギーは $m_i g z_i$ だから，物体全体の位置エネルギーは

$$U = \sum_i m_i g z_i = g \sum_i m_i z_i$$

と表せる．一方，物体の質量を M，重心 G の z 座標を Z とすれば $MZ = \sum_i m_i z_i$ だから，上式は

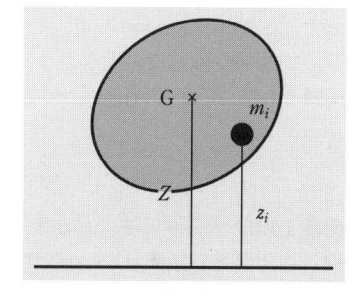

問題 12.1

に等しい．これは高さ Z にある質量 M の質点の位置エネルギーにほかならない．

問題 12.2 （イ）$mgh = 1000 \times 9.8 \times 20 = 1.96 \times 10^5$ J．

（ロ）W（ワット）は仕事率（単位時間当たりの仕事）の単位で $\mathrm{W} = \mathrm{J \cdot s^{-1}}$．仕事率 1 W で 1 時間になされる仕事が $1\,\mathrm{W \cdot h}$ だから，$1\,\mathrm{W \cdot h} = 3600$ J．したがって上の仕事は $54.4\,\mathrm{W \cdot h}$．

問題 12.3 斜面が物体に及ぼす垂直抗力 N は，物体に働く重力の法線方向成分に等しいから $N = mg\cos\alpha$．物体に働く力の斜面に沿う成分は，重力の接線方向成分 $mg\sin\alpha$ と動摩擦力 $\mu'N$ で，物体を押し上げるには，それを打ち消すだけの力

$$F = mg\sin\alpha + \mu'N = mg(\cos\alpha + \mu'\cos\alpha)$$

が必要である．斜面上で物体を動かす距離 l は $l = h/\sin\alpha$ だから，F がする仕事 W は

$$W = Fl = mgh + \frac{\mu'mgh}{\tan\alpha}$$

第一項は位置エネルギーの増加に，第二項は熱として失われるエネルギーに対応する．

問題 13.1 鎖を長さ x だけ引き上げたときを考えると（図），引っ張るのに必要な力 $F(x)$ は，まだたれ下がっている長さ $l - x$ の部分に働く重力に等しいから

$$F(x) = mg\frac{l-x}{l}$$

さらに dx だけ引き上げるときにこの力がする仕事は $F(x)dx$ で，これを始めから終わりまで加えれば，要する仕事は

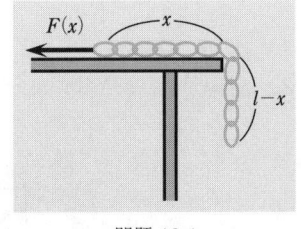

$$W = \int_0^l F(x)dx = \frac{1}{2}mgl$$

問題 13.1

同じ結果は，鎖の位置エネルギーを考えればもっと簡単に得られる．すなわち，机の面を高さの原点にとれば，始めの状態では鎖の重心は高さ $-\frac{1}{2}l$ にあるので，重力による位置エネルギーは $-\frac{1}{2}mgl$．終わりの状態の位置エネルギーはゼロだから，引き上げる力が $\frac{1}{2}mgl$ だけの仕事をしたわけである．

問題 14.1 時速 80 km は，秒速で表せば $22.2\,\mathrm{m \cdot s^{-1}}$．したがって加速度は $a = 22.2/30 = 0.74\,\mathrm{m \cdot s^{-2}}$ で，これを重力加速度 g で表せば $a = 0.077g$．電車や自動車の加速度や減速度の大きさは，ふつうはこの程度である．

問題 14.2 初速 0，加速度 g の等加速度運動で時間 t の間に進む距離 x は $x = \frac{1}{2}gt^2$ だから，

$$t = \sqrt{\frac{2x}{g}} = \sqrt{\frac{110}{9.8}} = 3.4\,\mathrm{s}$$

問題 14.3 停車するまでにかかる時間は $t = 60/2 = 30\,\mathrm{s}$．等加速度運動では，時間 t の間に物体が進む距離 x は，その間の平均速度を $\bar{v}$ とすれば $x = \bar{v}t$ と表せる．今の例の平均速度は時速 30 km で，秒速に直せば $\bar{v} = 100/12\,\mathrm{m \cdot s^{-1}}$ だから，停車するまでに進む距離は $x = 250\,\mathrm{m}$．

問題 14.4 エレベーターの上昇速度を，図に示すように，まず時間 T の間は，加速度 $a = 0.2g$ で速度 $v_0 = 10\,\mathrm{m\cdot s^{-1}}$ に達するまで加速し，次に時間 T' の間，一定速度 v_0 に保ち，最後に時間 T の間，加速度 $-a$ で減速して停止するとしよう．その間に上昇する距離は，グラフの下の面積 $v_0(T+T')$ に等しい．$T = v_0/a = 5.1\,\mathrm{s}$, $T+T' = 100/10 = 10\,\mathrm{s}$ であるから，全体でかかる時間は $2T + T' = 15.1\,\mathrm{s}$.

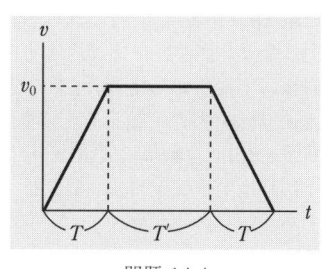

問題 14.4

参考 「台北の高さ 508 m のビルで，地上と最上階を，最高時速 60 km，片道 39 s で直結するエレベーターを計画中」という新聞記事があった．これをもとにして上と同じ計算をすると，加速および減速の時間がそれぞれ $T = 8.5\,\mathrm{s}$，等速運動の時間が $T' = 22\,\mathrm{s}$，加速度が $a = 0.2g$ とわかる．加速度は，乗客に不快感を与えないためには，この程度が限界であろう．最高速度の方は，空気中を上下するエレベーターが受ける粘性抵抗の問題を技術的に解決すれば，さらに上がる可能性がある．ちなみに，横浜のランドマークタワー（高さ 296 m）のエレベーターでは，最高時速は 45 km である．

問題 14.5 等加速度運動では，時間 t の間に物体が動く距離 s は，その間の平均速度 $\bar{v}$ で同じ時間に動く距離 $\bar{v}t$ に等しい．$\bar{v} = 110\,\mathrm{km\cdot h^{-1}} = 30.6\,\mathrm{m\cdot s^{-1}}$ だから，停止までにかかる時間は

$$t = s/\bar{v} = 26.2\,\mathrm{s}$$

はじめの速度を秒速に直せば $61.1\,\mathrm{m\cdot s^{-1}}$ だから，減速の加速度は

$$a = -61.1/26.2 = -2.3\,\mathrm{m\cdot s^{-2}}$$

重力加速度 g で表せば，ほぼ $a = -0.24g$ である．

問題 16.1 （イ）鉛直方向には通信筒は加速度 g で自由落下するから，高度 h から地上までにかかる時間 t は，$h = \frac{1}{2}gt^2$ より $t = \sqrt{2h/g} = 4.52\,\mathrm{s}$.

（ロ）投下前は，通信筒は飛行機と共に水平方向に速度 $v = 41.7\,\mathrm{m\cdot s^{-1}}$ で動いていたので，投下後も，水平方向にはこの速度で等速運動を続ける．したがって地上に達するまでに進む水平距離は $s = vt = 188\,\mathrm{m}$．これより $\tan\theta = s/h = 1.88$, $\theta = 62°$.

（ハ）通信筒は常に飛行機の真下にあるので，真下に落ちるように見える．映画で，飛行機から爆弾を落とすシーンを思い出してみよ．

問題 17.1 $a = \frac{1}{9}g$. $T = 444.4\,\mathrm{gw} = 4.36\,\mathrm{N}$.

問題 17.2 $m_2 \gg m_1$ の極限では

$$a = g, \quad T = 2m_1 g$$

$a = g$ は，おもり 2 がおもり 1 の影響を受けずに自由落下することを表す．おもり 1 はそれに引きずられて加速度 $a = g$ で上昇する．おもり 1 に働く力は上向きに $T - m_1 g$ で，それが $m_1 a$ に等しいので，$T = m_1(a+g) = 2m_1 g$.

問題 18.1　まず n 両の貨車全体を一つの系とみれば、一番前の連結器は質量 nm の系を引っ張り、加速度 a で加速する。したがってこの連結器が後ろを引っ張る力は $f_n = nma$. 同様に、後ろから k 両目までを一つの系とみれば ($1 \leq k \leq n$)、その前にある連結器は $f_k = kma$ の力で後ろを引っ張ることがわかる。

問題 18.2　自動車の質量を m とすれば重さは mg だから (g は重力加速度)、地面がタイヤに及ぼす垂直抗力は (全タイヤ合計で) $N = mg$ で、動摩擦は $F = -\mu'N = -\mu'mg$ である。自動車に働く力はこの摩擦力 F だけだから、ニュートンの方程式

$$ma = F = -\mu'mg$$

により、減速の加速度は $a = -\mu'g = -4.9\,\mathrm{m\cdot s^{-2}}$. 速度 v の車が加速度 a で減速して止まるまでの時間 t は $t = v/|a|$ で、その間に進む距離は $x = \frac{1}{2}vt = \frac{1}{2}v^2/|a|$ だから、$v = 80/3.6 = 22.2\,\mathrm{m\cdot s^{-1}}$ を入れれば、

$$t = 4.53\,\mathrm{s}, \quad x = 50.3\,\mathrm{m}$$

問題 19.1　簡単のため、列車が水平な地点を走る場合を考える。機関車の質量を m_0, 車輪とレールの摩擦係数を μ とすれば、レールが機関車に及ぼす最大摩擦力は $\mu m_0 g$ だから、列車の全質量を M とすれば、列車の出し得る最大加速度は $(\mu m_0/M)g$ である。すなわち m_0/M が 1 に近いほど大きな加速度を出せる。各車両にモーターがついている電車の場合には $M = m_0$ だから、加速度は m_0 にはよらない。

問題 20.1　$d = 0$: 崖の真下から崖の上に投げ上げる場合である。最初の運動エネルギー $\frac{1}{2}mu_\mathrm{min}{}^2$ が崖の上で位置エネルギー mgh に転化していればよいから、$u_\mathrm{min}{}^2 = 2gh$.

$h = 0$: 平面上での遠投である。水平と角 θ の方向に速さ u で投げるとして、点 A に達するまでの時間を t_1 とすれば

$$d = u\cos\theta\,t_1, \quad 0 = u\sin\theta\,t_1 - \frac{1}{2}gt_1^2$$

上の第二式から $t_1 = 2u\sin\theta/g$ と決まるので、これを第一式に代入して整理すれば

$$u^2 = \frac{gd}{\sin 2\theta}$$

この u^2 が最小になるのは $\sin 2\theta = 1$ すなわち $\theta = 45°$ のときで、$u_\mathrm{min}{}^2 = gd$.

問題 20.2　崖の下に原点をとり、水平に x 軸、鉛直に y 軸をとる。初速度 $\boldsymbol{u} = (u_x, u_y)$ で投げたボールが、時間 t_1 後に原点から距離 l 離れた地上の点 A に達するとすれば、例題 20 と同様に、

$$l = u_x t_1, \quad 0 = h + u_y t_1 - \tfrac{1}{2}gt_1^2 \quad (*)$$

ここでも t_1 を運動のパラメータにとることにする。$u_x^2 + u_y^2 = u^2$ は与えられた一定値を持つので、これに上式の u_x, u_y を代入すれば、

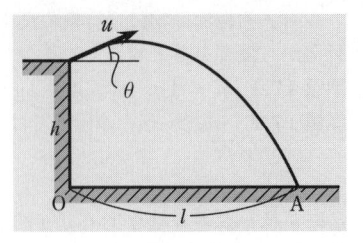

問題 20.2

1章の解答

$$u^2 = \frac{1}{t_1{}^2}\left(l^2 + \left(\frac{1}{2}gt_1{}^2 - h\right)^2\right)$$

例題 20 と同じく $t_1{}^2 \equiv s$ と置き，これを

$$u^2 = \frac{l^2 + h^2}{s} + \frac{g^2 s}{4} - gh$$

と表す．これから，l^2 をパラメータ s で表す式

$$l^2 = -h^2 + (u^2 + gh)s - \frac{g^2 s^2}{4}$$

が得られる．極大極小条件

$$\frac{dl^2}{ds} = (u^2 + gh) - \frac{1}{2}g^2 s = 0$$

より，l^2 が最大になるのは $s = 2(u^2 + gh)/g^2$ のときで，最大値は

$$l_{\max}^2 = \frac{u^2(u^2 + 2gh)}{g^2}$$

そのときの $\boldsymbol{u}$ の勾配は，上の式 $(*)$ から

$$\tan\theta = \frac{u_y}{u_x} = \frac{u_y t_1}{u_x t_1} = \frac{1}{l_{\max}}\left(\frac{1}{2}gs - h\right) = \frac{1}{\sqrt{1 + \dfrac{2gh}{u^2}}}$$

(θ は $\boldsymbol{u}$ が水平となす角)．これが求める結果である．とくに $h = 0$ の場合には $\tan\theta = 1$ となるが，これは平地では，水平と $45°$ の方向に投げるときにボールはもっとも遠くに飛ぶという，よく知られた事実にほかならない．上の結果から，高さ h が高くなるほど，水平に近い方向に投げればよいことがわかる．

問題 21.1 (イ) 一周にかかる時間は $T = 365.24$ 日 $= 3.15 \times 10^7\,\mathrm{s}$ だから，角速度は $\omega = 2\pi/T = 1.99 \times 10^{-7}\,\mathrm{rad\cdot s^{-1}}$．

(ロ) 地球の速度は $v = R\omega = 28\,\mathrm{km\cdot s^{-1}}$．

(ハ) 加速度は $a = R\omega^2 = 5.5 \times 10^{-6}\,\mathrm{km\cdot s^{-2}} = 5.5 \times 10^{-3}\,\mathrm{m\cdot s^{-2}} = 0.57 \times 10^{-3}g$．

問題 21.2 (イ) この速度を分速で表せば毎分 $10\,\mathrm{km}$ だから，$\frac{1}{2}\pi r = 5\pi\,\mathrm{km}$ 進むのに要する時間は $\frac{1}{2}\pi = 1.55$ 分．

(ロ) $a = v^2/r$ に $v = 1/6\,\mathrm{km\cdot s^{-1}}$, $r = 10\,\mathrm{km}$ を代入すれば

$$a = 1/360\,\mathrm{km\cdot s^{-2}} = 2.78\,\mathrm{m\cdot s^{-2}} = 0.28g$$

問題 21.3 半径 $r = 0.5\,\mathrm{m}$，角速度 $\omega = 6\pi\,\mathrm{rad\cdot s^{-1}}$，おもりの質量 $m = 0.5\,\mathrm{kg}$．手が受ける力 f はおもりに働く向心力の反作用だから

$$f = mr\omega^2 = 9\pi^2 = 88.8\,\mathrm{N} = 9.06\,\mathrm{kgw}$$

問題 22.1 $\nu = \dfrac{1}{2\pi}\sqrt{\dfrac{g}{l\cos\theta}} = \dfrac{1}{2\pi}\sqrt{\dfrac{9.8 \times 8}{\sqrt{3}}} = 1.07\,\mathrm{s^{-1}}$

問題 23.1 時速 $72\,\text{km}$ は $v = 20\,\text{m}\cdot\text{s}^{-1}$ だから，$\frac{1}{2}mv^2 = 200\,\text{kJ}$.

問題 23.2 選手が最高点で持つ位置エネルギーは，助走の最終段階で持つ運動エネルギーが転化したものと考えられる．したがって，選手の質量を m，到達する最高点の高さを h，助走の速度を v とすれば，$mgh = \frac{1}{2}mv^2$ より $h = \frac{1}{2}v^2/g$ である．人間が走る速度はたかだか秒速 $10\,\text{m}$ だから，$h \approx 10^2/(2 \times 9.8) \approx 5\,\text{m}$ で，これを大きく上回ることはできないだろう．

問題 24.1 （イ） 運動エネルギー K は，例題 22 の ω の表式を用いれば，
$$K = \frac{1}{2}mv^2 = \frac{1}{2}m(r\omega)^2 = \frac{1}{2}mgl\frac{\sin^2\theta}{\cos\theta}$$

位置エネルギー U は
$$U = mgl(1 - \cos\theta)$$

円錐振子では角 θ は一定だから，上の K と U のそれぞれが運動の間一定に保たれる．和は
$$E = K + U = \frac{1}{2}mgl\frac{3 - 2\cos\theta - \cos^2\theta}{\cos\theta}$$

（ロ） K と U のどちらも角 θ と共に増大するので，θ を増すにはおもりを加速する必要がある．糸の支点が固定されているときには，おもりの速度は糸と直交し，糸の張力はおもりに仕事をしない．仕事をするには，糸と速度のなす角を直角よりわずかに小さくする必要がある．それには糸の支点に，おもりと同じ角速度で円運動をさせればよい．（いわば，手がおもりをわずかに引きずるのである．）支点を動かす円の半径が大きいほど，張力の速度方向の成分が増し，仕事率が大きくなる．その結果，角 θ が速やかに増す．

問題 26.1 （イ） $10\,\text{gw}$ は $0.098\,\text{N}$ だから，$k = 0.098/0.01 = 9.8\,\text{N}\cdot\text{m}^{-1}$.

（ロ） 自然の長さから x_1 縮めたバネが持つポテンシャルエネルギーは $\frac{1}{2}kx_1^2$ で，このエネルギーは，バネがもとの長さに戻ったとき，たまの運動エネルギーに転化しているから，$\frac{1}{2}kx_1^2 = \frac{1}{2}mv^2$．これから
$$v = \sqrt{\frac{k}{m}}\,x_1 = \sqrt{\frac{9.8}{0.01}} \times 0.1 = 3.1\,\text{m}\cdot\text{s}^{-1}$$

問題 27.1 地上に固定された慣性系でみれば，物体は自動車と共に円運動をしている．その原因は，大きさ $f = mv^2/r$ の回転中心を向く力（向心力）を，手が物体に及ぼすからある．（手が感じるのはその反作用の力．）これを車内の人は，物体に外向きの遠心力 f が働くので，それを打ち消すために，手が内向きの力 f を物体に及ぼして，それによって物体は静止状態を保っていると感じる．どちらの座標系でも，手が物体に内向きの力を及ぼすことに変わりはないが，その解釈が異なる．

問題 29.1 $v = 600\,\text{knot} = 1111\,\text{km}\cdot\text{h}^{-1} = 309\,\text{m}\cdot\text{s}^{-1}$，
$r = \dfrac{v^2}{g\tan\theta} = 2.6\,\text{km}$，$g' = \dfrac{g}{\cos\theta} = 3.9g$.

問題 30.1 速度を秒速に直せば $v = 8.33\,\text{m}\cdot\text{s}^{-1}$ で，円運動の加速度は $a = v^2/r = 3.47\,\text{m}\cdot\text{s}^{-2}$．重力加速度 g で表せば $a = 0.35g$．したがって質量 m の人に働く遠心力は $ma = 0.35mg$ で，重力 mg の 0.35 倍である．（ずいぶん乱暴な運転である．）

問題 30.2 鉄道の線路や自動車の高速道路では，カーブの区間の路面は水平ではなく，カーブの内側に向けて傾斜がつけてある．これをカント (cant) またはバンク (bank) という．カーブを通過する標準速度を設定し，その速度でカーブに沿って曲がるのに必要な（水平方向の）向心力 f を，車両に働く重力 W と，レールあるいは路面が車両に及ぼす垂直抗力 R との合力として得られるように，傾斜角 α を選ぶ（図）．こうすれば，レールや路面は，摩擦力のような路面に平行な力を車両に及ぼす必要がなくなり，脱線やスリップの危険性が減るのである．

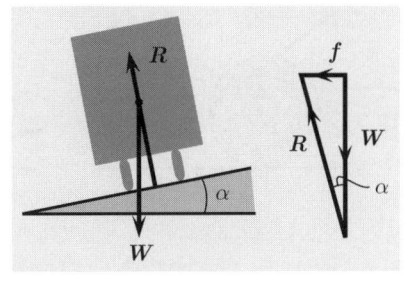

問題 30.2

設定速度で走る車両の車内の人には，重力と遠心力の合力が床面に垂直な方向を向くので，重力が見かけ上少し増したようにみえるだけで，"横向きの" 力は感じない．

しかしどの車両も標準速度でカーブを通過するとは限らない．設定速度より速い速度で通過する場合には，遠心力が増すので人の体は外側に傾くし，おそい速度で通過する場合には，その反対で内側に傾く．

問題 34.1 密度一様な半径 a の球の，直径のまわりの慣性モーメントは $I_0 = \frac{2}{5}Ma^2$ だから，例題 34 の(ハ)の結果から

$$\tan\alpha_{\max} = \frac{7}{2}\mu = \frac{7}{4}, \quad \alpha_{\max} = 60.3°$$

問題 34.2 球の中心に働く重力 Mg の接点 A に関するトルクは $N = Mga\sin\alpha$．球の中心を通る軸のまわりの慣性モーメントを I_0 とすれば，A を通る軸のまわりの慣性モーメントは $I = I_0 + Ma^2$．したがって A を一時中心とする回転の運動方程式

$$I\frac{d\omega}{dt} = N$$

は

$$(I_0 + Ma^2)\frac{d\omega}{dt} = Mga\sin\alpha$$

と書ける．この瞬間的な回転で球の中心は速度 $V = a\omega$ を持つので，加速度は

$$\frac{dV}{dt} = a\frac{d\omega}{dt} = \frac{1}{1 + I_0/Ma^2}g\sin\alpha$$

で，例題 34 の結果と一致する．

問題 34.3 糸巻きの瞬間的な運動は，糸巻きと水平面の接点 A を通る軸のまわりの回転である．それゆえ，糸巻きが転がる向きは，糸に加える力がこの軸のまわりにどちら向きのトルクを持つか，言い換えれば，力の作用線と水平面の交点 P が軸 A のどちら側にあるかで決まる．次ページの図 (a) と (b) では糸巻きは左に転がり，(c) では右に転がる．

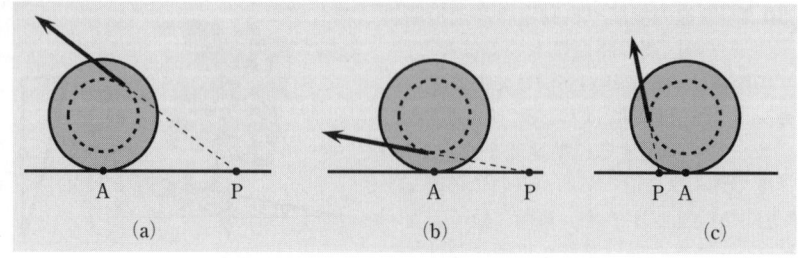

問題 34.3

問題 36.1 球の中心を原点とし,回転軸を z 軸にとる. z 軸と直交する平面で球を輪切りにして,球を薄い円板の集まりとみる. z と $z+dz$ の間の円板の半径は $\sqrt{a^2-z^2}$ だから,例題 36 の(ロ)の結果から,この円板の I_0 への寄与は,密度を ρ とすれば $(M=\rho\frac{4}{3}a^3)$, $\frac{1}{2}\pi(a^2-z^2)^2\,dz\,\rho$ である. 球全体についての和をとれば

$$I_0 = \frac{1}{2}\rho\pi\int_{-a}^{a}(a^2-z^2)^2\,dz = \frac{8}{15}\rho\pi a^5 = \frac{2}{5}Ma^2$$

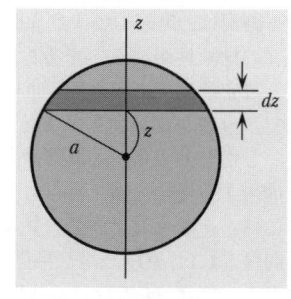

問題 36.1

2章の解答

問題 1.1 棒の断面積は $A = 2.01\,\text{cm}^2 = 2.01 \times 10^{-4}\,\text{m}^2$. 引っ張り力は $F = 3 \times 10^3\,\text{kgw} = 3 \times 10^3 \times 9.8\,\text{N}$ だから, 単位面積あたりの応力は

$$\tau = \frac{F}{A} = \frac{9.8 \times 3 \times 10^3}{2.01 \times 10^{-4}} = 1.46 \times 10^8\,\text{N}\cdot\text{m}^{-2}$$

長さの伸びの割合は

$$\frac{\Delta l}{l} = \tau/E = 0.70 \times 10^{-3}$$

$l = 2\,\text{m}$ の棒の伸びは $\Delta l = 1.4 \times 10^{-3}\,\text{m} = 1.4\,\text{mm}$.

問題 1.2 (イ) 針金の断面積を A, おもりの重さを W とすれば, 張力は $\tau = W/A$ だから, τ が引っ張りの強さの $\frac{1}{10}$ に達するのは

$$A = \frac{W}{\tau} = \frac{100 \times 9.8}{4.6 \times 10^7} = 2.13 \times 10^{-5}\,\text{m}^2 = 21.3\,\text{mm}^2$$

の場合で, これは直径 $5.2\,\text{mm}$ にあたる.

(ロ) 伸びの割合 $\Delta l/l$ (l は針金の長さ) の最大値は

$$\frac{\Delta l}{l} = \frac{\tau}{E} = 4.6 \times 10^7 / 2.1 \times 10^{11} = 2.2 \times 10^{-4}$$

すなわち $0.022\,\%$.

問題 2.1 上端のたわみ s は

$$s = \frac{4Fl^3}{Ea^4} = \frac{4 \times 100 \times 9.8 \times 5^3}{1.3 \times 10^{10} \times 0.1^4} = 0.38\,\text{m}$$

問題 2.2 半径 $0.8\,\text{cm}$ の丸棒の断面積は $2.01\,\text{cm}^2$ だから, 加えてよい引っ張り力は $3200\,\text{kgw}$ まで.

問題 2.3 二つの部分にかかる張力は共通だから, 各部分の伸びはそのヤング率に反比例する.

問題 3.1 板の上下の表面には外力が働いていないので, 内部でも, 上下の表面と平行な面の両側は応力を及ぼし合わない. 以下では, 上下の表面と垂直な任意の面について, その両側が及ぼし合う応力を問題にする (図は次ページ).

図 (a) の面 OA あるいは OB のように, 面がどちらかの側面と平行な場合には, その両側が張力 τ で引き合うことは明らかである. これから, 表面と垂直な任意の面 AB の両側も, 張力 τ で引き合うことが次のようにしてわかる.

直角三角形 ABO に着目し, それに外から働く力の合力がゼロという条件を調べる. AO と BO の外側は, どちらも単位面積あたり τ の張力で辺を引っ張る (図 (b)). AB の面積を S, $\angle\text{OAB} = \theta$ とすれば, OA の面積は $S_x = S\cos\theta$, OB の面積は $S_y = S\sin\theta$ だから, OA と OB に外から働く力はそれぞれ $\tau S_x = \tau S\cos\theta$, $\tau S_y = \tau S\sin\theta$. その合力は図 (c) からわかるように, 大きさは τS で, 方向は AB と直交する. したがって三角形のつり合いから, AB の外側は大きさ τS の力で AB を引っ張ることがわかる. すなわち, AB の両側は, 単位面積あたり τ の力で引っ張り合う.

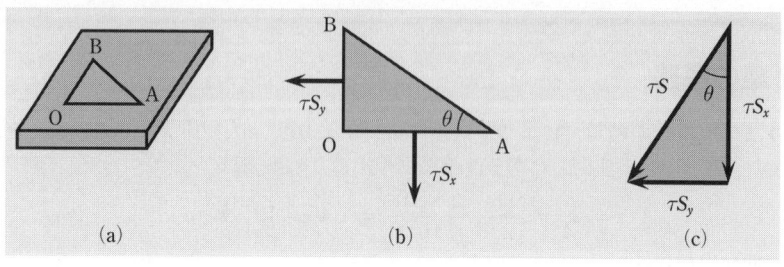

問題 3.1

問題 3.2 （イ）前問の正方形の板の場合と同様に，今の場合も，板の面と垂直な任意の面の両側は，張力 τ で引っ張り合う．そのことは次のようにしてわかる．前問の正方形の板の中に円形の部分を考える．正方形の板の内部は一様な張力 τ で引き合っているので，円周は外側に一様な張力 τ で引っ張られている．そこで本問の円形の板を，この円形の部分とみなすことができ，それによって，円形の板の内部は一様な張力 τ で引っ張り合うことがわかる．

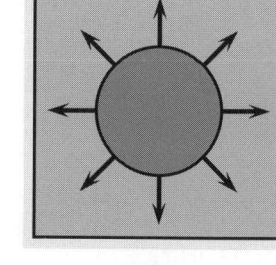

（ロ）板は一様に引き伸ばされるので，例題 3 の結果から，半径 r の伸びの割合は

$$\frac{\Delta r}{r} = \frac{1-\sigma}{E}\tau$$

問題 3.2

問題 5.1　100 atm はほぼ $10^7\,\mathrm{N\cdot m^{-2}}$ だから，例題 5 により，壁の各部分が引っ張り合う力は単位長さあたり

$$\tau t = \frac{1}{2}rP \approx 0.5 \times 10^7\,\mathrm{N\cdot m^{-1}}$$

である．応力の許容範囲を MKS 単位に換算すれば $\tau = 1.6\times 9.8\times 10^7 \approx 1.6\times 10^8\,\mathrm{N\cdot m^{-2}}$．したがって壁の厚さは

$$t = \frac{0.5\times 10^7}{1.6\times 10^8} = 0.03\,\mathrm{m} = 3\,\mathrm{cm}$$

問題 5.2　円筒部分の壁の任意の部分が，円筒の母線方向に引き合う力を単位長さあたり f_L，円周方向に引き合う力を単位長さあたり f_R とする（次ページの図 (a)）．

f_L を求めるには，ボンベを円筒の軸に垂直な断面で二つの部分に分け，その一方に働く力のつり合いを考えればよい（図 (b)）．もう一方の部分が断面を通して引っ張る力の合力は $2\pi R f_L$．気体の圧力の合力は例題 5 と同様に考えれば $\pi R^2 P$．両方のつり合いから

$$f_L = \frac{1}{2}RP$$

f_R を求めるには，図 (c) のような，円筒面上の，半円周を周とする単位幅の帯状の部分に働く力をみればよい．まわりの部分が帯を引っ張る力の合力は $2f_R$，気体の圧力の

合力は $2RP$ だから，そのつり合いから

$$f_R = RP$$

この力が例題 5 の球殻の場合の f の二倍なのは，円筒は一方向にだけ曲がっているからであり，圧力を支えるには，円筒は球殻より不利であることを示している．円筒の壁に生じる応力は，母線方向に引っ張り合う応力 $\tau_L = f_L/t$，円周方向に引っ張り合う応力 $\tau_R = f_R/t$，および球殻の場合と同様な半径方向の圧力 $P(r)$ である．

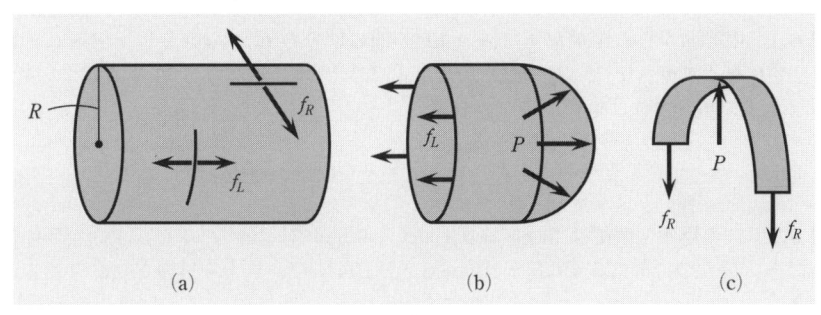

問題 5.2

問題 5.3 潜水艇の外側表面には大きな水圧がかかる．それを支えるのは，図に示すように，外壁の各部分が隣り合う部分を互いに押し合う力である．ガスタンクでは，膨張に抵抗するために，壁に引っ張りの応力が生じたが，潜水艇では，圧縮に抵抗するために，壁に圧縮（押し合い）の応力が生じる．（眼鏡橋や教会のドーム天井を支えるのも同じ種類の力である．）必要な力の大きさは，外壁の曲率半径が大きな部分ほど（すなわち表面が平らに近い部分ほど）大きくなる．そのような部分をつくらないためには，球面がもっとも有利である．

ただ，外圧を支えるときには問題が一つある．それは壁の一部がへこむ可能性で，そのことは，針金は引っ張りには強いが，圧縮力を加えると曲がってしまうことからも，類推で想像できる．それを防ぐため，内部に壁などを設けて球殻を支える必要がある．

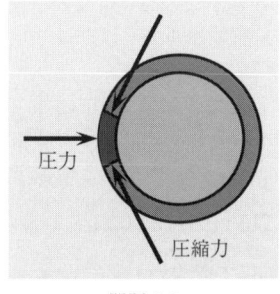

問題 5.3 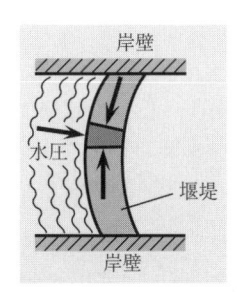　　　　　　　　　　　問題 5.4

問題 5.4 堰堤中に生じる応力は, 例題5や問題5.3の薄膜の場合ほど簡単ではないが, 定性的には同じように考えてよいだろう. すなわち, 堰堤の表面にかかる水圧を支えるのは, 表面と垂直な断面を通してコンクリートが押し合う圧縮力である. (圧縮に対して強いという, コンクリートの特徴を利用している.) 必要な圧縮力はアーチの曲率半径が小さいほど小さくてすむが, 大型のダムでは曲率半径は大きくならざるを得ないので, 堰堤を厚くして, 単位面積の断面を通して働く圧縮の応力やずれ応力が, 許容限界を越えないようにする. 水圧は水面から下がるほど増すので, 堰堤は下ほど厚くする. 堰堤の端は両岸の岸壁にしっかり固定されるので, 最終的には, 全水圧を支えるのは岸壁である.

問題 6.1 中心軸からの距離が r と $r+dr$ の間の部分の C への寄与は, 例題6の結果で R と h をそれぞれ r と dr で置き換えた式で与えられるので, それを r について R_1 から R_2 まで積分すればよい. すなわち

$$C = 2\pi G \int_{R_1}^{R_2} r^3\, dr = \frac{\pi}{2} G(R_2{}^4 - R_1{}^4)$$

問題 6.2 穴の側面の面積は $2\pi rh = 6.3\,\text{cm}^2 = 6.3 \times 10^{-4}\,\text{m}^2$ だから, ずれ変形に板が抵抗できる最大の力は $3.5 \times 6.3 \times 10^4 = 2.2 \times 10^5\,\text{N}$ で, 加える外力がこれを越えれば穴があく.

問題 8.1 水の密度 ρ はほぼ $\rho = 1\,\text{g}\cdot\text{cm}^{-3} = 10^3\,\text{kg}\cdot\text{m}^{-3}$ だから, 深さ $h = 10\,\text{m}$ の点の圧力 P と表面の圧力 P_0 の差は

$$P - P_0 = \rho g h = 10^3 \times 9.8 \times 10 = 0.98 \times 10^5\,\text{Pa} = 0.97\,\text{atm}$$

P_0 は大気圧に等しく, これを $1\,\text{atm}$ とすれば, $P = 1.97\,\text{atm}$. 大まかに言えば, 深さが $10\,\text{m}$ 増すごとに圧力は $1\,\text{atm}$ 増える.

問題 9.1 桶の質量を無視すれば, 水が桶に及ぼす浮力を打ち消すだけの力を, 下向きに加える必要がある. 桶が完全に水中に入った状態では, 桶が排除した水の体積は (桶の中の空気が外に逃げなければ) 桶の体積に等しく, $4710\,\text{cm}^3$ だから, 浮力の大きさは $4710\,\text{gw} = 4.71\,\text{kgw} = 46.2\,\text{N}$ である. 桶が完全に水中に入るまでは, 水中にある部分の深さに比例して, 浮力が, ゼロから上の値まで増加していく.

問題 9.2 桶を沈めていくと, 桶に排除された水の分だけ水面の高さが上がり, 水の位置エネルギーが増加する. 桶が完全に水中に入った後は水面の高さは変わらないが, 桶が沈むにつれて, 排除される水は上に移るので, 水の位置エネルギーはやはり増加する. 桶に加えた力がする仕事は, この位置エネルギーの増加になる.

問題 9.3 氷山は, 重さと浮力がつり合う状態で静止している. 氷山全体の体積を V とすれば氷山の重さは $\rho_i V g$, 氷山の海面下の体積を V_1 とすれば, 浮力は氷山が排除した海水の重さに等しいので $\rho_w V_1 g$. ゆえに $\rho_i V = \rho_w V_1$ で, 海面上と海面下の体積比は

$$(V - V_1) : V_1 = (\rho_w - \rho_i) : \rho_i = 0.118 : 0.917 = 0.114 : 0.886$$

海面上に出ているのは, 氷山全体の体積の約 11% にすぎない.

問題 9.4 氷山がとけてできる水の質量は氷山の質量と等しいが, 問題9.3で見たように,

これは氷山が排除した海水の質量と等しい．したがって，純水と海水の密度の差を無視すれば，氷山がとけてできた水は，海面下で氷山が占めていた体積をちょうど埋めるので，海面は上昇しない．

問題 9.5 人が水に浮くのは，体重と浮力がつり合うからである．浮力は人が排除した水の重さに等しいが，うつぶせに浮くとき，後頭部の一部だけが水面上に出ることからわかるように，人が排除する水の体積は，人の体積よりわずかに少ないだけである．すなわち人の体積は，体重と同じ重さの水の体積にほぼ一致する．たとえば体重 60 kg の人の体積のおよその値は，60 kg の水の体積，すなわち 60 リットルである．

問題 10.1 空気中で測るときには，物体の重さは空気から受ける浮力の分だけ軽くなる．（天秤の皿に置いた物体にかかる浮力の意味については，例題 10 を参照せよ．）もちろん分銅も浮力を受けるので，その両方を考慮する必要がある．物体の密度を ρ_0，空気の密度を ρ，物体の体積を V とすれば，物体の重さは $\rho_0 gV$，浮力は ρgV である．$\rho \approx 1.2 \times 10^{-3}$ g・cm^{-3}，ρ_0 は 1 g・cm^{-3} の程度だから，浮力は物体の重さの 10^{-3} の程度であり，質量を 10^{-3} の精度で測定するときには，空気の浮力が問題になる．

問題 10.2 水，容器，おもりを一つの系とみれば，系に働く外力は，水，容器，おもりに働く重力と，手が糸を支える力，およびはかりが容器を支える力で，この外力全体がつり合っている．おもりが水に入ると水がおもりに浮力を及ぼすので，糸を支える力は浮力の分だけ少なくてすむ．系に働く重力は変わらないので，手が及ぼす力が減った分だけ，はかりが容器を支える力は増すはずである．実際，おもりが水に入れば水面が上がるので，容器の底にかかる圧力が増す．その増加は底全体では，おもりが排除した水の重さ，すなわち浮力に等しく，したがってはかりが支える力も浮力の分だけ増す．その反作用で，はかりにかかる力が増し，はかりの読みは浮力の分だけ増す．

3章の解答

問題 1.1 周期の式 $T = 2\pi\sqrt{l/g}$ から $l = g(T/2\pi)^2 = 0.25\,\text{m} = 25\,\text{cm}$.

問題 2.1 天井は（下向きを正として）力 $mg + kx(t)$ を受ける．

問題 2.2 バネ定数は

$$k = 100\,\text{gw}\cdot\text{cm}^{-1} = 10\,\text{kgw}\cdot\text{m}^{-1} = 98\,\text{N}\cdot\text{m}^{-1}$$

したがって振動数は

$$\nu = \frac{1}{2\pi}\sqrt{\frac{k}{m}} = \frac{1}{2\pi}\sqrt{98} = 1.58\,\text{Hz}$$

周期は $T = 1/\nu = 0.63\,\text{s}$.

問題 2.3 振幅は $A = 1\,\text{mm} = 10^{-3}\,\text{m}$. 調和振動 $x(t) = A\cos\omega_0 t$ の速度と加速度は

$$\frac{dx}{dt} = -\omega_0 A\sin\omega_0 t, \quad \frac{d^2x}{dt^2} = -\omega_0^2 A\cos\omega_0 t$$

だから，その最大値は，

$$\left(\frac{dx}{dt}\right)_{\max} = \omega_0 A = 2\pi \times 100 \times 10^{-3} = 0.63\,\text{m}\cdot\text{s}^{-1}$$

$$\left(\frac{d^2x}{dt^2}\right)_{\max} = \omega_0^2 A = (2\pi \times 100)^2 \times 10^{-3} = 395\,\text{m}\cdot\text{s}^{-2}$$

最大加速度が約 $40\,g$（g は重力加速度）という大きな値を持つので，それに耐えられるよう丈夫につくる必要がある．

問題 3.1（イ）図のように角 θ を定義すれば $\tan\theta = y/l$. おもりに両側から働く張力の合力は，おもりを静止の位置に引き戻そうとする力 $f = -2\tau\sin\theta$ であるが，$y \ll l$ ならば θ は微小で $\sin\theta \approx \tan\theta$ とおけるので，上の力は

$$f = -\frac{2\tau}{l}y$$

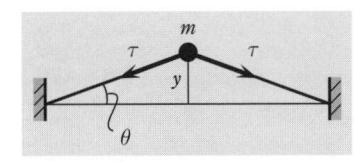

問題 3.1

と近似できる（誤差は y^3 の項）．

（ロ）おもりに働く合力は $f = -ky$ の形の復元力だから（$k = 2\tau/l$），微小振動は調和振動で，振動数は

$$\nu = \frac{1}{2\pi}\sqrt{\frac{k}{m}} = \frac{1}{2\pi}\sqrt{\frac{2\tau}{lm}}$$

（ハ）$l = 0.2\,\text{m}$, $m = 10^{-2}\,\text{kg}$, $\tau = 1\,\text{kgw} = 9.8\,\text{N}$ を上式に代入して $\nu = 15.8\,\text{Hz}$.

問題 4.1（イ）換算質量は

$$\mu = \frac{M_\text{H} M_\text{Cl}}{M_\text{H} + M_\text{Cl}} = \frac{35}{36}M_\text{H} = 0.972 M_\text{H}$$

(ロ) 力の定数は

$$k = \mu\omega^2 = 4\pi^2\mu\nu^2 = 4\pi^2 \times 0.972 \times 1.66 \times 10^{-27} \times (8.67 \times 10^{13})^2 = 479\,\text{N}\cdot\text{m}^{-1}$$

問題 6.1 （イ） 棒が軸 A のまわりで回転するときの慣性モーメントは $I_1 = \frac{1}{3}m_1l^2$. 円板の慣性モーメントは，円板の中心軸に関するものは $I_0 = \frac{1}{2}m_2r^2$ だから，円板の中心から距離 $r+l$ の軸 A に関するものは $I_2 = I_0 + m_2(r+l)^2$. したがってこの振り子の軸 A のまわりの慣性モーメントは

$$I = I_1 + I_2 = m_1\frac{1}{3}l^2 + m_2\left(\frac{1}{2}r^2 + (r+l)^2\right)$$

これを $I = M\kappa^2$ と表せば（$M = m_1 + m_2$ は振り子の全質量）

$$\kappa^2 = \frac{1}{6} \times \frac{1}{3} \times 0.2^2 + \frac{5}{6} \times \left(\frac{1}{2} \times 0.03^2 + 0.23^2\right) = 0.047\,\text{m}^2$$

(ロ) この振り子の重心の軸 A からの距離を L とすれば

$$L = \frac{1}{M}\left(m_1\frac{l}{2} + m_2(l+r)\right) = \frac{1}{6} \times 0.1 + \frac{5}{6} \times 0.23 = 0.21\,\text{m}$$

周期は

$$T = 2\pi\sqrt{\frac{\kappa^2}{gL}} = 2\pi\sqrt{\frac{0.047}{9.8 \times 0.21}} = 0.95\,\text{s}$$

問題 7.1 （イ） 釘の位置 A は，近似的に，長方形の上の辺の中央とみなせる．掛け軸の振動は A を通り長方形と垂直な軸のまわりの微小回転である．A を通る軸に関する慣性モーメントは

$$I = \frac{1}{12}(a^2 + 4b^2)M$$

（M は長方形の質量）．掛け軸が平衡の位置から角 θ 傾くとき，重心に働く重力 Mg が A に関して持つトルクは $-\frac{1}{2}bMg\sin\theta$ だから，運動方程式は

$$I\frac{d^2\theta}{dt^2} = -\frac{1}{2}bMg\sin\theta$$

したがって微小振動の周期は

$$T = \frac{2\pi}{\omega_0} = 2\pi\sqrt{\frac{2I}{bMg}} = 2\pi\sqrt{\frac{a^2+4b^2}{bg}}$$

(ロ) $a = 0.5\,\text{m}$, $b = 2\,\text{m}$, $g = 9.8\,\text{m}\cdot\text{s}^{-2}$ を代入して，$T = 2.3\,\text{s}$.

問題 8.1 支点 O から棒の中心 A までの距離が l であれば，例題 8 の結果がそのまま成り立つ．

問題 11.1 （イ） 例題 2 で見たように，バネとおもりの平衡の位置を基準にとれば，おもりに働く重力は考える必要がない．時刻 t に，バネの上端は平衡の位置から $D\cos\omega t$ 上がり，おもりは平衡の位置から上に $x(t)$ 変位しているとすれば，バネの伸びは $D\cos\omega t - x(t)$ だから，バネの復元力は

$$F = k[D\cos\omega t - x(t)]$$

おもりの運動方程式は
$$m\frac{d^2x}{dt^2} = F = k[D\cos\omega t - x(t)]$$
すなわち
$$\frac{d^2x}{dt^2} + {\omega_0}^2 x = {\omega_0}^2 D\cos\omega t$$
これは強制振動の方程式で，その特解は
$$x(t) = \frac{{\omega_0}^2}{{\omega_0}^2 - \omega^2} D\cos\omega t$$
という，例題11の場合と同じ形になる．

(ロ) バネの上端に上向きに働く力 F' は，おもりの重さ mg および復元力 F を支える力である：
$$F' = mg + F = mg + k[D\cos\omega t - x(t)] = mg + \frac{\omega^2}{\omega^2 - {\omega_0}^2} kD\cos\omega t$$

問題 11.2 手の運動は，近似的に，ある角振動数 ω の調和振動数とみなせる．手は糸を通して，おもりに角振動数 ω の水平方向の力を及ぼすので，おもりはその角振動数で強制振動をする．実際に試してみればわかるように，振り子が大きくゆれるのは，ω が振り子の固有振動数 ω_0 と一致して，共振が起こるときだけである．

4章の解答

問題 1.1 振動数 $\nu = 20\,\mathrm{Hz}$ の音波の波長は
$$\lambda = \frac{v}{\nu} = \frac{340}{20} = 17\,\mathrm{m}$$
$\nu = 2 \times 10^4\,\mathrm{Hz}$ の音波の波長はその 10^{-3} 倍だから，$\lambda = 1.7 \times 10^{-2}\,\mathrm{m} = 1.7\,\mathrm{cm}$．すなわち波長範囲は $1.7\,\mathrm{cm}$ から $17\,\mathrm{m}$ まで．可聴音の主要部分の波長は $1\,\mathrm{m}$ 台である．

問題 1.2 電磁波は，電場と磁場が，互いに相手をつくり合いながら真空中や物質中を伝わる波の，総称である．その中で，通信や放送に用いられる波が，習慣的に電波と呼ばれる．すなわち電波は，波長でいえば数 cm 以上の，振動数（周波数）でいえばほぼ $10\,\mathrm{GHz}$（G（ギガ）$= 10^9$）以下の範囲の電磁波である．

問題 1.3 第一チャンネルの波長は $\lambda = c/\nu = 3 \times 10^8/(93 \times 10^6) = 3.2\,\mathrm{m}$．同様に FM の波長は $3.6\,\mathrm{m}$．

問題 1.4 $\lambda = c/\nu = 3 \times 10^8/(2.45 \times 10^9) = 0.12\,\mathrm{m} = 12\,\mathrm{cm}$．

参考 "電子レンジのマイクロ波は水に吸収される" という言い方は，誤解を生じやすい．マイクロ波の吸収は誘電損失という現象によるもので，これは，マイクロ波の電場が誘電体分子の電気双極子モーメントを電場の方向に向けようとするとき，分子が少しおくれて電場についていくことから生じる，一種の摩擦である．水の誘電損失が大きいため，レンジの中に水があれば，マイクロ波はほぼ全部水に吸収されるが，水がない場合にはほかの誘電体に吸収され，その物質の温度を上げる．マイクロ波を吸収できるのが水だけというわけではない．

問題 1.5 水の屈折率を n とすれば，電磁波の速度は真空中での値の $1/n$ になり，したがって波長も $1/n$ になる．$n = \sqrt{50} \approx 7$ だから，波長は約 $1.7\,\mathrm{cm}$．

参考 食品の中でこの波長の定在波ができて，電場の強い場所と弱い場所ができると，加熱むらが生じる．それを避けるため，電子レンジでは食品を置く台を回転させ，マイクロ波がまんべんなく吸収されるようにしてある．

問題 2.1 1モルの状態方程式 $PV = RT$ の両辺を 1 モルの質量 M で割り，密度 ρ は $\rho = M/V$ であることに注意すれば，直ちに目的の式を得る．念のため単位を確かめておくと，気体定数 R は $R = 8.32\,\mathrm{J \cdot K^{-1} \cdot mol^{-1}}$ だから，RT/M の単位は $\mathrm{m^2 \cdot s^{-2}}$ で，v の単位は $\mathrm{m \cdot s^{-1}}$ となる．

問題 2.2 音速の式の対数をとると $\log v = \frac{1}{2} \log T + \mathrm{const}$．両辺を微分すれば
$$\frac{\Delta v}{v} = \frac{1}{2}\frac{\Delta T}{T}$$
これに $T = 273\,\mathrm{K}$, $\Delta T = 1\,\mathrm{K}$ を代入すれば $\Delta v/v = 1.83 \times 10^{-3}$．したがって気温が $1°\mathrm{C}$ 上がるごとに音速は 0.183% ずつ，すなわち $0.61\,\mathrm{m \cdot s^{-1}}$ ずつ増す．

問題 5.1 弦の振動と弦から出る音波との間で，共通なものは振動数 ν で，弦の上の定在波の波長 $\lambda_\text{弦}$ と空気中の音波の波長 $\lambda_\text{音}$ の間には，直接の関係はない．$\lambda_\text{弦}$ と ν は，弦を伝わる波の速度 $v_\text{弦}$ によって $v_\text{弦} = \lambda_\text{弦} \nu$ で結ばれている．一方 $\lambda_\text{音}$ と ν は，空気中の

音速 $v_音$ によって $v_音 = \lambda_音 \nu$ で結ばれている．弦を伝わる波の速度 $v_弦$ は弦の密度と張力から決まる量なので，楽器ごとに異なると言ってもよい．したがって弦の振動数 ν の固有振動の波長も，楽器ごとに異なる．

問題 5.2 弦に生じる定在波の波長 λ は，弦の長さから決まる．弦を伝わる波の速度を v とすれば，弦の振動数は $\nu = v/\lambda$ で，それが楽器が出す音の振動数となる．波の速度 v は，弦の張力の平方根に比例する．弦を張るときには，張力をかけて弦を自然の長さから引き伸ばす．張力は，弦の自然の長さからの伸びに比例するが，温度が上がると，熱膨張のために自然の長さが増すので，その分伸びが減り，張力が減る．その結果 v が減り，ν が低くなる．

問題 6.1 （イ）この音の波長 λ は，音速を $v = 340\,\mathrm{m \cdot s^{-1}}$ とすれば，$\lambda = v/\nu = 0.773\,\mathrm{m}$．管の長さは $L = \frac{1}{2}\lambda = 0.386\,\mathrm{m} = 38.6\,\mathrm{cm}$．

（ロ）1 オクターブ低い音を元の音とくらべると，振動数は $\frac{1}{2}$ 倍，波長は 2 倍だから，$L = 77.2\,\mathrm{cm}$．

（ハ）長さ L の管楽器の基音の振動数は，開管の場合には $\nu = v/(2L)$，閉管の場合には $\nu = v/(4L)$ である．フルートは開管，クラリネットは閉管なので，長さが同じならば，クラリネットの基音の振動数はフルートの基音の振動数の $\frac{1}{2}$ になる．

問題 6.2 前問の $440\,\mathrm{Hz}$ の音にくらべて，3 オクターブ低い音の振動数は $\frac{1}{8}$ 倍，波長は 8 倍だから，管の長さは $L \approx 3\,\mathrm{m}$．実際のファゴットは途中で U 字状に折り曲げてあるので，見かけの長さは $1.5\,\mathrm{m}$ 程度である．

問題 6.3 振動数 ν の音を出す管楽器（開管）の長さ L は，その音の波長 λ から $L = \frac{1}{2}\lambda$ で決まる．管楽器の長さが $1\,\mathrm{m}$ の前後なのは，音楽に使われる音の波長が $2\,\mathrm{m}$ の前後だからである．もし音速 v の値が現実の値の 10 倍ならば，振動数 ν の音の波長 $\lambda = v/\nu$ も 10 倍になり，管楽器の長さは $10\,\mathrm{m}$ にもなってしまう．（現実の管楽器で長さがこれに近いのはテューバくらいである．）このように管楽器の大きさは，空気中の音速がほぼ $v = 340\,\mathrm{m \cdot s^{-1}}$ だという事実と関連している．（上の議論では，可聴音の振動数範囲は今のままと前提している．）

問題 6.4 空気の絶対温度を T とすれば，空気中の音速 v は $\sqrt{T}$ に比例して増加する．管の中にできる定在波の波長 λ は管の長さから決まっているので，振動数 $\nu = v/\lambda$ が $\sqrt{T}$ に比例して増加し，音が高くなる．

問題 6.5 前問により，振動数 ν は空気の絶対温度の平方根に比例して増加するので，

$$\nu = \sqrt{\frac{298}{288}} \times 440 = 448\,\mathrm{Hz}$$

一般的にいえば，温度 $t\,°\mathrm{C}$ のとき

$$\sqrt{\frac{273+t}{273}} = \sqrt{1 + \frac{t}{273}} \approx 1 + \frac{t}{2 \times 273} = 1 + 0.0018\,t$$

すなわち温度が $1\,°\mathrm{C}$ 上がるごとに，振動数は 0.18% 高くなる．

問題 8.1 鯉はほとんどの場合上から見るので，例題 8 で見たように，上下が $\frac{3}{4}$ に縮んで見える．

問題 8.2 水の壁に対する屈折率は n/n' なので,水中の物体から出た光が壁に入るとき,見かけの奥行きは n'/n 倍になる.光が壁から空気中に出ると見かけの奥行きはさらに $1/n'$ 倍になるので,結局見かけの奥行きは全体で $1/n = \frac{3}{4}$ 倍に縮む.

問題 8.3 物体から出て鏡で反射される光線は,あたかも鏡の向こう側にある像から出た光線のように見える.像のすべての点から出た光線が自分の眼に達するのは,身長の半分以上の高さの鏡を,図のような位置に置く場合である.(鏡をかけるべき位置は,人と鏡の距離によって変わる.)

問題 9.1 雲に入射した太陽の白色光は,例題 9 のかき氷の場合と同様に,雲を出た後はあらゆる方向に進む.これが雲が白い物体として見える理由である.ところが雲の層が厚くなるにつれて,上から入射した太陽光の中で,雲の底まで達して下に向かって出る分は少なくなる.我々に見えるのは雲の底だから,そこから光が出てこなければ,雲は黒く見える.

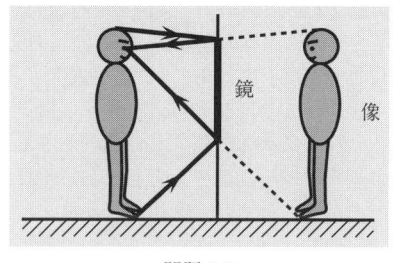

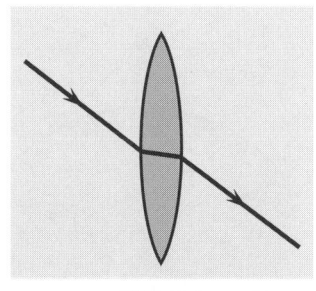

問題 8.3

問題 10.1

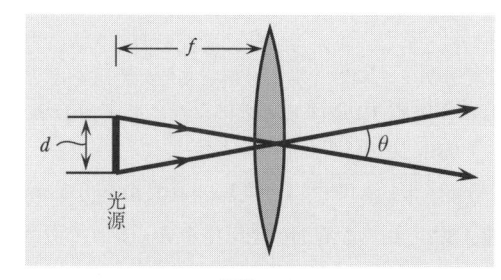

問題 10.2

問題 10.1 レンズの中心付近では,レンズの両側の表面は平行な平面とみなせる.したがってレンズの中心付近に入射した光線は,薄い板ガラスに入射した場合のように,進路をほとんど変えずにレンズを通過する.レンズの厚さがゼロの極限では,進路は一直線になる.

問題 10.2 例題 10 の太陽の像の大きさと同じように考えればよい.光源中の任意の点を出た光が進む方向は,レンズの中心を通る光線がそのまま直進することから知ることができる.(光源は焦点にあるので,レンズの一般の点を通る光線もそれと同じ方向に進む.)光線の広がりは,図からわかるように $d = f\theta$ で決まる.したがって $\theta = d/f = 0.1\,\mathrm{rad} = 6°$.

問題 11.1 媒質の境界面上の点 P を経由して,同一媒質内にある二点 A と B を結ぶ直線路 APB を考える.平面に関して A と対称な点を A′ とすれば,APB と A′PB の長さは等しいので,APB の長さを最小にするには,A′PB が一直線になるように P をと

ればよい．その APB が光線が実際に進む道で，その道に対しては，図に示す角について $\beta = \alpha' = \alpha$ だから，正反射の法則が成り立つ．

問題 12.1 物体に白色光（太陽の光）が入射すると，その物体に固有の，ある範囲の波長の光が吸収され，残りの光が反射される．（これを選択吸収という．）眼に入るのはこの反射光で，視覚が反射光から受ける刺激を，我々は物体の色として感じる．たとえば，物体が白色光の短波長部分を吸収すれば，反射光には長波長の光が主に含まれ，物体は赤く見える．

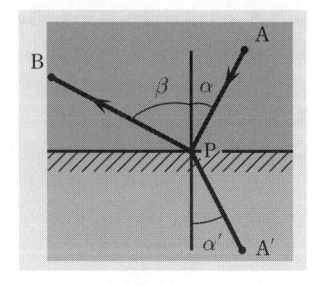

問題 11.1

しかし，物体に入射する光の波長の分布が白色光と異なっていれば，同じ選択吸収が起きても，反射光に含まれる光の波長の分布が，白色光が入射した場合の反射光と異なり，そのため物体の色が異なって見える．蛍光灯の光は白色光とくらべ短波長成分の割合が強いので，物体が青みがかる．逆に白熱電球の光は長波長成分の割合が強く，物体は赤みがかる．極端な場合は単色光で物体を照らしたときで，たとえばナトリウムランプの光で照らせば，どんな物体も橙色（ナトリウムのD線の色）になってしまう．

問題 13.1 海岸に立つ人の眼の高さを h，地球半径を R とする．眼から地球に接線を引くとき，接点までが見える範囲である．接点までの距離を s とすれば，例題 13 と同じ考えにより，$s = \sqrt{2Rh}$. $h \approx 1.6\,\mathrm{m}$, $R \approx 6400\,\mathrm{km}$ とすれば，

$$s = \sqrt{2 \times 6.4 \times 10^6 \times 1.6} = 3.2 \times 10^3\,\mathrm{m} = 3.2\,\mathrm{km}$$

問題 13.2 我々の周囲の空気中の分子などで散乱されてから眼に入る光は，非常に微弱なため，巨視的な物体から反射されて来る光に負けてしまい，眼には感知されない．空から来る光が見えるのは，視線の先には，大気中の膨大な数の分子や微粒子があ

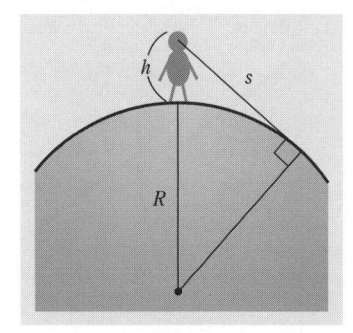

問題 13.1

るため，それらの分子などから散乱されてくる光が集まって，強い光になるからである．たとえて言えば，雨や雪が降っているとき，自分の周囲だけ見るのと，野原や畑などの広い場所を見るのでは，降り方の激しさを異なって感じるが，これも視線の先に見える奥行きが異なるからである．

問題 15.1 干渉縞の幅は

$$\Delta y = \frac{L\lambda}{D} = \frac{6 \times 10^{-7}}{0.2 \times 10^{-3}} = 3 \times 10^{-3}\,\mathrm{m} = 3\,\mathrm{mm}$$

問題 15.2 まず次ページの図のように，スリット S を省いた場合を考える．光源の中の点 A にある原子から出て，スリット S_1 を通った波と S_2 を通った波が点 P で強め合うか弱め合うかは，二つの経路 AS_1P と AS_2P の距離の差（光路差）と波長との関係で決

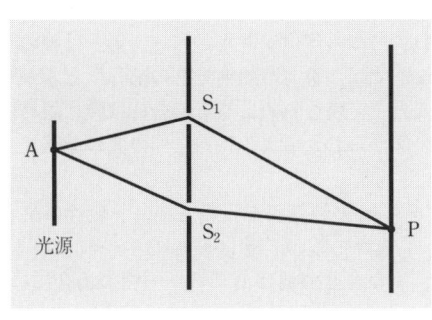

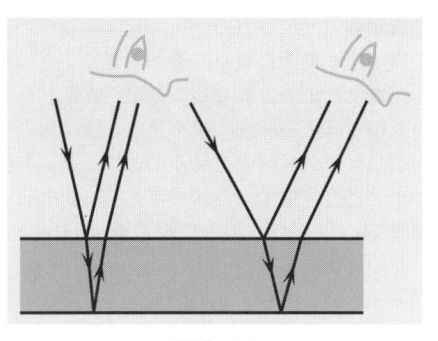

問題 15.2

問題 15.3

まる．もし光源中のすべての原子が一点 A に集中しているならば，光路差はどの原子から出た波についても共通で，スクリーン上には干渉縞ができる．

ところが実際には，光源の原子は波の波長よりもずっと広い範囲にばらばらに分布しているので，光路差は各原子から出た波ごとに異なり，スクリーン上の干渉の山や谷は埋められてしまい，干渉縞は現れない．一方光源から出た波がいったん細いスリット S を通る場合には，光路差はどの原子から出た波についても共通に，経路 SS_1P と SS_2P の距離の差なので，干渉縞の明暗が一定の位置にできる．

問題 15.3 薄膜に入射した白色光のなかで，表側と裏側の二つの面からの反射波の干渉の様子は，波の振動数によって異なる．二つの反射波の位相が同じならば反射波は強まり，位相が角 π ずれていれば二つの波が打ち消しあって，反射波はなくなる．こうして特定の振動数の付近の波だけが主に反射され，それが眼に入るので，膜に色がついて見える．

以下で，膜の厚さを d，屈折率を n として，干渉の様子を調べる．薄膜と垂直な方向から膜を見る場合には，左側の図のように，膜に垂直に入射した光の反射光を見ることになる．裏側の面で反射される波は，表側の面で反射される波にくらべ，距離 $2d$ だけ余分に進むので，光路長の差は $2nd$ である．（幾何学的な長さではなく光路長を考えるのは，真空中での波長が λ の光は，物質中では波長 λ/n を持つことを考慮に入れるためである．）ここでさらに，反射の際に波の位相が π ずれる可能性を考える必要がある．屈折率が n_1 の媒質から n_2 の媒質に光が入るときの反射では，$n_1 > n_2$ なら位相は変わらないが，$n_1 < n_2$ なら位相は $\pi = 180°$ 変わる．シャボン玉の場合には膜は石鹸水（$n \approx \frac{4}{3}$）で両側は空気（$n = 1$）だから，表側の面での反射で位相の変化が起こる．油膜の場合には膜の向こうは水だが，油の屈折率が水の屈折率より大きければ，事情は同じである．こうして，二つの反射波が干渉で強め合うためには，裏面で反射される光が通る余分な光路長 $2nd$ の中に，半波長が奇数個入ればよいことがわかる：

$$2nd = \frac{\lambda}{2}m \quad (m = 1, 3, 5, \cdots)$$

すなわち波長が

$$\lambda = \frac{4nd}{m} \quad (m = 1, 3, 5, \cdots)$$

の波が強く反射される．

　膜の色が場所によって変わって見えるのには，二つの理由が考えられる．第一は膜の厚さが場所によって異なることで，実際シャボン玉では，重力の効果で下の部分ほど膜が厚い．第二は広い範囲の膜を見るときに起こることで，膜を斜めに見る場合には膜に斜めに入射した光の反射光を見ることになり，右側の図からわかるように，二つの波の光路長の差が，垂直入射のときより増すのである．

問題 15.4 二つの波の位相の差 δ は $-\pi \leq \delta \leq \pi$ の範囲にあるとして，一般性は失われない．$\delta = 0$ のときは，$u_1(x,t) = u_2(x,t)$ だから重ね合せは振幅 $2A$ の波になる．$\delta = \pm\pi$ のときは，$u_1(x,t) = -u_2(x,t)$ で，重ね合せで波は消える．一般の場合には，三角関数の公式

$$\cos\alpha + \cos\beta = 2\cos\frac{\alpha-\beta}{2}\cos\frac{\alpha+\beta}{2}$$

を用いて

$$u_1(x,t) + u_2(x,t) = 2A\cos\left(\frac{\delta}{2}\right)\cos\left(kx - \omega t + \frac{\delta}{2}\right)$$

すなわち振幅が $2A\cos\frac{1}{2}\delta$ で，二つの波の位相の平均の位相を持つ波になる．

問題 17.1 ビームの出口の直径を d，波長を λ とすれば，ビームは回折により，$d\sin\theta \approx \lambda$ で決まる半頂角 θ の円錐の中に広がる．したがって

$$\theta \approx \sin\theta \approx \frac{\lambda}{d} = \frac{515 \times 10^{-9}}{3.0 \times 10^{-3}} = 1.72 \times 10^{-4}$$

広がり角は $2\theta = 3.44 \times 10^{-4}\,\text{rad} \approx 0.02°$．距離 $x = 10^3\,\text{m}$ の点のビームの直径は $2\theta x = 0.34\,\text{m} = 34\,\text{cm}$．

問題 18.1 望遠鏡の分解能の式から $\theta = \lambda/D = 500 \times 10^{-9}/(5 \times 10^{-3}) = 10^{-4}\,\text{rad}$．距離 x にある間隔 1.5 m の二つの光源を見る角は $\theta = 1.5/x$ だから，$x = 1.5/\theta = 1.5 \times 10^4\,\text{m} = 15\,\text{km}$．

問題 20.1 源と人の両方が動いて近づくときのドップラー効果の式は，解説であげた二つの場合の式を組み合わせて得られる．音速を v，音源の速度を u，人の速度を u' とすれば，音源が出す振動数 ν の音は，人には振動数

$$\nu' = \frac{1 + (u'/v)}{1 - (u/v)}\nu$$

の音として聞こえる．すれ違う前は $u = u' = 20\,\text{m}\cdot\text{s}^{-1}$ だから，音速を $v = 340\,\text{m}\cdot\text{s}^{-1}$ として，$\nu' = 1.125\nu = 563\,\text{Hz}$．すれちがった後は $u = u' = -20\,\text{m}\cdot\text{s}^{-1}$ だから，$\nu' = 0.889\nu = 444\,\text{Hz}$．

5章の解答

問題 1.1 平面上から，単位面積あたり単位時間に体積 σ の割合でわき出す流体は，対称性から，平面の両側の空間に半分ずつ流れ出す．平面上のどの部分からも同量の流体が流れ出すので，流れはどちらにも曲がらず，流線は平面に垂直な直線となる．したがって流速は至る所一定で，その大きさは例題 1 と同じ考えでわかるように，$v = \frac{1}{2}\sigma$ である．電場に翻訳すれば，平面の両側に，平面と直交する電気力線ができる．電場の大きさは至る所一定で

$$E = \frac{\sigma}{2\epsilon_0}$$

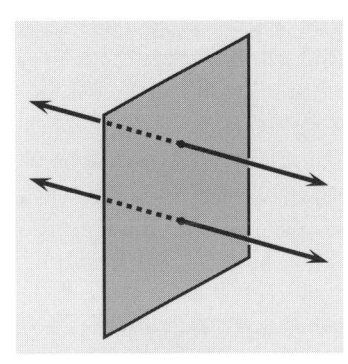

問題 1.1

問題 1.2 $f = 1/(4\pi\epsilon_0)\, q^2/r^2$ と $f = 0.1 \times 10^{-3}\,\mathrm{kgw} = 9.8 \times 10^{-4}\,\mathrm{N}$ より

$$q = \sqrt{4\pi\epsilon_0\, f}\, r = \sqrt{\frac{9.8 \times 10^{-4}}{9 \times 10^9}} \times 0.01 = 3.3 \times 10^{-9}\,\mathrm{C}$$

この例は，静電気現象に関与する電気量を表すには，C という単位が大きすぎることを示している．

問題 1.3 例題 1 にならって，まず，中心軸上の単位長さから，単位時間あたり体積 λ の割合で流れ出す，流体の流れを考える．円筒は十分に長いとして端の影響を無視すれば，軸を出た流体は，軸と垂直な方向に流れて，円筒面上の吸い込みに達する．流れは中心軸に関し軸対称だから，流速は軸から距離 r のみに依存する．それを $v(r)$ とする．ある時刻に軸を中心とする半径 $r\,(0 < r < a)$ の円筒面上にいる流体は，微小時間 dt 後には距離 $dr = v(r)\,dt$

問題 1.3

だけ進むので，dt の間にこの円筒面を通過する流体の体積は，軸方向の単位長さあたり，$2\pi r\,dr = 2\pi r v(r)\,dt$ である．これが，同じ時間内に軸の単位長さからわき出す体積 $\lambda\, dt$ に等しくなければならないので

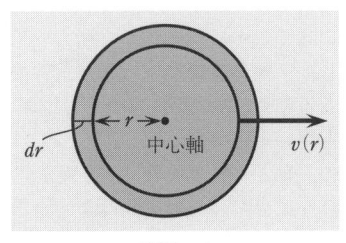

$$2\pi r v(r)\, dt = \lambda\, dt$$

これから，軸から距離 r の点の流速が

$$v(r) = \frac{\lambda}{2\pi r}$$

と得られる．以上の結果を翻訳すれば，円筒内の電場は中心軸に関し軸対称で，軸と垂直

に円筒面に向かい，軸から距離 r の点の電場の大きさ $E(r)$ は

$$E(r) = \frac{\lambda}{2\pi\epsilon_0 r}$$

円筒の外部には電場は存在しない．

問題 2.1 この球をタマネギのような薄い層に分けると（右図），球が外部につくる電場は，一つ一つの層がつくる電場の重ね合せである．ところが各層の電荷は，例題 2 で扱った球面上の球対称な電荷分布にほかならず，それが外部につくる電場は，球面上の電荷が球の中心に集まったときの電場と同じである．したがって球全体が外部につくる電場も，球内の全電荷が球の中心に集中しているときの電場と同じである．すなわち $r > a$ における電場は，球の中心に点電荷 Q がある場合の電場と等しい．

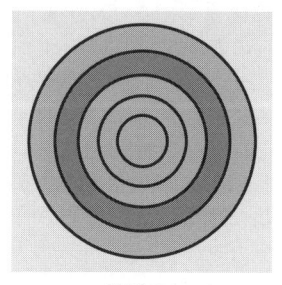

問題 2.1

参考 この問題の結果は，力学でも重要な意味を持つ．クーロンの法則とニュートンの重力（万有引力）の法則は同じ形を持つので，クーロン電場で成り立つことは，重力場でもそのまま成り立つ．すなわち，地球が球で，地球内部の質量分布が球対称である限り，地球の外にある物体が地球内部の物質から受ける重力は，地球の全質量が中心に集中している場合の重力と同じである．そのため，地球表面をすれすれにまわる人工衛星の軌道を解析するときにも，（地球の質量分布を球対称とする近似では）地球を質点とみなせるのである．

問題 3.1 直線から距離 r 離れた任意の点 P の電場を求める．電場が直線と垂直な方向を向くことは対称性から明らかである．以下では電場の大きさを求める．直線を x 軸とし，P から直線に下ろした垂線の足 O を原点とする．直線上の位置 x と $x + dx$ の間にある電荷 λdx が P につくる電場の大きさは，この位置から P までの距離 $R = \sqrt{x^2 + r^2}$ を用いて書けば $\lambda dx/R^2$ であるが（比例定数 $1/(4\pi\epsilon_0)$ はしばらく省略する），この電場の直線と平行な成分は，直線全体からの寄与を加えると対称性から消えるので，直線と垂直な成分だけを考えればよい．それを dE と表せば，

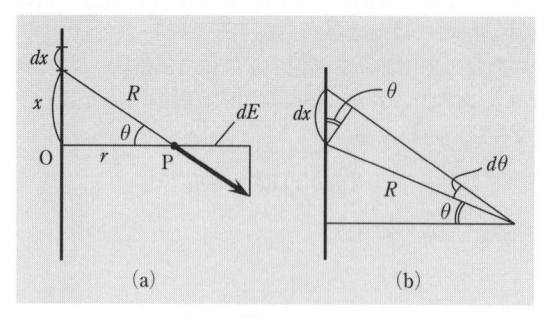

問題 3.1

$$dE = \frac{\lambda\,dx}{R^2}\cos\theta$$

ここで θ は図 (a) に示すような

$$\sin\theta = \frac{x}{R}$$

で決まる角である．直線上の全電荷からの寄与を加えると，P の電場の大きさが

$$E(\mathrm{P}) = \int_{-\infty}^{\infty} \frac{\lambda\cos\theta}{R^2}\,dx$$

と積分で表される．この積分は，積分変数を x から θ に変えると簡単にできる．図 (b) からわかるように dx と $d\theta$ の間には

$$dx\cos\theta = R\,d\theta$$

の関係があるので，

$$E(\mathrm{P}) = \lambda \int_{-\pi/2}^{\pi/2} \frac{1}{R}\,d\theta = \frac{\lambda}{r} \int_{-\pi/2}^{\pi/2} \cos\theta\,d\theta$$

上では $R\cos\theta = r$ を用いた．積分は直ちにできて

$$E(\mathrm{P}) = \frac{2\lambda}{r}$$

ここで，いままで省略した比例定数を復活させれば，直線から距離 r の点の電場の大きさが

$$E(r) = \frac{\lambda}{2\pi\epsilon_0 r}$$

と得られ，問題 1.3 の結果と一致する．本問で行った計算は，問題 1.3 の方法にくらべかなり面倒だが，これはガウスの法則が，クーロンの法則よりも基礎的な法則であることを暗示している．

問題 5.1 電位差を与える電場の線積分の式は，

$$\phi(\mathrm{A}) - \phi(\mathrm{B}) = \int_{\mathrm{A}}^{\mathrm{B}} E_l\,dl$$

と表せる．ここで E_l は道 C の接線方向への $\boldsymbol{E}$ の成分．道を C_1 にとる場合には，$\angle \mathrm{BAC} = \theta$ とすれば，E_l は道全体で一定値 $E_l = E\cos\theta$ を持つ．道の長さは $\overline{\mathrm{AB}} = L/\cos\theta$ だから，線積分の値は $E_l \overline{\mathrm{AB}} = EL$．道を C_2 にとる場合には，道 AC に沿う線積分は EL．道 CB の上では $\boldsymbol{E}$ は道と直交するから $E_l = 0$ で，線積分への寄与はない．

結局 C_1 と C_2 のどちらに沿って線積分を計算しても，

$$\phi(\mathrm{A}) - \phi(\mathrm{B}) = EL$$

という結果が得られる．これは，電位差を与える電場の線積分が道のとり方によらないことの，簡単な例である．

問題 6.1 （イ） $E = 10\,\mathrm{keV}$

（ロ） $\frac{1}{2}m_\mathrm{e}v^2 = 10^4\,\mathrm{eV}$ と $m_\mathrm{e}c^2 = 0.51 \times 10^6\,\mathrm{eV}$ の比をとると

$$\left(\frac{v}{c}\right)^2 = \frac{mv^2}{mc^2} = \frac{2\times 10^4}{0.51\times 10^6} = 3.92\times 10^{-4}$$

したがって $v/c = 1.98\times 10^{-2}$. （$c \approx 3\times 10^8\,\mathrm{m\cdot s^{-1}}$ だから $v \approx 5.9\times 10^6\,\mathrm{m\cdot s^{-1}}$.）

問題 8.1 平行板コンデンサーの極板の電荷密度 $\pm\sigma$ と電場 E の間には $\sigma = \epsilon_0 E$ の関係がある．可能な最大の電場は $E = 3\times 10^6\,\mathrm{V\cdot m^{-1}}$ だから，

$$\sigma = \frac{4\pi\epsilon_0 E}{4\pi} = \frac{3\times 10^6}{4\pi\times 9\times 10^9}$$
$$= 2.6\times 10^{-5}\,\mathrm{C\cdot m^{-2}} = 2.6\times 10^{-9}\,\mathrm{C\cdot cm^{-2}}$$

問題 8.2 静電誘導により導体中の電荷が移動し，図の左側極板の外側表面（A 面）には負の，右側極板の外側表面（B 面）には正の電荷が現れる．$\sigma = \epsilon_0 E_0$ として，A 面の電荷密度が $-\sigma$ に，B 面の電荷密度が $+\sigma$ に達すると，この電荷分布は B 面から A 面に向かう大きさ E_0 の電場をつくるので，極板内部を含めて A と B の間の外部電場は打ち消され，そこで電荷の移動は止む．外部電場の電気力線は，A 面の電荷分布 $-\sigma$ に全部吸い込まれ，B 面の電荷分布 $+\sigma$ からふたたびわき出す．導体間の空間には電場は存在しない．これは静電遮蔽の簡単な例である．

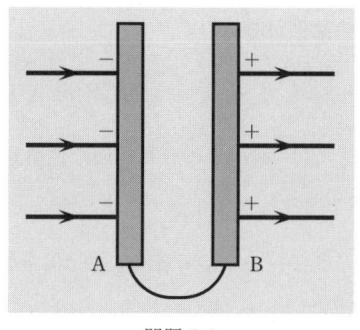

問題 8.2

問題 8.3 自動車は鉄板でほぼ囲まれているので，落雷があっても，静電遮蔽のため車内には電場は及ばず，したがって雷の電流が流れない．

問題 9.1 $U = \dfrac{1}{2}QV = \dfrac{1}{8\pi\epsilon_0}\dfrac{Q^2}{a}$

問題 10.1 帯電した導体球による電場は球のすぐ外側でもっとも強く，その大きさ E は，電荷面密度を σ とすれば $E = \sigma/\epsilon_0$．この E として空気の絶縁耐力をとれば，帯電できる電荷は

$$Q = 4\pi a^2\sigma = 4\pi a^2\epsilon_0 E = \frac{10^{-2}\times 3\times 10^6}{9\times 10^9} = 3.3\times 10^{-6}\,\mathrm{C}$$

球の電位は

$$V = \frac{1}{4\pi\epsilon_0}\frac{Q}{a} = aE = 3\times 10^5\,\mathrm{V}$$

静電エネルギーは

$$U = \frac{1}{2}QV = \frac{1}{2}4\pi\epsilon_0 a^3 E^2 = \frac{(0.1)^3\times(3\times 10^6)^2}{2\times 9\times 10^9} = 0.5\,\mathrm{J}$$

問題 11.1 半径 a の孤立した金属球に電荷 Q が帯電するとき，球の無限遠に対する電

位は $V = Q/(4\pi\epsilon_0 a)$ になる．これは対地電位にほぼ等しいとみなせる．（球が大地から離れていればこの近似はよい．球が大地に接近しているときには，球が孤立しているとして導いた，上の電位の式が成り立たない．）$Q = 4\pi\epsilon_0 aV$ に $a = 0.1\,\text{m}$, $V = 100\,\text{V}$ を代入すれば $Q = 0.1 \times 100/(9 \times 10^9) = 1.1 \times 10^{-9}\,\text{C}$.

問題 11.2　（イ）極板の面積は $S = 9 \times 10^6\,\text{m}^2$, 極板間の間隔は $d = 10^3\,\text{m}$, 極板間の電位差は $V = 10^8\,\text{V}$ だから，容量は（近似的に平行板コンデンサーの容量の表式を用いて）

$$C = \epsilon_0 \frac{S}{d} = \frac{4\pi\epsilon_0}{4\pi}\frac{S}{d} = \frac{9 \times 10^6}{9 \times 10^9 \times 4\pi \times 10^3} = 8.0 \times 10^{-8}\,\text{F}$$

帯電する電荷は $Q = CV = 8.0\,\text{C}$, エネルギーは $U = \frac{1}{2}CV^2 = 4.0 \times 10^8\,\text{J}$.

（ロ）電流 I は1秒間に流れる電荷だから，持続時間は $\Delta t = Q/I = 2.7 \times 10^{-4}\,\text{s}$.

問題 12.1　電線の断面積は $S = 0.785\,\text{mm}^2 = 0.785 \times 10^{-6}\,\text{m}^2$ だから

$$R = \rho\frac{l}{S} = 1.69 \times 10^{-8} \times \frac{100}{0.785 \times 10^{-6}} = 2.15\,\Omega$$

問題 12.2　抵抗 r の針金を n 本並列に結んだものは，太さが n 倍の一本の針金と同じだから，合成抵抗は r/n になる．

問題 12.3　（イ）起電力 $\mathcal{E}$ がそのまま端子間の電位差となる．

（ロ）回路の全抵抗は $R+r$ だから電流 $I = \mathcal{E}/(R+r)$ が流れる．内部抵抗 r により，電池の中で電位は Ir 下がるので，端子間の電位差は

$$V = \mathcal{E} - Ir = \frac{R}{R+r}\mathcal{E}$$

（ハ）内部抵抗による電圧降下は $Ir = 0.5\,\text{V}$ だから，端子電圧は $11.5\,\text{V}$.

問題 13.1　（イ）回路の起電力は $2\mathcal{E}$, 全抵抗は $R + 2r$ だから，

$$I = \frac{2\mathcal{E}}{R + 2r}$$

（ロ）R を流れる電流を I とすれば，両方の電池に $I/2$ ずつの電流が流れるので，電池の端子間電圧は $\mathcal{E} - \frac{1}{2}Ir$ となり，これが R にかかるので，オームの法則は $\mathcal{E} - \frac{1}{2}Ir = IR$. これより

$$I = \frac{\mathcal{E}}{R + (r/2)}$$

（ハ）直列に結ぶのは高い起電力を得るため．並列に結ぶのは電池を長時間もたせるためだが，並列には内部抵抗による電圧降下が小さくなる利点もある．

問題 14.1　電流計や電圧計で測定したいのは，これらの計器をつないでいない状態での電流や電位差であるが，実際には計器をつなぐことによって，電流や電位差はいくらか変わる．その変化をできるだけ小さくすることが望ましいが，電流計の場合には，図 5.31 の電流計の抵抗 r を $r \ll R$ にとれば，直列の合成抵抗は $R + r \approx R$ で AB を流れる電流 I にほとんど変化はない．また電圧計の場合には，電圧計の抵抗 r' を $r' \gg R$ にとれば，並列の合成抵抗は $r'R/(r'+R) \approx R$ で，ふたたび電流 I にはほとんど変化はなく，A, B 間の電位差にも変化がない．

問題 15.1 問題の回路は例題 15 のホイートストン・ブリッジにほかならない．抵抗線が一様なら抵抗は長さに比例するので
$$R = \frac{R_{AP}}{R_{BP}} R_0 = \frac{20}{80} \times 1 = 0.25 \, \Omega$$

問題 16.1 抵抗 R を流れる電流を I とすれば $P = I^2 R$ だから，I が一定ならば，この主張は確かに正しい．いくつかの抵抗を直列につないで電流を流すときに，各抵抗の発熱量を比較するような場合には，これがあてはまる．しかし，電圧 V の電源にいくつかの抵抗を並列につなぐ場合には（これが日常の電力の使い方）V が一定で，$P = V^2/R$ により，R が小さい抵抗ほど発熱量は大きい．すべての法則には条件があることを，常に意識することが重要である．

問題 16.2 （イ） 電力の式 $P = VI = V^2/R$ から $R = V^2/P = 50/3 = 16.7 \, \Omega$.
（ロ） 電線の抵抗の式 $R = \rho l/S$ から，長さは
$$l = \frac{RS}{\rho} = \frac{50}{3} \times \frac{\pi \times 0.25 \times 10^{-6}}{10^{-6}} = 13.1 \, \text{m}$$

問題 16.3 （イ） ニクロム線の抵抗 R は $\frac{1}{2}$ 倍になる．ジュール熱の式 $P = V^2/R$ で，V は一定（100 V）で R が $\frac{1}{2}$ 倍になれば P は 2 倍になるので，発熱量は 1 kW．
（ロ） ニクロム線の温度が上がると，ニクロム線の表面から電磁波が放射される．電磁波の主成分は赤外線で，これが熱作用をする．単位時間に単位面積から放射される電磁波のエネルギーは，ニクロム線の絶対温度を T とすれば，T^4 に比例する．ニクロム線の温度は，発生するジュール熱と放射される電磁波のエネルギーがつり合うようになるまで上がる．ニクロム線の長さを $\frac{1}{2}$ に縮めるとニクロム線の単位長さあたりで発生するジュール熱は 4 倍になるので，T^4 も 4 倍になり，T は約 1.4 倍になる．仮にこの電熱器が，ニクロム線の温度が 600°C=873 K の付近で使用するように設計されているとすれば，ニクロム線の長さを半分に縮めると，ニクロム線の温度は 1220 K= 950°C 近くになり，設計の条件から大きくはみ出してしまい危険である．

問題 16.4 電球が点灯していると，タングステン・フィラメントは非常に高温になるため，フィラメントの表面からタングステンが少しずつ昇華（固体から気体への蒸発）する．その結果フィラメントの一部分がほかの部分より細くなると，その部分の抵抗が増し，そこで発生するジュール熱が増す．また表面積が減るので，外部への放射が減る．この二つの理由で，細くなった部分の温度は他の部分より高くなりやすい．

スイッチを入れた直後は，例題 16 で見たように，フィラメント全体の温度が低いため抵抗が小さく，通常の 10 倍以上の電流が流れる．そのため，他の部分の温度が上がらないうちに，細い部分の温度だけが急速に上がる．温度がタングステンの融点（3387°C）に達すれば，そこが溶けてフィラメントが切れる．

問題 17.1 引き込み線の電圧を V，器具の出力を P，器具に流れる電流を I とすれば $I = P/V$ である．日本ではふつうは $V = 100 \, \text{V}$ だから，$P = 1.2 \, \text{kW}$ の器具に流れる電流は $I = 12 \, \text{A}$．回路に電流 I が流れると，導線やコンセントなど，器具以外の場所でも，抵抗 r の部分でジュール熱 $I^2 r$ が発生するので，r の大きな部分があると，高温に

なり危険である．そのため電線には，その半径に応じて，流すことのできる許容電流が定まっている．

問題はコンセントで，1.2 kW 程度の器具を用いてもかなり温度が上がるので，それより出力の大きな（エアコンやパネルヒーターなどの）器具を使うときには，抵抗の小さな大型のコンセントをとりつける必要がある．

参考 器具によっては 200 V の仕様のものもある．それを用いるには 200 V の引き込み線を用意しなければならないが，電流は 100 V の場合にくらべ半分ですむので，電線などでの発熱の心配が少ないという利点がある．

問題 18.1 （イ）時定数は $\tau = CR = 10^{-5} \times 10^6 = 10$ s.

（ロ）電位差は $e^{-t/\tau}$ の形で減少する．3×10^4 V から 3 V まで $10^{-4} = e^{-9.2}$ 倍に減るには，時定数の 9.2 倍の時間を要するので，92 s かかる．

問題 19.1 （イ）図からわかるように $r\sin\theta = L$．

（ロ）上式に $L = 1$ cm, $\sin\theta = 1/\sqrt{2}$ を代入すれば，円運動の半径は $r = \sqrt{2}$ cm. 電子の運動エネルギーは例題 19 の場合と同じだから，その（ニ）の結果で $r = 1$ cm を $r = \sqrt{2}$ cm で置き換えればよい．したがって $B = 3400/\sqrt{2} = 2400$ gauss.

問題 19.1　　　　　　　　　　　問題 19.2

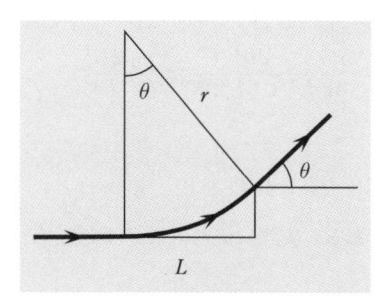

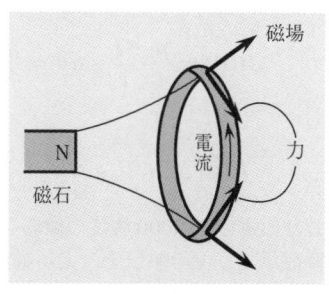

問題 19.2 磁石の磁場は，回路の各部分に図に示すような向きの力を及ぼすので，その合力は，回路を磁石から引き離す斥力となる．あるいはむしろ，環状電流を板磁石で置き換えて考えるのが簡単である．図の場合には，磁石の側を向くのは板磁石の N 極なので，回路には斥力が働く．電流の向きを反対にすれば，回路に働く力は引力となる．

問題 20.1 電流による磁場 B が西向きで約 0.5 gauss の大きさを持てば，地磁気との合力は北西を向く．例題 20 によれば，$d = 2$ cm, $I = 1$ A なら $B = 0.1$ gauss だから，$B = 0.5$ gauss を与える電流は $I = 5$ A．

問題 20.2 反対向きの二本の平行電流は，遠方で両者をつなげば環状電流になる．これと等価な板磁石は，電流回路を縁とする帯状の磁石で，その両面の磁極が磁気のクーロンの法則に従ってつくる磁場の磁力線が，次ページの図に示すような形を持つことは，定性的には明らかだろう．これはもちろん，それぞれの直線電流がつくる磁場の重ね合せである．

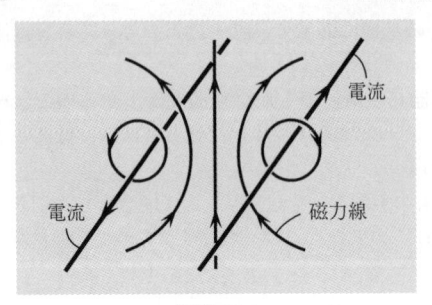

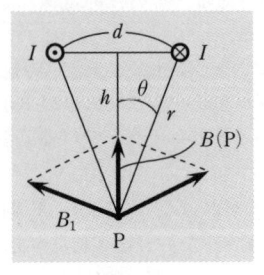

問題 20.2 　　　　　　　問題 20.3

問題 20.3 前問の磁力線の形から，地上の点 P では鉛直方向の磁場ができることがわかる．P から電線までの距離を r，P から電線を見る方向の鉛直からの傾き角を θ とすれば，$\sin\theta = d/(2r)$．片方の電線が P につくる磁場の大きさ B_1 は

$$B_1 = \frac{\mu_0}{4\pi}\frac{2I}{r}$$

だから，二つの電線がつくる磁場の合力は

$$B(\mathrm{P}) = \frac{\mu_0}{4\pi}\frac{4I}{r}\sin\theta = \frac{\mu_0}{4\pi}\frac{2Id}{r^2} = \frac{\mu_0}{4\pi}\frac{2Id}{h^2+(d/2)^2} \approx \frac{\mu_0}{4\pi}\frac{2Id}{h^2}$$

したがって

$$B(\mathrm{P}) = 10^{-7} \times \frac{100}{400} = 0.25 \times 10^{-7}\,\mathrm{T} = 0.25 \times 10^{-3}\,\mathrm{gauss}$$

これは地球磁場の 1/2000 程度の微弱な磁場である．実際に流れる電流は交流だから，磁場も振動磁場で，上の値はその実効値である．

問題 20.4 一方の電線を流れる電流が $d = 0.5\,\mathrm{m}$ 離れた点につくる磁場は

$$B = \frac{\mu_0}{4\pi}\frac{2I}{d}$$

で，それが他方の電線の $dl = 1\,\mathrm{m}$ に及ぼす斥力 df は

$$df = IBdl = \frac{\mu_0}{4\pi}\frac{2I^2}{d}dl = 10^{-7} \times \frac{20000}{0.5} = 4 \times 10^{-3}\,\mathrm{N}$$

問題 21.1 (イ) 回路を貫く磁石の磁場 B の磁束が増加する．それに伴い回路に次ページの図 (a) の向きの誘導起電力が生じ，その向きに誘導電流 I が流れる．この電流は図 (a) に示す磁場 B' をつくるので，それが B の磁束の増加を部分的に打ち消す（レンツの法則）．

(ロ) 棒磁石の磁場 B は上の電流 I に図 (b) のような力を及ぼす．その合力は，回路を磁石から遠ざけようとする斥力である．回路と等価な板磁石を用いていえば，板磁石の N 極が棒磁石の N 極と向き合うので，棒磁石と回路の間に斥力が働く．この力によって回路が実際に棒磁石から離れれば，磁束の増加は部分的に打ち消される．これもレンツの

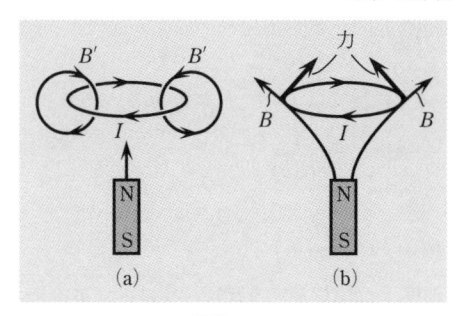

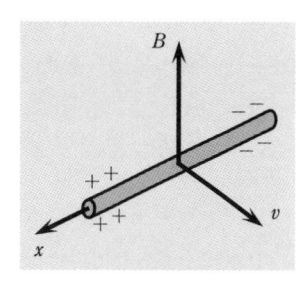

問題 21.1 　　　　　　　　　　　　　　問題 22.1

法則である．

問題 22.1 棒の内部の電荷は棒と共に速度 v で動くので，電荷を q とすれば，磁場からローレンツの力 qvB を x 方向に受ける．その結果電荷は移動し，棒の $+x$ 側の端は正に，$-x$ 側の端は負に帯電する．（金属の棒では，実際に動くのは電子で $q<0$ だから，電子は $-x$ 方向にローレンツの力を受けてそちらに移動するが，棒の帯電の仕方は上と同じである．）その結果棒の内外に $+x$ から $-x$ に向かう電場ができ，棒の中の電荷は，ローレンツの力のほかに，電場からのクーロン力 qE も受ける．電荷の移動が止むのは，この二つの力がつり合うようになったとき，すなわち，棒の内部に $+x$ から $-x$ へ向く一様な電場 $E=vB$ ができたときである．これは電荷がつくる静電場で，棒の $+x$ の端と $-x$ の端の間には電位差 $El=vBl$ が生じる．

問題 22.2 （イ） スイッチを入れるとコイルに電流が流れ始め，鉄芯が強い磁場をつくる．（鉄芯は，コイルの電流がつくる磁場を，数百倍に強める働きをする．）その磁束が円輪を貫くのに伴い，円輪には，コイルの電流が一定値に達するまでの時間，誘導起電力が生じて，誘導電流が流れる．誘導起電力の向き（したがって誘導電流の向き）は，コイルの電流と反対向きである．その理由は，誘導電流がその向きに流れれば，それがつくる磁場が，鉄芯がつくる磁場を一部打ち消すからである．

（ロ） 問題 21.1 の場合と同様に，鉄芯と円輪の間に斥力が働くので，円輪は鉄芯から離れる向きにわずかに動く．

（ハ） スイッチを切ると，それまで円輪を貫いていた磁束がなくなる．スイッチを切り，コイルの回路が開いても，インダクタンスのため，コイルの電流は瞬間的には消えない．コイルの電流がゼロに達するまでの間，円輪に誘導起電力ができ，誘導電流が流れる．誘導電流の向きは（イ）と逆なので，鉄芯の磁場が誘導電流に及ぼす力の向きも（イ）とは反対で，円輪は鉄芯に近づく向きにわずかに動く．

問題 23.1 速度 v に応じて変える抵抗を $R(v)$ とする．棒の運動方程式は，例題 23 の（ニ）により

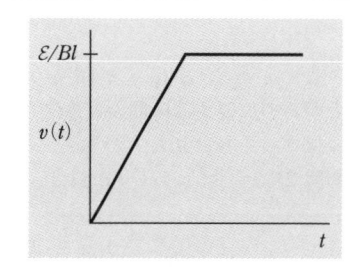

問題 23.1

$$M\frac{dv}{dt} = f = BlI = Bl\frac{\mathcal{E}-Blv}{R(v)}$$

加速度を一定に保つには，上式の右辺を一定に保てばよい．すなわち

$$\frac{\mathcal{E}-Blv}{R(v)} = \text{const} = \frac{\mathcal{E}}{R(0)}$$

これより

$$R(v) = R(0)\left(1 - \frac{Bl}{\mathcal{E}}v\right)$$

このように抵抗を減らしていけば，最終速度 $\mathcal{E}/Bl$ に達するまで，棒は図に示すように等加速度運動をする．

問題 24.1 電流が時間変化しないときはコイルは単なる導線に過ぎないから，オームの法則により $I = \mathcal{E}/R$ である．しかしスイッチを入れた瞬間から，この電流が流れるわけではない．静止している物体が動き出すときの速度のように，電流もゼロから連続的に立ち上がる．その際，運動の場合の質量の役割をするのは，回路ではインダクタンスである．インダクタンスは，電流の時間変化に対する慣性の大きさを表す．電流 $I(t)$ が時間変化するとき，回路には逆起電力

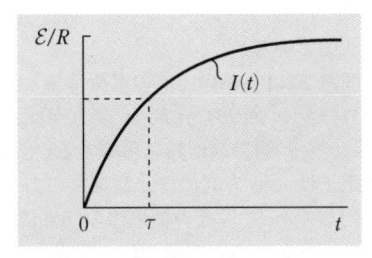

問題 24.1

$$\mathcal{E}_\text{b} = -L\frac{dI}{dt}$$

が生じる．回路の全起電力は $\mathcal{E}+\mathcal{E}_\text{b}$ だから，オームの法則は

$$\mathcal{E}+\mathcal{E}_\text{b} = RI$$

すなわち

$$L\frac{dI}{dt} + RI = \mathcal{E}$$

と表される．これは $I(t)$ の時間変化の仕方を定める微分方程式で，線形非斉次微分方程式の解法により，解は直ちに得られる．初期条件 $I(0) = 0$ を満たす解は

$$I(t) = \frac{\mathcal{E}}{R}(1 - e^{-t/\tau})$$

ここで $\tau \equiv L/R$ は LR 回路の**時定数**と呼ばれる量で，電流 I が一定値 $\mathcal{E}/R$ まで立ち上がるのに要する時間の尺度を与える．インダクタンス L が大きいほど τ は大きく，電流はゆっくりと立ち上がる．

問題 25.1 （イ） $B = 0.01\,\text{T}$ のときの磁場のエネルギー密度は

$$u = \frac{1}{2\mu_0}B^2 = \frac{4\pi}{\mu_0}\frac{B^2}{8\pi} = \frac{10^7 \times 10^{-4}}{8\pi} = 40\,\text{J}\cdot\text{m}^{-3}$$

$1\,\text{cm}^3 = 10^{-6}\,\text{m}^3$ の中のエネルギーは $4.0 \times 10^{-5}\,\text{J}\cdot\text{cm}^{-3}$．

(ロ) 磁場と電場のエネルギー密度が等しいのは

$$\frac{1}{2\mu_0} B^2 = \frac{\epsilon_0}{2} E^2$$

より

$$\frac{E}{B} = \frac{1}{\sqrt{\epsilon_0 \mu_0}} = c$$

のときである（c は真空中の光速）．したがって

$$E = cB = 3 \times 10^8 \times 0.01 = 3 \times 10^6 \,\mathrm{V \cdot m^{-1}} = 3 \times 10^4 \,\mathrm{V \cdot cm^{-1}}$$

これは空気の絶縁耐力程度の，非常に強い電場である．

6章の解答

問題 1.1 水の比熱はほぼ $1\,\text{cal}\cdot\text{g}^{-1}\cdot\text{deg}^{-1}$ である．すなわち，水 1g の温度を 1°上げるには，ほぼ 1 cal の熱を要する．したがって 2ℓ すなわち 2 kg の水の熱容量は $2000\,\text{cal}\cdot\text{deg}^{-1}$ で，温度を 10° 上げるのに必要な熱は $Q = 20{,}000\,\text{cal} = 8.4\times 10^4\,\text{J}$. 出力 $P = 500\,\text{W}$ の電子レンジが 1 秒間に供給する熱は 500 J だから，要する時間は $Q/P = 168\,\text{s}$.

問題 1.2 速度が $v = 200/3.6 = 55.6\,\text{m}\cdot\text{s}^{-1}$, 質量は $m = 10^6\,\text{kg}$ で，運動エネルギーが全部ブレーキで熱 Q に変わるとすれば，$Q = \frac{1}{2}mv^2 = 1.54\times 10^9\,\text{J}$. これは $430\,\text{kW}\cdot\text{h}$ の電力に当たる．

問題 1.3 水の熱容量は $C_\text{水} = 1\,\text{kcal}\cdot\text{deg}^{-1}$, 鉄の熱容量は $C_\text{鉄} = 0.2\,\text{kcal}\cdot\text{deg}^{-1}$. 結果は，最終温度が 100°C に達するかどうかで変わるので，まずそれを調べる．水温が 20°C から 100°C へ上がる間に水が吸収する熱は $Q_\text{水} = C_\text{水}\times 80 = 80\,\text{kcal}$, 鉄の温度が 1000°C から 100°C へ下がる間に鉄が放出する熱は $Q_\text{鉄} = C_\text{鉄}\times 900 = 180\,\text{kcal}$ だから，たしかに水温は 100°C に達し，余った熱 $Q_\text{鉄} - Q_\text{水} = 100\,\text{kcal}$ は水の蒸発に使われる．蒸発する水の質量は $100/0.54 = 185\,\text{g}$.

問題 1.4 （イ）理想気体のマイヤーの関係 $C_P - C_V = R$ により $C_P = \frac{7}{2}R$, $\gamma = \frac{7}{5} = 1.4$.

（ロ）酸素 O_2 の分子量はほぼ 32 だから 1 モルの気体は 32 g の酸素を含む．したがって

$$c_V = \frac{5R}{2\times 32} = 0.65\,\text{J}\cdot\text{g}^{-1}\cdot\text{deg}^{-1} = 0.15\,\text{cal}\cdot\text{g}^{-1}\cdot\text{deg}^{-1}$$

$$c_P = \gamma c_V = 1.4 c_V = 0.91\,\text{J}\cdot\text{g}^{-1}\cdot\text{deg}^{-1} = 0.22\,\text{cal}\cdot\text{g}^{-1}\cdot\text{deg}^{-1}$$

問題 1.5 $c = 3\times 8.315/55.8 = 0.45\,\text{J}\cdot\text{g}^{-1}\cdot\text{deg}^{-1} = 0.11\,\text{cal}\cdot\text{g}^{-1}\cdot\text{deg}^{-1}$

問題 2.1 気体の 1 モルあたりの体積は，気体の種類にほとんどよらないので，密度を考えるときは，空気を，分子量が

$$\frac{1}{5}\times 32 + \frac{4}{5}\times 28 \approx 29$$

の物質の気体とみなしてよい．標準状態で $22.4\,\ell$ の空気の質量が 29 g だから，密度は

$$\frac{29}{22.4} = 1.3\,\text{g}\cdot\ell^{-1} = 1.3\,\text{kg}\cdot\text{m}^{-3}$$

問題 2.2 （イ）1 モルの理想気体は，標準状態（0°C, 1 atm）で $22.4\,\ell$ の体積を占めるので，27°C での体積はその 300/273 倍である．したがって，27°C で $1\,\ell$ に含まれるモル数は

$$\frac{273}{22.4\times 300} = 0.041\,\text{mol}$$

（ロ）空気は二原子分子からなる気体だから，定積モル比熱は $C_V = \frac{5}{2}R$. ゆえに 0.041

モルの熱容量は $0.041 \times 2.5 \times 8.32 = 0.85\,\mathrm{J\cdot deg^{-1}}$.

問題 2.3 水 H_2O の分子量はほぼ 18 なので,水 1 モルの質量は 18 g. その中に $N_A \approx 6 \times 10^{23}$ 個の分子が含まれる.液体の水の密度はほぼ $1\,\mathrm{g\cdot cm^{-3}}$ だから,1 モルの体積は $18\,\mathrm{cm}^3$. したがって液体の水の中で 1 分子が占有する平均体積は $18/N_A = 3 \times 10^{-23}\,\mathrm{cm}^3$, 分子間の平均間隔は $(3 \times 10^{-23})^{1/3} = 3.1 \times 10^{-8}\,\mathrm{cm}$. これは水分子自身の大きさとほぼ一致するから,液体の水の中には分子がぎっしり詰まって入っていることがわかる.一方 1 モルの水蒸気の体積は,0°C, 1 atm の理想気体として考えれば $22.4\,\ell = 22.4 \times 10^3\,\mathrm{cm}^3$ だから,液体の水の場合とくらべて,1 分子が占有する平均体積で約 10^3 倍,分子間の間隔で約 10 倍である.

問題 3.1 (イ) 正. ジュールの実験のように,摩擦によっても温度は上昇する.

(ロ) 正. 等温膨張がその例で,与えた熱は外部への仕事に使われる.

(ハ) 誤. 真空中への自由膨張では気体は外部に仕事をしない.

(ニ) 誤. 公式 (6.4) の P は気体が接している外部の圧力である.気体自身は熱平衡状態になくても(したがって全体が一様な圧力を持たなくても)よい.

(ホ) 誤. 内部エネルギーが体積に依存しないのは,理想気体の性質である.ミクロの立場から見れば,内部エネルギーは,気体分子の運動エネルギーと,分子間のポテンシャルエネルギーの総和であり,ポテンシャルエネルギーを無視したモデルが理想気体である.(運動エネルギーの和は温度だけで決まる.) 実在の気体でも,希薄な場合は分子間隔が大きいのでこの近似が成り立つが,気体を圧縮するにつれてポテンシャルエネルギーの寄与が現れる.だから実在気体では,内部エネルギーはわずかながら体積にも依存する.

問題 4.1 理想気体の断熱可逆過程で成り立つ関係 $T \propto P^{(\gamma-1)/\gamma}$ を用いる. $(\gamma-1)/\gamma = 0.4/1.4 = 0.286$ とすれば,

$$T_{1000}/T_0 = (P_{1000}/P_0)^{0.286} = 0.967$$

(添字は高度).これより $T_{1000} = 279\,\mathrm{K} = 6°\mathrm{C}$. ちなみに,高度にともなう大気温度の変化率としてよく用いられる値は $-6.5°\mathrm{C\cdot km^{-1}}$ で,これによれば $T_{1000} = 8.5°\mathrm{C}$.

問題 5.1 理想気体の断熱可逆変化でよく知られた関係

$$PV^\gamma = \mathrm{const}$$

を,状態方程式 $PV = nRT$ を用いて体積 V と温度 T の関係として表せば

$$TV^{\gamma-1} = \mathrm{const}$$

比熱比 $\gamma = C_P/C_V$ は,二原子分子の理想気体では $\gamma = \frac{7}{5} = 1.4$. 変化の前の体積と温度を V_1, T_1, 変化の後の体積と温度を V_2, T_2 とすれば,上の関係は

$$\frac{T_2}{T_1} = \left(\frac{V_1}{V_2}\right)^{\gamma-1}$$

と表され,$V_1/V_2 = 2$ を代入すれば $T_2/T_1 = 2^{0.4} = 1.32$. したがって

$$T_2 = 300 \times 1.32 = 396\,\mathrm{K} = 123°\mathrm{C}$$

断熱可逆変化ではエントロピーは変化しない．

問題 6.1 温度が T が $T+dT$ まで上がる間に物体が吸収する熱は $dQ = C\,dT$ だから，その間のエントロピー変化は
$$dS = \frac{dQ}{T} = \frac{C\,dT}{T}$$
これを始めから終わりまで加えれば
$$\Delta S = \int_{T_1}^{T_2} \frac{dQ}{T} = \int_{T_1}^{T_2} \frac{C\,dT}{T} = C\log\frac{T_2}{T_1}$$

注意 水を加熱するような場合，加熱の途中では，水全体の温度は一様ではなく，対流などが起きているので，系は熱平衡状態にはない．しかし始めと終わりの状態を，ゆっくりとした可逆的な温度上昇で結ぶことができるので，それを用いてエントロピー変化を計算した．

問題 6.2 圧力が等しくても二種類の気体は混合するし，逆に，外部からの助けがなければ，混合している気体が元の成分に分かれることはない．すなわち混合は不可逆過程で，エントロピーは増加するはずである．各部分の体積を V_A, V_B とし，全体の体積を $V = V_A + V_B$ とする．理想気体は，他の種類の理想気体の存在に影響を受けない．したがって理想気体の混合は，気体 A の体積が V_A から V に広がり，気体 B の体積が V_B から V に広がることである．この膨張による A，B それぞれのエントロピーの増加は
$$\Delta S_A = n_A R \log\frac{V}{V_A}, \quad \Delta S_B = n_B R \log\frac{V}{V_B}$$
ここで
$$\frac{V}{V_A} = \frac{n_A + n_B}{n_A}, \quad \frac{V}{V_B} = \frac{n_A + n_B}{n_B}$$
を用いれば，全体のエントロピーの増加は
$$\Delta S = \Delta S_A + \Delta S_B = R\left(n_A \log\frac{n_A + n_B}{n_A} + n_B \log\frac{n_A + n_B}{n_B}\right)$$
と表される．この表式は混合のエントロピーと呼ばれ，熱力学の化学などへの応用で基本的な役割を持つ．

問題 7.1 効率の式 $\eta = A/Q_1$ に $A = 4\times 10^8$ J, $\eta = 0.4$ を入れれば，$Q_1 = A/\eta = 10^9$ J, $Q_2 = Q_1 - A = 6\times 10^8$ J.

問題 7.2 自動車の最終速度は $v = 20\,\mathrm{m\cdot s^{-1}}$，加速に際しエンジンがする仕事 A は自動車の運動エネルギーになるので，$A = \frac{1}{2}mv^2 = 3\times 10^5$ J．エンジンに供給すべき熱は効率 $\eta = A/Q$ より $Q = 1.5\times 10^6$ J．したがって必要なガソリンは 30 g で，体積で表せば 43 cc.

問題 7.3 毎秒あたり外気から取り込む熱を Q_2，室内に供給する熱を Q_1，電力の仕事を A とすれば，$Q_1 - Q_2 = A$．第二法則より
$$\frac{Q_1}{T_1} \geq \frac{Q_2}{T_2}, \quad \text{i.e.} \quad \frac{Q_2}{Q_1} \leq \frac{T_2}{T_1}$$
したがって

$$1 - \frac{Q_2}{Q_1} \geq 1 - \frac{T_2}{T_1}, \quad \text{i.e.} \quad \frac{A}{Q_1} \geq \frac{T_1 - T_2}{T_1}$$

ゆえに

$$Q_1 \leq \frac{T_1}{T_1 - T_2} A = \frac{313}{30} \times 1.2 = 12.5 \, \text{kJ} = 3.0 \, \text{kcal}$$

問題 8.1 水の沸騰について考える．水には大気圧がかかっているので，水圧はほぼ大気圧に等しく，したがって水の沸点は，蒸気圧が大気圧に等しくなる温度である．水の温度 T が沸点より低いときには，水は表面だけから蒸発する．その理由は，内部の水が一部気化して水蒸気に変わったとすると，そこに水蒸気の泡ができるが，泡の中の水蒸気の圧力はその温度における蒸気圧 $P(T)$ で，それが大気圧より低いので，泡はまわりからの水圧でつぶされてしまい，水蒸気は液体の水に戻る．すなわち内部からの気化はできない．ところが水温 T が沸点に達すると，蒸気圧 $P(T)$ は大気圧に等しくなるので，泡はつぶれなくなる．できた泡はまわりの水から浮力を受けて，水の表面へ上がる．これが沸騰である．気化の際は気化熱（蒸発熱）が必要で，それは熱源から供給されるが，鍋で水を沸かすようなときには鍋の底から熱するので，底の付近の水から沸騰していく．

問題 8.2 1気圧の下で安定に存在し得る CO_2 の相は，$-78.5°C$ 以下では固相，それ以上では気相である．したがってドライアイスを常温の下に置くと，表面から昇華して気体の CO_2 になる．その際周囲から，1モル（44 g）あたり 6 kcal の昇華熱を吸収するので，周囲が冷却される．ドライアイスから立ち上る白煙は，周囲の空気中の水蒸気が凝結してできた水滴（雲）である．液相の CO_2 は 5.11 気圧以上にならないと存在しないので，ドライアイスの表面はぬれない．それがドライアイスと呼ばれる所以である．

問題 9.1 水 H_2O の分子量は 18 だから，1 モルあたりの蒸発熱は $\lambda = 540 \times 18 = 9720 \, \text{cal} \cdot \text{mol}^{-1}$．したがって $P(T)$ は（単位として atm を用いて）

$$P(T) = \exp\left(-4860\left(\frac{1}{T} - \frac{1}{373}\right)\right)$$

図にこの曲線と，蒸気圧の実測値を示してある．温度が下がると，蒸気圧が急速に小さくなることに注意しよう．このことに基づくいくつかの現象を，以下の数問でとりあげる．

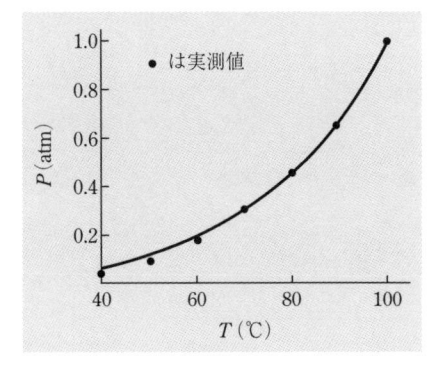

問題 9.1

問題 9.2 車内の湿度は高く，水蒸気は飽和状態に近い．外気で冷えた眼鏡の付近の温度が下がると，そこの飽和蒸気圧が下がり，あまった水蒸気は凝結し，細かい水滴が眼鏡の表面に付着する．時間がたって眼鏡の温度が車内の温度まで上がれば，水滴はふたたび蒸発するので，くもりは消える．

問題 10.1 薬缶の口からは，温度が $100°C$ に近い飽和水蒸気が吹き出す．口から離れると温度が下がるので飽和蒸気圧が急速に下がり，水蒸気が凝結して湯気となる．

問題 10.2 これも前問と同じで，湯の上の空間は水蒸気で飽和しているが，この状態で

は気体なので見えない．火を消すと温度が下がり，水蒸気が凝結して湯気となり，見えるようになる．

問題 10.3 お椀に熱い吸物を入れると，吸物の上の空間は空気と飽和水蒸気の混合気体が占める．両者の圧力の和は1気圧である．ここで蓋をして温度が少し下がると，飽和蒸気圧が大幅に下がるので，水蒸気が凝結し，お椀の内部の圧力は1気圧より低くなる．蓋とお椀の接触部分が濡れて密着していると，お椀の内部は気密で，内外の圧力差はなくならない．たとえば0.2気圧の圧力差ができれば，蓋の上に高さ2mの水柱が乗っているのと同じだから，蓋がとれにくいのは当然である．こんなときには，お椀を手ではさんでわずかに変形させると，蓋との間に隙間ができ，圧力差がなくなるので，蓋はすぐにとれる．

索　　引

あ 行

アース　156
圧力　59, 71
アボガドロ数　175
アルキメデスの原理　71

位相　96
位置エネルギー　20, 36
位置ベクトル　2
色　116
インピーダンス　172

渦電流　166
腕の長さ　10
うなり　119
運動エネルギー　37
運動方程式　26

エネルギー密度　143, 166
遠心力　42
円錐振子　35
エントロピー　181, 190, 192

応力　59
オームの法則　149
音圧　100

か 行

回折　118
回転の運動エネルギー　49
回転の運動方程式　49
ガウスの法則　132
可逆的　181
角振動数　76, 95
加速度　23
カルノーサイクル　184
換算質量　82
干渉　118
慣性系　42
慣性モーメント　49
慣性力　42

気圧　72
幾何光学　109
気体定数　175
起電力　150
ギブスのパラドックス　193
逆起電力　166
キャパシター　142
球面波　96
共振　91
強制振動　91
共鳴　91

偶力　10
クーロンの法則　130
クーロン力　130
屈折率　97, 109
クラウジウス・クラペイロンの式　186

減衰振動　78

向心力　26
剛性率　61
回折による光線の広がり　125
光線の広がり　114
剛体の平面運動　49
効率　184
光路長　110
固定端　103
コヒーレント　122
固有振動　104
混合のエントロピー　183
コンデンサー　142

さ 行

サイクル　184
サイクロトロン角振動数　161
作用反作用の法則　7
散乱　111

磁気モーメント　163
自己インダクタンス　166
仕事　20

仕事率　37
磁束　165
磁束密度　159
実効値　167
時定数　158
磁場　159
周期　76
自由端　103
周波数　95
自由膨張　182, 191
重力　7
重力加速度　26
重力の位置エネルギー　20
ジュール熱　149
準静的　181
蒸気圧　186, 198
状態方程式　175
状態量　175
蒸発　198
進行波　95
浸透圧　196
振動数　76, 95
振動のエネルギー　77
振幅　76, 96

スカラー　1
スカラー積　2
スネルの法則　109
ずれ応力　59
ずれ弾性率　61
ずれ変形　61

索　引

正弦波　95
静水圧　61
静電エネルギー　130
静電気力　130
静電誘導　142
静電容量　142
正反射の法則　109
絶縁体　143
絶縁耐力　132
接触電位差　150
選択吸収　116

相　186
像　110
相図　186
相転移　186
速度　23, 95

た　行

体積弾性率　61
たわみ　60
単振子　77
弾性体　59
弾性的変形　59
弾性率　59
断熱可逆過程　178, 180

力のベクトル和　7
力のモーメント　10
潮汐力　45

張力　8, 59
調和振動　76

定圧過程　178
定在波　103
定積過程　178
静電遮蔽　142
てこの原理　11
電圧　150
電位　136
電位差　136, 150
電荷　130
電界　131
電気抵抗　149
電気抵抗率　149
電気伝導度　149
電気力線　131
電子ボルト　136, 140
電磁誘導　165
電場　131, 166
電流　149
電流の強さ　149
電流密度　149

等加速度運動　23
透過率　111
等速円運動　26
導体　142
ドップラー効果　128
トラス　70
トルク　10

な行

内積　2
内部抵抗　151
波の速度　96

ニュートンの第二法則　26

熱機関　184
熱放射　116
熱容量　175
熱力学第一法則　178
熱力学第二法則　181

は行

場合の数　190
薄膜の色　122
波数　95
波数ベクトル　96
波長　95
バネ定数　76
波面　96
馬力　37
反射　103
反射率　111

ビオ・サバールの法則　163
光の速度　109
非慣性系　42
ひずみ　59

比熱　175
ピン接合　14, 70

ファラデーの法則　165
フェルマーの原理　110
フックの法則　59, 76
沸点　186
物理振子　77, 85
浮力　71, 74
分解能　123, 126, 127
分散　97

平衡の条件　10, 20
平面波　96
ベクトル　1
ベクトル積　3
ベクトルの成分　2
変位ベクトル　1

ポアッソン比　60
ホイヘンスの原理　118
飽和　186
保存力　36
ポテンシャル　36, 136
ボルツマン定数　192
ボルツマンの原理　194
ボルツマンの公式　190

ま行

マイヤーの関係　175

索　引　　**247**

摩擦円錐　16
摩擦角　16
摩擦の法則　16
マッハ数　99

無重量状態　42

モル　175

や　行

ヤング率　60

融点　186
誘電体　143
誘電率　143
誘導起電力　165
誘導電場　166

揚力　47

ら　行

乱反射　113

力学的エネルギー　37
理想気体　175
流体　71

レーリー散乱　111
レーリーの条件　126
レンツの法則　165

ローレンツの力　159

単　位

A（アンペア）　149
atm（気圧）　71
C（クーロン）　130
cal（カロリー）　175
eV（電子ボルト）　136
gauss（ガウス）　159
H（ヘンリー）　166
Hz（ヘルツ）　76
J（ジュール）　20
kgw（キログラム重）　7
knot（ノット）　46
mmHg　71
N（ニュートン）　7
Ω（オーム）　149
Pa（パスカル）　59
T（テスラ）　159
torr（トル）　71
V（ボルト）　136
W（ワット）　37
Wb（ウェーバー）　165

著者略歴

加藤 正昭
（か とう まさ あき）

1955年　東京大学理学部物理学科卒業
　　　　東京大学教養学部教授を経て
2005年　逝去
　　　　東京大学名誉教授　理学博士

主要著書

フェルミ「熱力学」（訳）（三省堂）
「演習電磁気学」（サイエンス社）
「量子力学」（産業図書）
「電磁気学」（東京大学出版会）
ワインバーグ「究極理論への夢」（共訳）（ダイヤモンド社）
「物理学の基礎」（サイエンス社）

物理学基礎コース＝S1
基礎演習　物理学

2000年5月25日　©　　　　　初　版　発　行
2008年4月25日　　　　　　　初版第3刷発行

著　者　加藤正昭　　　　　発行者　木下敏孝
　　　　　　　　　　　　　印刷者　和田和二
　　　　　　　　　　　　　製本者　関川安博

発行所　株式会社　サイエンス社
〒151-0051 東京都渋谷区千駄ヶ谷1丁目3番25号
〔営　業〕☎ (03) 5474-8500（代）　振替 00170-7-2387
〔編　集〕☎ (03) 5474-8600（代）
〔FAX〕☎ (03) 5474-8900

　　　　　　　組版　（株）ウルス
印刷　（株）平河工業社　　　　製本　関川製本所
《検印省略》
本書の内容を無断で複写複製することは，著作者および
出版者の権利を侵害することがありますので，その場合
にはあらかじめ小社あて許諾をお求め下さい．

ISBN4-7819-0946-9
PRINTED IN JAPAN

サイエンス社のホームページのご案内
http://www.saiensu.co.jp
ご意見・ご要望は
rikei@saiensu.co.jp まで．